国家中等职业教育改革发展示范学校建设计划项目教材

电机与变压器

主　编　陈令平　段盛开
副主编　李永刚　钟锡汉　徐　刚
参　编　康　霞　陈　海　刘　伟
　　　　徐丹杰　邓玉英　马建斌
主　审　冯为远

電子工業出版社
Publishing House of Electronics Industry
北京 · BEIJING

内容简介

本书是根据“校企双制，能力为本”的人才培养模式的要求，以岗位技能要求为标准，选取典型工作任务为教材内容而编写的。主要内容有：直流电动机、三相交流异步电动机、单相交流异步电动机、同步电动机、交流发电机、特种电机、变压器的使用等。全书概念清晰，通俗易懂，既便于组织课堂教学和实践，也便于学生自学。

本书可作为中等职业学校“电机与变压器”课程教材，也可作为工厂机电类、维修电工类岗位培训教材。

图书在版编目(CIP)数据

电机与变压器/陈令平，段盛开主编. —北京：电子工业出版社，2013.9

国家中等职业教育改革发展示范学校建设计划项目教材

ISBN 978-7-121-21235-2

Ⅰ. ①电… Ⅱ. ①陈… ②段… Ⅲ. ①电机－中等专业学校－教材②变压器－中等专业学校－教材 Ⅳ. ①TM

中国版本图书馆 CIP 数据核字(2013)第 186740 号

策划编辑：张 凌
责任编辑：周宏敏 文字编辑：张 迪
印 刷：三河市鑫金马印装有限公司
装 订：三河市鑫金马印装有限公司
出版发行：电子工业出版社
北京市海淀区万寿路 173 信箱 邮编：100036
开 本：787×980 1/16 印张：16.25 字数：346 千字
版 次：2013 年 9 月第 1 版
印 次：2024 年 12 月第 17 次印刷
定 价：39.00 元

凡所购买电子工业出版社图书有缺损问题，请向购买书店调换。若书店售缺，请与本社发行部联系，联系及邮购电话：(010)88254888，88258888。

质量投诉请发邮件至 zlts@phei.com.cn，盗版侵权举报请发邮件至 dbqq@phei.com.cn。

本书咨询联系方式：（010）88254583，zling@phei.com.cn。

序

中等职业教育是我国教育体系的重要组成部分，是全面提高国民素质、增强民族产业发展实力、提升国家核心竞争力、构建和谐社会及建设人力资源强国的基础性工程。

广东省机械高级技工学校是国家级重点技工院校，是广东省人民政府主办、省人力资源和社会保障厅直属的事业单位，是首批国家中等职业院校改革发展示范项目建设院校，也是国家高技能人才培训基地、首批全国技工院校师资培训基地、第 42 届世界技能大赛模具制造项目全国集训基地、一体化教学改革试点学校。多年来，该校锐意进取、与时俱进，坚持深化改革、提高质量、办出特色，为国家培养了大批生产、服务和管理一线的高素质劳动者和技能型人才，为广东省经济发展和产业结构调整升级付出了巨大努力，为我国经济社会持续快速发展做出了重要贡献。

为进一步发挥学校在中等职业教育改革发展中的引领、骨干和辐射作用，成为全国中等职业教育改革创新的示范、提高质量的示范和办出特色的示范，学校精心策划了“国家中等职业教育改革发展示范学校建设计划项目教材”。本系列教材以“基于工作过程的一体化教学”为特色，通过设计典型工作任务，创设实际工作场景，让学生扮演工作中的不同角色，在老师的引导下完成不同的工作任务，并进行适度的岗位训练，达到培养提高学生的综合职业能力、为学生的可持续发展奠定基础的目标。

此外，本系列教材还体现了学校“**养习惯、重思维、教方法、厚基础**”的教育理念，不但使学习者能更深切地体会一体化课程理念和掌握一体化教学内容，还能为教育工作者、教育管理者提供不错的一体化教学参考。

前　　言

本书是根据“国家中等职业教育改革发展示范学校建设计划”的要求编写而成的一体化教材。

电机与变压器是中等职业学校及技工学校机电一体化专业、电气工程类专业的一门专业基础课程。其主要任务是：使学生掌握电动机和变压器的基本原理、电动机的维护及使用要求，具有分析和解决电动机与变压器在使用过程中技术问题的能力，为后续电类专业技能课程的学习打好基础。

本书秉承“校企双制，工学结合，能力本位”的教学理念，积极探索理论和实践相结合的一体化教学模式，采用以电气测量中的典型工作任务为驱动的教学方法，创设实际工作场景，学生扮演不同的工作角色，使电机与变压器的学习与生产中的实际应用相结合。以学生为主体，以老师为主导，让学生在“做中学、学中做”，通过完成工作任务，并进行工作岗位技能训练，结合多元评价，培养学生的综合职业素质和能力，以适应电工技术快速发展带来的职业岗位变化，为学生可持续的职业能力发展奠定基础。同时，还积极引入“新材料、新工艺、新设备、新方法”四新知识，摒弃和剔除已过时知识，体现当前技术发展，以满足实际生产的需要。

本书由广东省机械高级技工学校机电一体化教学改革项目小组全体老师负责编写。在编写过程中，上海西门子自动化有限公司、东风日产乘用车公司、博创机械股份有限公司、广州市万世德包装机械有限公司、广州广重分离机械有限公司、东莞市塑拓机械有限公司的专业技术人员提供了典型工作任务和案例，参与了大纲的制订和部分章节的编写。在此，谨向为编写本教材付出艰辛劳动的全体人员表示衷心的感谢！

由于编者水平有限，疏漏和不妥之处在所难免，敬请读者批评指正。

编　者

2013 年 7 月

目　　录

直流电动机

任务一　认识直流电动机

任务描述

1．通过对小型直流电动机的拆卸，掌握直流电动机的结构。
2．通过对小型直流电动机的装配，掌握直流电动机的工作原理及励磁方式。

学习目标

1．直流电动机的基本结构。
2．直流电动机的工作原理。
3．直流电动机的绕组。
4．直流电动机的铭牌和额定值。
5．直流电动机的种类和用途。

知识平台

一、直流电动机的结构

直流电动机主要由静止的定子和旋转的转子构成，定子和转子之间存在气隙。直流电动机的主要部件如图 1.1.1 所示，径向剖面如图 1.1.2 所示。

1．定子

定子的主要作用是产生磁场和机械支撑，由主磁极、换向极、机座、端盖、轴承、电刷装置等组成。

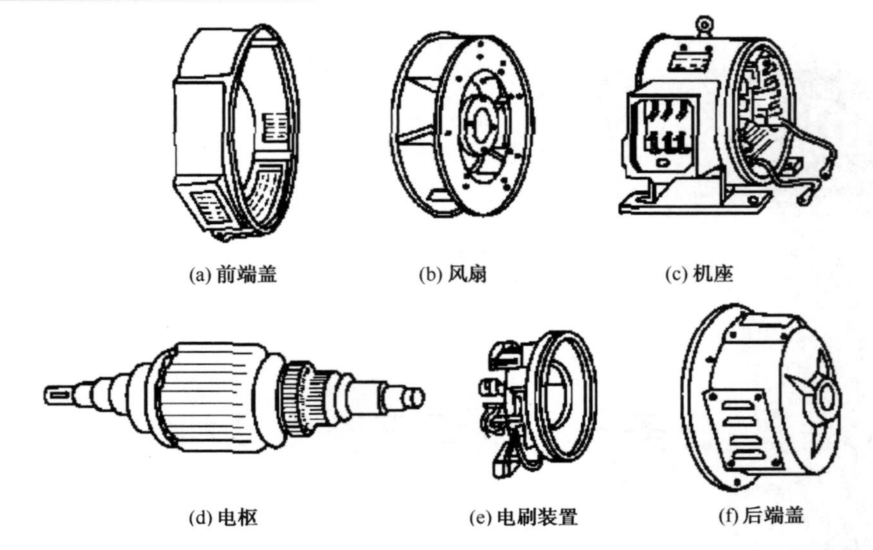

图 1.1.1　直流电动机的主要部件

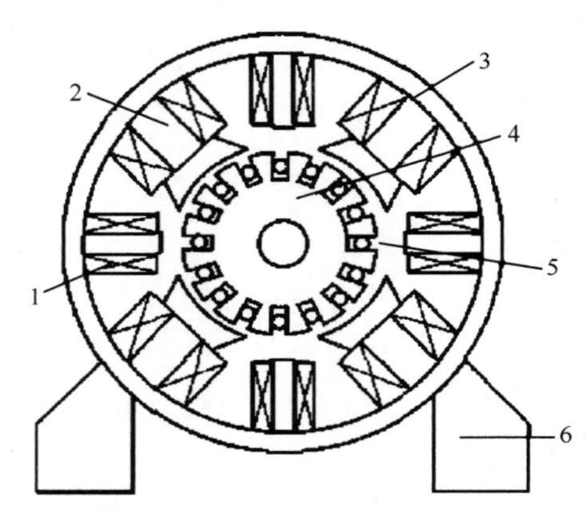

1—换向极；2—主磁极；3—磁轭；4—电枢铁芯；5—电枢绕组；6—底脚

图 1.1.2　直流电动机径向剖面图

（1）主磁极：主磁极是电动机磁路的一部分，由主磁极铁芯和励磁绕组组成，其作用是产生主磁场。

主磁极铁芯一般用 1～1.5mm 厚的钢板冲片叠压铆接而成，套绕组的部分称为极身，靠近气隙的部分称为极靴，极靴比极身要宽，以使励磁绕组牢固地套在主磁极铁芯上。励磁绕组由绝缘导线制成，套在主磁极铁芯外面，各主磁极上励磁绕组的连接通常是串联，通电时要保证相邻的极性呈 N 极和 S 极交替排列。整个主磁极用螺钉固定在机座上。主磁极结构如图 1.1.3 所示。

（2）换向极：换向极由铁芯和绕组组成，装在两相邻主磁极之间，其作用是产生换向磁场，改善电动机的换向，使电刷与换向片之间火花减少。如图 1.1.4 所示。换向极铁芯一般用整块钢或钢板制成，对换向性能要求高的电动机，采用 1～1.5mm 钢板叠压而成。换向极绕组由绝缘导线绕制而成，且其与电枢绕组串联。整个换向极用螺钉固定在机座上，换向极数目和主磁极数目相等。

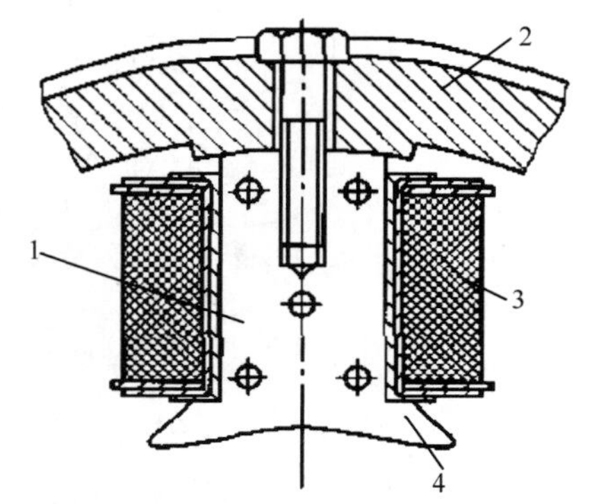

1—主磁极铁芯；2—机座；3—励磁绕组；4—极靴

图 1.1.3　主磁极结构图

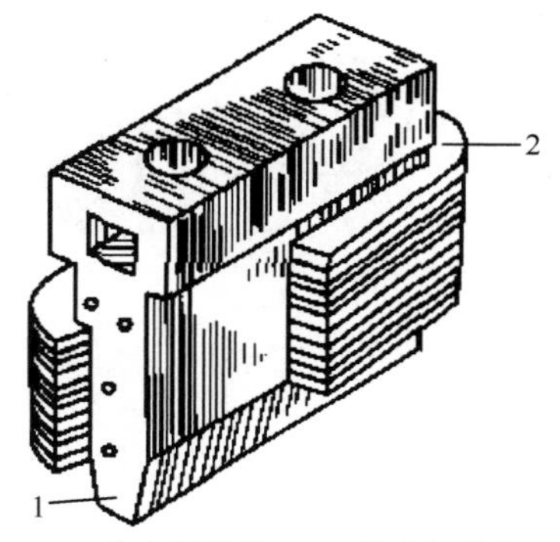

1—换向极铁芯；2—换向极绕组

图 1.1.4　换向极

（3）机座：机座是电动机的机械支撑，用来固定主磁极、换向极和端盖等零件。机座又是电动机磁路的一部分，机座中磁通通过的部分称为磁轭。为保证机座的机械强度和导磁性能，机座通常由铸钢或厚钢板焊接而成。

（4）电刷装置：电刷装置由电刷、刷握、刷杆、压紧弹簧和铜丝辫等组成，如图 1.1.5 所示。其作用是将直流电压、直流电流引入或引出电枢绕组。电刷由石墨制成，放在刷握内，用弹簧压紧在换向片表面。刷握固定在刷杆上，刷杆装在刷架上，它们彼此之间绝缘。整个电刷装置的位置调整好后，将其固定。一般电刷装置的组数与电动机的主磁极极数相等。

2. 转子

转子的作用是感应电动势并产生电磁转矩，从而实现机电能量转换。它包括电枢铁芯、电枢绕组、换向器、轴和风扇等。

（1）电枢铁芯：电枢铁芯是电动机磁路的一部分，铁芯中嵌放着电枢绕组，如图 1.1.6 所示。为减少电动机中的铁损耗，常将电枢铁芯用 0.5mm

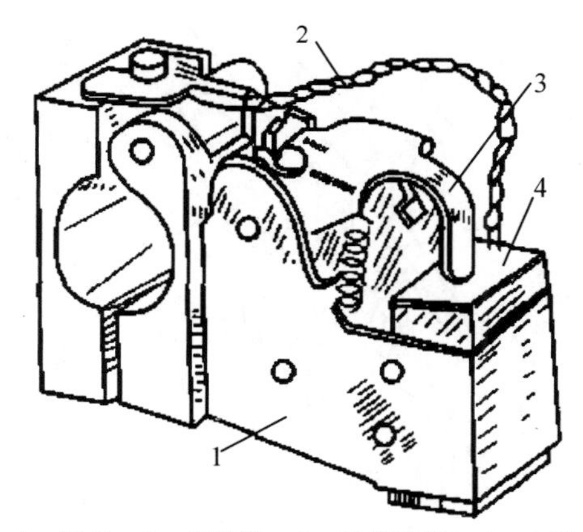

1—刷握；2—铜丝辫；3—压紧弹簧；4—电刷

图 1.1.5　电刷装置

厚的硅钢片叠压而成，冲片圆周外缘均匀地冲有许多齿和槽，槽内嵌放电枢绕组；冲片上一般还冲有许多圆孔，以形成改善散热效果的轴向通风孔，如图 1.1.7 所示。

图 1.1.6　电枢铁芯

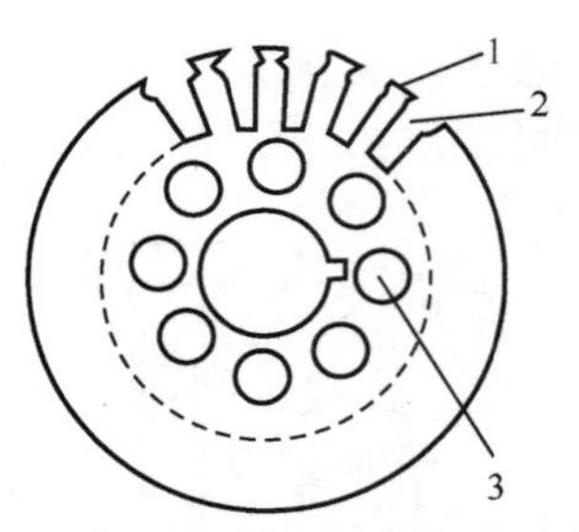

1—齿；2—槽；3—轴向通风孔

图 1.1.7　电枢铁芯冲片

（2）电枢绕组：电枢绕组是电动机的电路部分，其作用是产生电磁转矩和感应电势，是实现机电能量转换的关键部件。它由许多按一定规律连接的线圈组成，线圈一般用带绝缘的圆形或矩形截面导线绕制而成，嵌放在电枢槽中，线圈的一条有效边嵌放在某个槽的上层，另一条有效边则嵌放在另一个槽的下层，如图 1.1.8 所示。槽内的线圈上、下层之间及线圈与铁芯之间均包有绝缘，如图 1.1.9 所示。在槽口处用槽楔压紧绕组，端部用钢丝或无纬玻璃丝带扎紧，以防止绕组被离心力甩出。

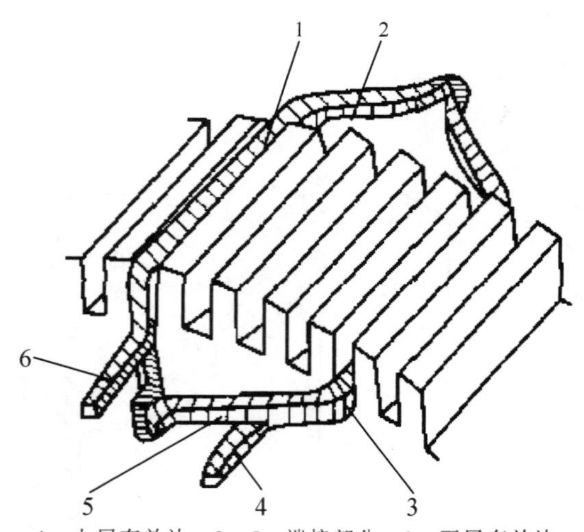

1—上层有效边；2，5—端接部分；3—下层有效边；

4—线圈尾端；6—线圈首端

图 1.1.8　线圈在槽内安放示意图

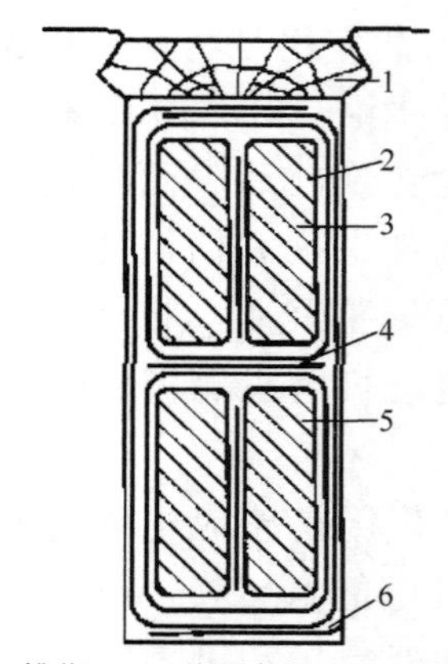

1—槽楔；2—线圈绝缘；3—导体；

4—层间绝缘；5—槽绝缘；6—槽底绝缘

图 1.1.9　电枢槽内的导体和绝缘

（3）换向器：换向器是直流电动机的关键部件。其作用是在电动机中和电刷一起将电动机外部的直流转换成绕组内的交流；在发电机中和电刷一起将发电机内部的交流转换成外部的直流。换向器由许多彼此绝缘的换向片组成，换向片之间用 0.4～1.2mm 的云母片绝缘，电枢绕组每个线圈的两端分别焊接在两个换向片上。

二、直流电动机的工作原理

直流电动机的工作原理图如图 1.1.10 所示。直流电动机接在直流电源上，直流电流从电刷 *A* 流入，经换向片 1、线圈 *abcd*、换向片 2、电刷 *B* 流出，*ab* 处于 N 极下，*dc* 处于 S 极下，如图 1.1.10（a）所示。电枢上的载流导体在主极磁场中将受到电磁力作用，根据左手定则，*ab* 边受到的力向左，*cd* 边受到的力向右，电磁力所形成的转矩使线圈沿逆时针方向转动。

当电枢转过半周时，如图 1.1.10（b）所示，*cd* 处于 N 极下，*ab* 处于 S 极下时，电流仍从电刷 *A* 流入，经换向片 2、线圈 *dcba*、换向片 1，最后从电刷 *B* 流出。根据左手定则，*cd* 边受到的力向左，*ab* 边受到的力向右，电磁力所形成的转矩仍使线圈沿逆时针方向转动。

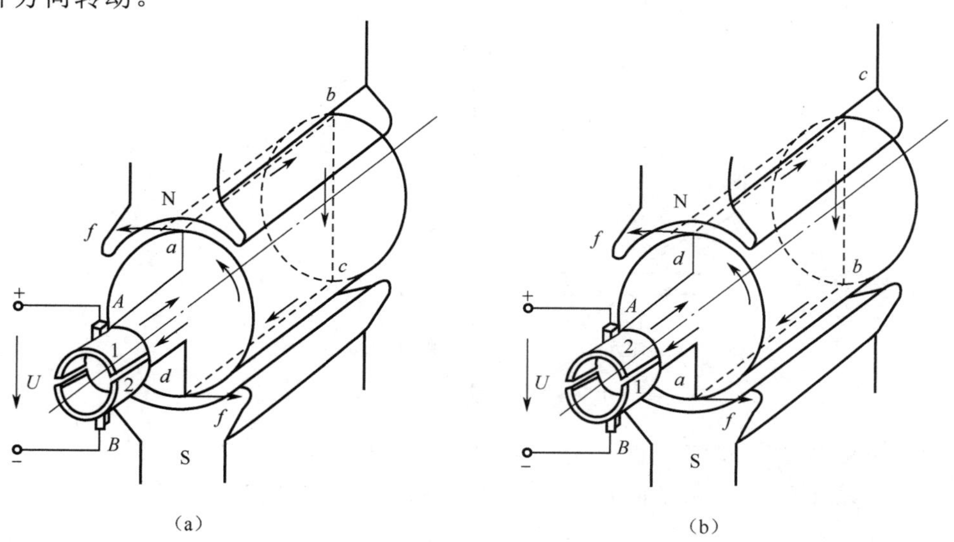

图 1.1.10　直流电动机的工作原理图

由以上分析可知，直流电动机的工作原理是：在电刷 *A* 和电刷 *B* 上加直流电压，经电刷和换向器的作用使同一主磁极下线圈边中的电流方向不变，以及使该主磁极下线圈边所受电磁力的方向也不变，从而产生单一方向的电磁转矩，使电枢沿同一方向连续旋转。

三、直流电动机的绕组

1. 直流电枢绕组的基本知识

电枢绕组是直流电动机产生电磁转矩和感应电动势，实现机电能量转换的枢纽。直流电动机的电枢绕组是由结构和形状相同的线圈按照一定的规律连接而成的闭合绕组，它有单叠绕组、单波绕组、复叠绕组、复波绕组及混合绕组等形式。

（1）绕组元件

电枢绕组的线圈称为绕组元件，由高强度聚酯漆包线绕制而成。每个元件的两个边都分别安放在不同的槽中。在槽内能切割主磁场、感应电动势和产生电磁转矩的元件边，称为元件的有效边；而处于槽外部分，仅起连接作用的部分称为端接，元件的两个出线端分别称为首端和尾端。电枢绕组一般做成双层绕组，将元件的有效边放在槽的上层，称作上层边，绘图时画成实线；另一个有效边放在另一个槽的下层，称作下层边，绘图时画成虚线。每个元件可以是单匝，也可以是多匝。一个两匝的单叠绕组和单波绕组元件如图 1.1.11 所示。

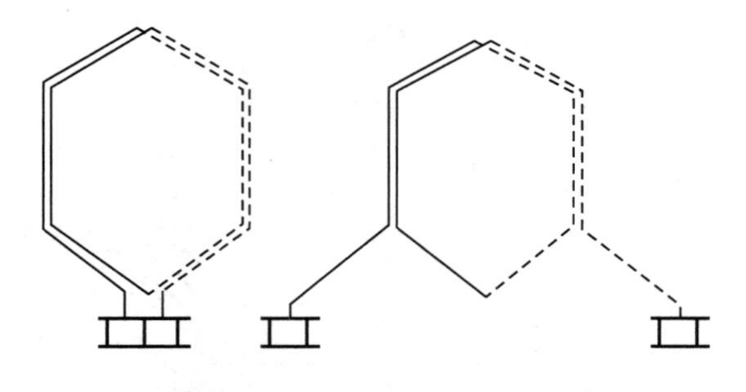

（a）单叠绕组元件　　（b）单波绕组元件

图 1.1.11　电枢绕组的基本形式

一个元件有两个元件边，每一个换向片上总是接一个元件的上层边和另一个元件的下层边，所以元件数 S 和换向片数 K 相等。每个电枢槽的上、下层分别嵌放不同元件的两个元件边，所以元件数 S 和槽数 Z 相等，即

$$S=K=Z \tag{1-1-1}$$

在直流电动机中往往在一个电枢槽的上层和下层各放 u 个元件边，通常将一个上层边和一个下层边称为一个虚槽。虚槽数 Z_U 与实槽数 Z 的关系为：

$$Z_U=uZ=S=K \tag{1-1-2}$$

为了正确地把各元件安放入电枢槽内，并且和相应的换向片按一定的规律连接起来，需要先了解绕组的基本术语。

（2）极距τ

所谓极距，是指一个磁极在电枢圆周所占的弧长。如果用字母τ来表示极距，用D_a表示电枢直径，p表示磁极对数，则：

$$\tau=\frac{\pi D_a}{2p} \tag{1-1-3}$$

通常用一个磁极在电枢表面所占的虚槽数来表示极距，即

$$\tau=\frac{Z_U}{2p} \tag{1-1-4}$$

（3）绕组节距

① 第一节距y_1指一个元件的两个有效边在电枢表面所跨的距离，用槽数来表示，它是一个整数。为了使元件的感应电动势最大，应使y_1等于或接近于极距τ，即

$$y_1=\frac{Z}{2p}\pm\varepsilon=\text{整数} \tag{1-1-5}$$

式中，ε是使y_1凑成整数的一个小数。若$\varepsilon=0$，则$y_1=\tau$，绕组为整距绕组；若$\varepsilon<0$，则$y_1<\tau$，绕组为短距绕组；若$\varepsilon>0$，则$y_1>\tau$，绕组为长距绕组。为了节省铜线及工艺上方便，一般采用整距绕组或短距绕组。

② 第二节距y_2指相串联的两个相邻的元件中，前一个元件的下层边与后一个元件的上层边之间在电枢表面所跨的距离，一般也用槽数来表示，如图1.1.12所示。

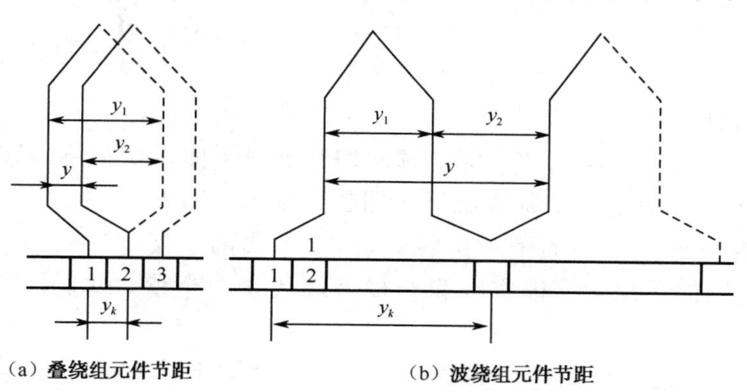

图1.1.12　电枢绕组节距示意图

③ 合成节距y指相串联的两个元件的对应有效边在电枢表面所跨的距离，一般用

槽数来表示，如图 1.1.12 所示。

④ 换向片节距 y_k 指同一元件的两出线端所接的两换向片之间的距离，一般用换向片数来表示，如图 1.1.12 所示。

从图 1.1.12 可知：

$$y = y_k = y_1 - y_2 \qquad （叠绕组） \tag{1-1-6}$$

$$y = y_k = y_1 + y_2 \qquad （波绕组） \tag{1-1-7}$$

2. 直流电枢绕组的基本形式

直流电动机电枢绕组的基本形式是叠绕组和波绕组，其中最简单的为单叠绕组和单波绕组。

（1）单叠绕组

单叠绕组的连接特点是同一个元件的两个出线端连接于相邻的两个换向片上，相邻元件依次串联，后一个元件的首端与前一个元件的尾端连在一起，并接到同一个换向片上，最后一个元件的尾端与第一个元件的首端连在一起，形成一个闭合回路。紧相邻串联的两个元件的端接部分紧“叠”在一起，所以形象地称为“叠绕组”，如图 1.1.13 所示。单叠绕组的合成节距和换向器节距等于 1，即

$$y = y_k = 1 \tag{1-1-8}$$

下面举例说明单叠绕组的连接规律。

例 1.1.1 已知一台直流电动机 $2p=4$，$Z=S=K=16$，绘制出它的单叠绕组展开图。

解： ① 计算节距

第一节距 $$y_1 = \frac{Z}{2p} \pm \varepsilon = \frac{16}{4} = 4$$

合成节距 $$y = y_k = 1$$

第二节距 $$y_2 = y_1 - y = 4 - 1 = 3$$

② 绘制绕组展开图

假设将电枢从某一个齿槽的中间沿轴向切开展成平面，所得绕组连接图称为绕组展开图，如图 1.1.13 所示。绘制绕组展开图的步骤如下所示。

a）画 16 根等长、等距的平行实线代表 16 个槽的上层，在实线旁画 16 根平行虚线代表 16 个槽的下层。一根实线和一根虚线代表一个槽，编上槽号，如图 1.1.13 所示。

b）按节距 y 连接一个元件。例如，将 1 号元件的上层边放在 1 号槽的上层，其下层边应放在 5 号槽的下层。由于一般情况下元件是左右对称的，为此，可把 1 号槽的上层（实线）和 5 号槽的下层（虚线）用左右对称的端接部分连成 1 号元件。首端和尾端之间相隔一片换向片宽度（y_k=1），为使图形规整，取换向片宽度等于一

个槽距，从而画出与 1 号元件首端相连的 1 号换向片和与尾端相连的 2 号换向片，并依次画出 3~16 号换向片。显然，元件号、上层边所在槽号和该元件首端所连换向片的编号均相同。

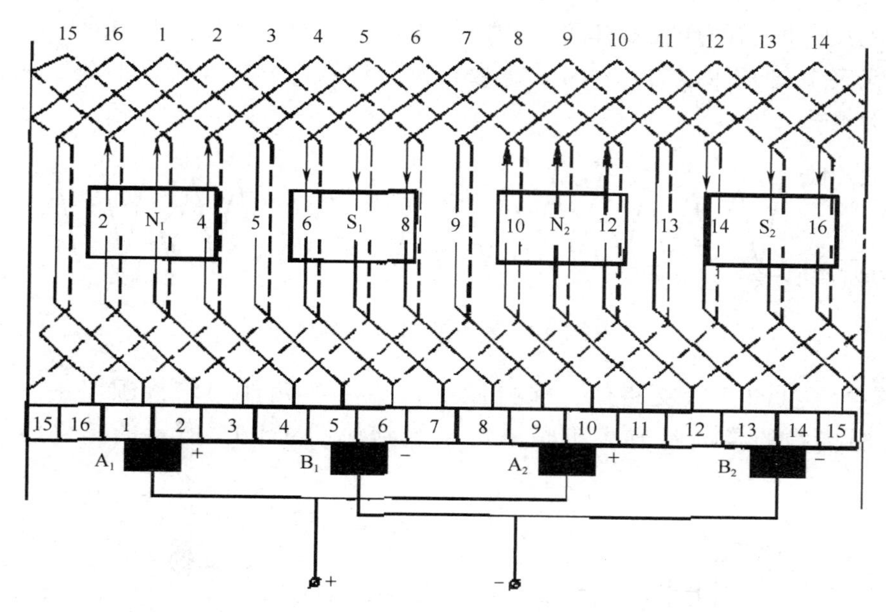

图 1.1.13　单叠绕组展开图

c）画 1 号元件的平行线。可以依次画出 2~16 号元件，从而将 16 个元件通过 16 片换向片连成一个闭合的回路。

d）画磁极。本例有 4 个主磁极，在圆周上应该均匀分布，即相邻磁极中心之间应间隔 4 个槽。设某一瞬间，4 个磁极中心分别对准 3 槽、7 槽、11 槽、15 槽，并让磁极宽度为极距的 0.6~0.7 倍，画出 4 个磁极，如图 1.1.13 所示。依次标上极性 N_1、S_1、N_2、S_2，一般假设磁极在电枢绕组的上面。

e）画电刷。电刷组数等于极数，且均匀分布在换向器表面圆周上，相互间隔 16/4=4 片换向片。为使被电刷短路的元件中感应电动势最小、正负电刷之间引出的电动势最大，当元件左右对称时，电刷中心线应对准磁极中心线。图中设电刷宽度等于一片换向片的宽度。

设此电动机工作在电动机状态，且电枢绕组向左移动，根据左手定则可知电枢绕组各元件中电流的方向如图 1.1.13 所示，为此应将电刷 A_1、A_2 并联起来作为电枢绕组的“+”端，接电源正极；将电刷 B_1、B_2 并联起来作为“−”端，接电源负极。如果工作在发电机状态，设电枢绕组的转向不变，则电枢绕组各元件中感应电动势的方向用右手定则确定可知，与电动机状态时电流方向相反，因而电刷的正负极性不变。

f）作绕组连接顺序表。为方便起见，绕组连接规律也可以用绕组连接顺序表来表示。按图 1.1.13 所示的连接规律可得对应的连接顺序表，如图 1.1.14 所示。表中上排数字同时代表上层元件边的元件号、槽号和换向片号，下排带“′”的数字代表下层元件边所在的槽号。

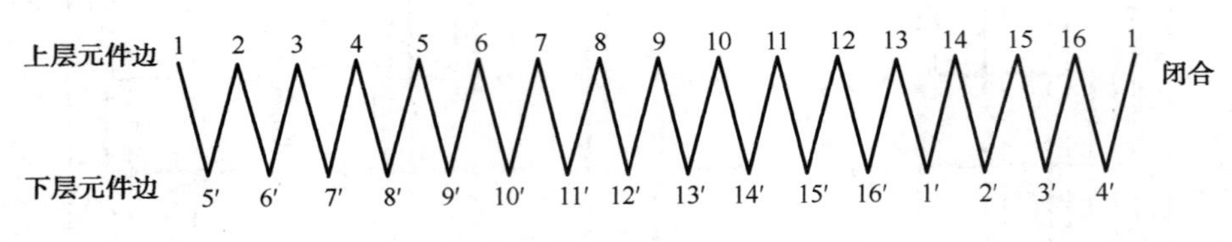

图 1.1.14　单叠绕组连接顺序表

g）单叠绕组的并联支路图。保持图 1.1.13 中各元件的连接顺序不变，将此瞬间不与电刷接触的换向片省去不画，可以得到如图 1.1.15 所示的单叠绕组并联支路图。

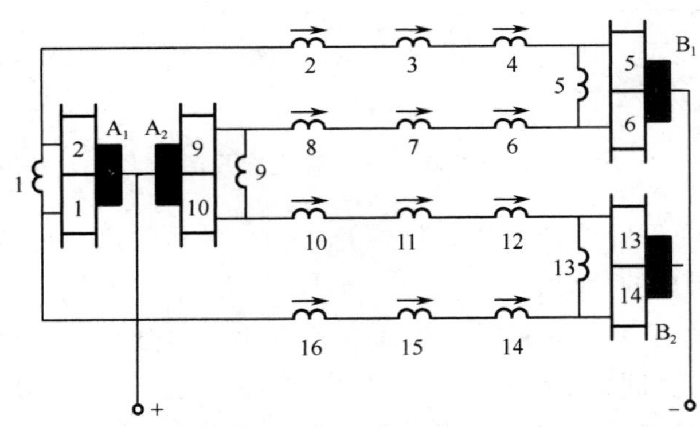

图 1.1.15　单叠绕组并联支路图

从图 1.1.15 中可以看出，同一磁极下相邻的元件依次串联后构成一条支路。所以单叠绕组的支路对数 a 等于电动机的极对数 p，即

$$a = p \tag{1-1-9}$$

单叠绕组的支路电动势由电刷引出，所以电刷数必定等于磁极数；电枢端电压等于支路的电压；电枢电流 I_a 为每条支路电流 i_a 的总和，即

$$I_a=2ai_a \tag{1-1-10}$$

（2）单波绕组

单波绕组的连接特点是同一个元件的两个出线端所接的两个换向片相隔接近于一

对极距，元件串联后形成波浪形，所以形象地被称为“波绕组”，与单叠绕组一样，为了使绕组产生的感应电动势最大，元件的第一节距 y_1 接近于极距 τ。换向器节距 y_k 应满足下式：

$$y_k = y = \frac{K \pm 1}{p} \tag{1-1-11}$$

式中　K——换向片数。

在上式中，若取“-”，则绕行一周后，比出发时的换向片后退一片，这种绕组称为左行绕组；若取“+”，则绕行一周后，比出发时的换向片前进一片，这种绕组称为右行绕组。一般都采用左行绕组。

现举例说明单波绕组的连接。

例 1.1.2　设直流电动机，$2p=4$，$Z=S=K=15$，绘制左行短距单波绕组展开图。

解：①计算节距

第一节距　$y_1 = \frac{Z}{2p} \pm \varepsilon = \frac{15}{4} - \frac{3}{4} = 3$

换向器节距　$y_k = \frac{K-1}{p} = \frac{15-1}{2} = 7$

第二节距　$y_2 = y_k - y_1 = 7 - 3 = 4$

② 绘制绕组展开图

绘制单波绕组展开图的步骤与单叠绕组相同，如图 1.1.16 所示。

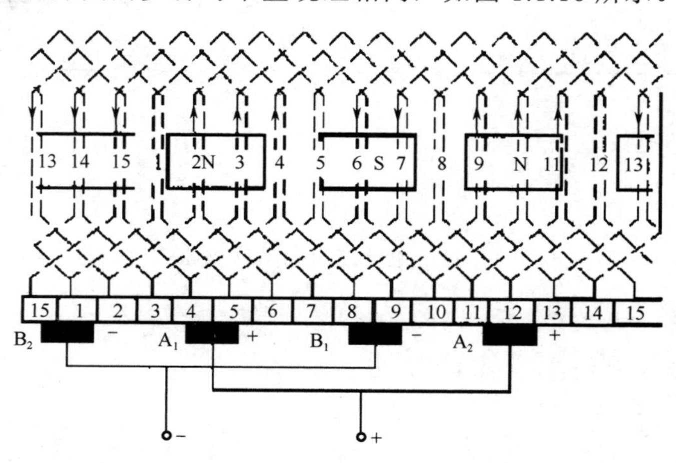

图 1.1.16　单波绕组展开图

③ 作绕组连接顺序表

按图 1.1.16 所示的连接规律可得对应的连接顺序表，如图 1.1.17 所示。

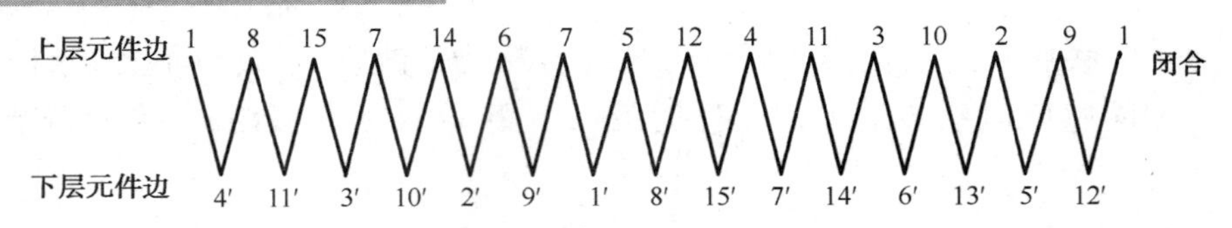

图 1.1.17　单波绕组连接顺序表

④ 单波绕组的并联支路图

单波绕组的并联支路图如图 1.1.18 所示。从图 1.1.18 中可以看出，同一磁极下所有元件串联起来通过电刷组成一条支路，故并联支路数总是 2，即 a=1；单波绕组可以只要两组电刷，但在实际电动机中，为缩短换向器长度以降低成本，仍使电刷组数等于磁极数；电枢端电压等于支路的电压，电枢电流 I_a 为每条支路电流 i_a 的总和，即 $I_a=2ai_a$。

单叠绕组与单波绕组的主要区别在于并联支路对数的多少。单叠绕组可以通过增加极对数来增加并联支路对数，适用于低电压、大电流的电动机。单波绕组的并联支路对数 a=1，每条并联支路串联的元件数较多，故适用于小电流、较高电压的电动机。

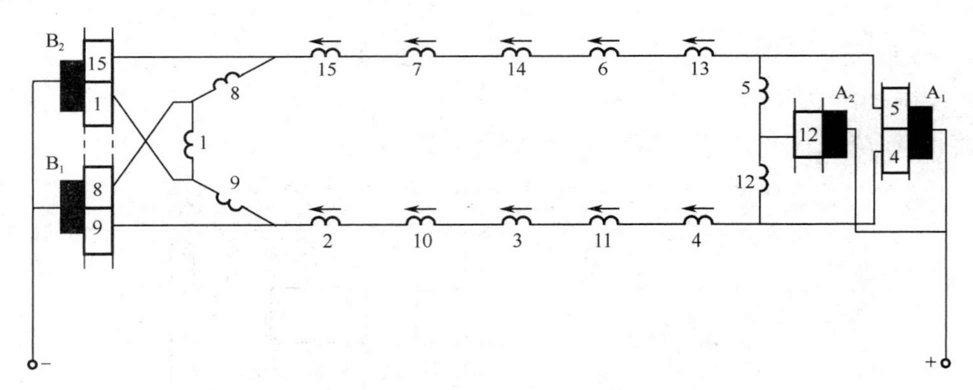

图 1.1.18　单波绕组的并联支路图

四、直流电动机的铭牌和额定值

每台直流电动机的外壳上都有一个铭牌，上面标有该电动机的额定数据，且将其作为正确使用该电动机的依据。图 1.1.19 是直流电动机的铭牌，主要额定值意义如下。

1. 型号

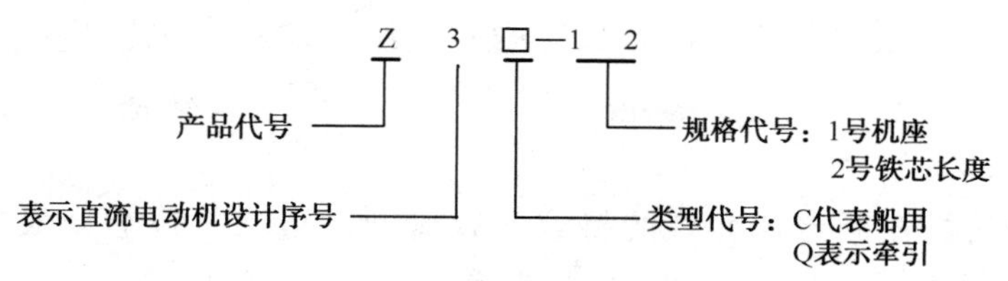

直流电动机			
型号		励磁方式	
额定功率		励磁电压	
额定电压		励磁电流	
额定电流		定额	
额定转速		绝缘等级	
标准编号		重量	
出品编号		出厂日期	
中华人民共和国 ×××电机厂制造			

图 1.1.19　直流电动机铭牌

2. 额定功率 P_N

额定功率 P_N 指电动机在额定工作情况下，长期运行所允许的输出功率，单位为“kW”。对于直流电动机 P_N 是指从转轴上输出的机械功率。

3. 额定电压 U_N

对于直流电动机，额定电压 U_N 是指在额定运行情况下，从电刷两端输入电动机的电源电压，单位为“V”。

4. 额定电流 I_N

对于直流电动机，额定电流 I_N 是指长期连续运行时，允许从电刷输入电枢绕组中的电流，单位为“A”。

5. 额定转速 n_N

当电动机处于额定状态下运行时，电动机转子的转速为额定转速，单位为“r/min”。一般电动机用两个转速表示。一个是基本转速（低转速）；另一个是最高转速。

6. 励磁方式

励磁方式是指电动机的励磁绕组连接和供电方式。通常有他励、自励，自励又包括并励、串励及复励等。

7. *励磁电压 U_t 和励磁电流 I_t*

励磁电压 U_t 和励磁电流 I_t 是指施加在励磁绕组上的额定电压和在此额定电压下产生的额定电流。

8. *定额*

定额是指电动机在额定值允许的持续运行时间。电动机定额一般分为连续、短时和断续三种工作方式，分别用 S1、S2、S3 表示。

（1）连续定额 S1：表示电动机在额定工作状态下可以长期连续运行。

（2）短时定额 S2：表示电动机在额定工作状态时，只能在规定时间内短期运行，我国规定的短时运行时间有 10 min、30 min、60 min 及 90 min 四种。

（3）断续定额 S3：表示电动机运行一段时间后，就要停止一段时间，只能周期性地重复运行，每一周期为 10 min。我国规定的负载持续率有 15%、25%、40%及 60%四种。例如，持续率为 25%时，2.5min 为工作时间，7.5min 为停车时间。

9. *绝缘等级*

绝缘等级是指电动机在额定运行时，电动机所允许的摄氏温度，即电动机允许的工作温度减去环境温度的数值，单位为“℃”。

五、直流电动机的种类和用途

1. *直流电动机的种类*

直流电动机的运行特性与它的励磁方式有很大的关系。直流电动机按励磁方式的不同，可分为以下几类。

（1）他励电动机

他励电动机的励磁电流是由独立的直流电源供给的，它的励磁电流仅取决于励磁电源的电压和励磁回路的电阻，与电枢端电压无关，其结构示意图及电路图如图 1.1.20 所示。

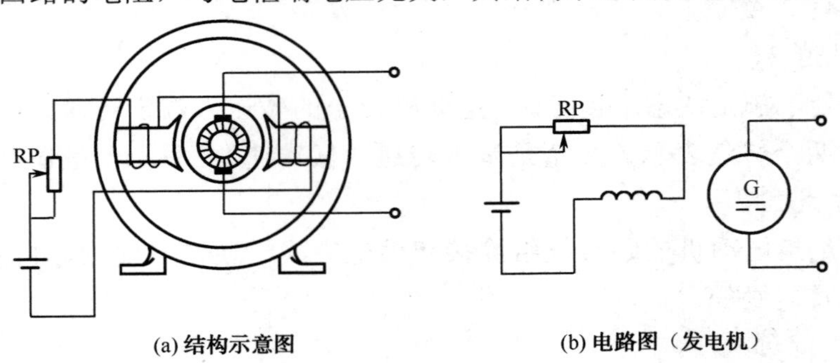

图 1.1.20　他励电动机

（2）并励电动机

并励电动机的励磁绕组与电枢绕组并联，如图 1.1.21 所示。并励电动机的励磁电流不仅与励磁回路的电阻有关，而且还受电枢端电压的影响。由于并励绕组承受着电枢两端的全部电压，其值较高。为了减小绕组的铜损耗，并励绕组的匝数较多，并且用较细的导线绕成。

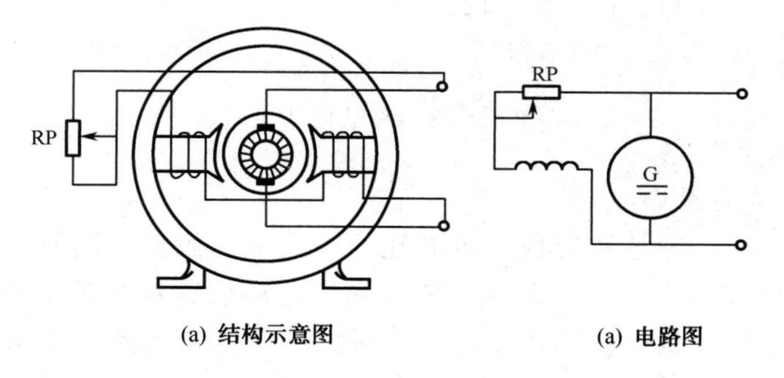

图 1.1.21　并励电动机

（3）串励电动机

串励电动机的励磁绕组与电枢绕组串联。为了减小串励绕组的电压降及铜损耗，串励绕组用截面积较大的导线绕成，且匝数较少，如图 1.1.22 所示。

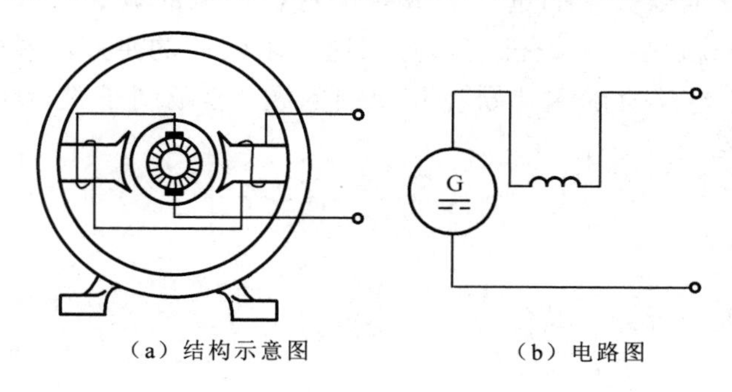

图 1.1.22　串励电动机

（4）复励电动机

复励电动机的磁极上有两个励磁绕组，一个与电枢绕组并联，另一个与电枢绕组串联，如图 1.1.23 所示。

并励电动机、串励电动机、复励电动机在用作发电机时，其励磁电流都是由它们自己供给的，故统称为自励电动机。

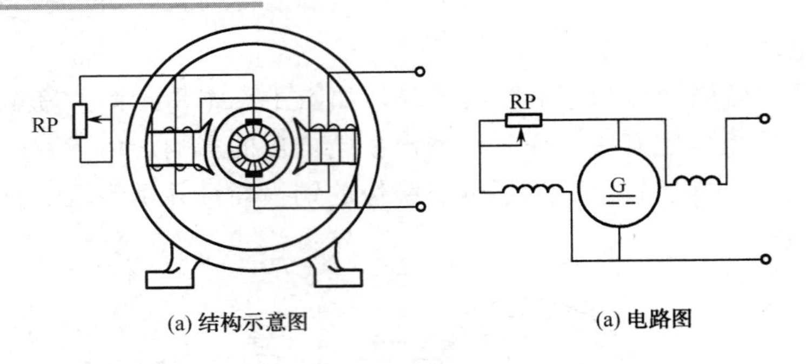

图 1.1.23　复励电动机

2. 直流电动机的用途

直流电动机是将直流电能转变为机械能的电动机。虽然，随着电力电子技术、计算机技术、自动控制技术的迅速发展，使得交流电动机逐步具备了调速范围宽、稳态精度高、动态响应快等良好技术性能，“以交代直”的发展趋势日趋明显。但是，直流电动机具有以下突出的优点。

（1）调速特性好，调速方便、平滑，调速范围广。

（2）启动、制动和过载转矩大。

（3）易于控制，能实现频繁快速启、制动及正反转。

加上可控硅整流电源技术的进一步成熟和特种机械的调速需求，在轧钢机、电车、电气铁道牵引、挖掘机械、纺织机械等对调速要求较高的生产机械上，还常用直流电动机作为动力。直流电动机的主要缺点是换向问题，它限制了直流电动机的极限容量，且增加了维护的工作量。

任务实施

小型直流电动机的拆卸与装配。

1. 安全准备

在拆卸直流电动机前先用仪表进行整机检查，确定绕组对地绝缘是否良好及绕组间有无短路、断线或其他故障。并在线头、端盖、刷架等处做好复位标记，做到边拆、边检查、边记录，在拆卸中不应使电动机的零件受到损坏。

2. 实训设备准备

电器元件见表 1.1.1。

表 1.1.1　元件明细表

序　号	名　称	型号与规格	数　量	备　注
1	小型直流电动机	Z2-32	1	
2	拆卸常用工具		1	

3．拆卸步骤

（1）拆除电动机的接线。

（2）拆除换向器的端盖螺钉、轴承盖螺钉，并取下轴承外盖。

（3）打开端盖的通风窗，从刷握中取出电刷，再拆下接到刷杆上的连接线。

（4）拆卸换向器的端盖时，在端盖边缘处垫上木楔，用铁锤沿端盖的边缘均匀敲击，逐步使端盖止口脱离机座及轴承外圈，取出刷架。

（5）将换向器包好，避免弄脏、碰伤。

（6）拆除轴伸出端的端盖螺钉，将连同端盖的电枢从定子内小心地抽出，以免擦伤绕组。

（7）将连同端盖的电枢放在木架上并包好，拆除轴承端的轴承盖螺钉，取下轴承外盖及端盖，若轴承未损坏可不拆卸。

（8）电动机的装配，按拆卸的相反顺序操作。

任务验收

	序号	验收项目	验收结果		不合格原因分析
			合格	不合格	
老师评价	1	安全防护			
	2	工具准备			
	3	拆卸步骤			
	4	安装步骤			
	5	运行效果			
	6	5s 执行			
自我评价	1	完成本次任务的步骤			
	2	完成本次任务的难点			
	3	完成结果记录			

自测与思考

1．简述直流电动机的工作原理。

2．直流电动机由哪些主要部件组成，各起什么作用？用什么材料制成？

3．单叠绕组和单波绕组各有什么特点？

4．单叠绕组的支路数是多少？单波绕组的支路数是多少？

5．直流电动机的定子由哪几部分组成？各部分的作用是什么？

6．按励磁方式可将直流电动机分为哪几类？励磁绕组和电枢绕组之间是什么关系？

任务二　直流电动机的运行

任务描述

现有一台并励直流电动机，需对其进行绕组好坏的检测。检测完毕后启动电动机，并实现电动机正、反转控制。

学习目标

1．直流电动机的启动。
2．直流电动机的降压启动。
3．直流电动机的正、反转。
4．直流电动机的调速。
5．直流电动机的制动。

知识平台

一、直流电动机的启动

直流电动机由静止状态加速达到正常运转的过程，称为启动过程。

直流电动机在刚启动瞬间，转速 n=0，故反电动势 $E_a=C_e\Phi_n=0$，此时电枢电流 I_a 为：

$$I_a=\frac{U-E_a}{R_a}=\frac{U}{R_a}=I_{st} \tag{1-2-1}$$

此时的电流称为启动电流，用 I_{st} 表示。由于电枢绕组的电阻 R_s 很小，故启动电流必然很大，通常可达到额定电流的 10～20 倍。这样大的启动电流会引起电动机换向困难，并使供电线路产生很大的压降。因此，除小容量电动机外，直流电动机一般不允许直接启动，而必须采取适当的措施限制启动电流。对启动的要求是：最初启动电流 I_{st} 要小；最初启动转矩 T_{st} 要大；启动设备要简单和可靠。为限制启动电流可以采取以下措施来启动。

1．电枢回路串变阻器启动

变阻器启动就是在启动时将一组启动电阻 R_{st} 串入电枢回路以限制启动电流。待转速上升以后，再逐段将启动电阻切除。此法启动时的启动电流为：

$$I_a \approx \frac{U}{r_a + R_{st}} \tag{1-2-2}$$

因此，只要 R_{st} 的阻值选择得当就能将启动电流限制在允许的范围内。并励直流电动机和串励直流电动机的串变阻器启动电路如图 1.2.1 所示。

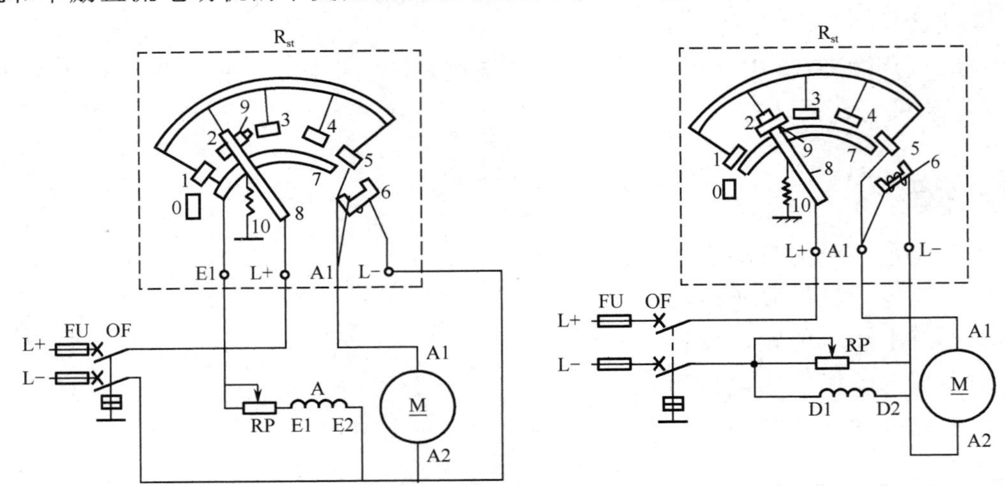

(a) 并励直流电动机串变阻器启动电路　　(b) 串励直流电动机串变阻器启动电路

0～5—分段静触头；6—电磁铁；7—弧形铜条；8—手轮；9—衔铁；10—恢复弹簧

图 1.2.1　直流电动机串变阻器启动电路

通常把启动电流限制在(1.5～2.5)I_N 的范围内来选择启动电阻的大小。一般 150kW 以下的直流电动机启动电流可取上限；150kW 以上的直流电动机则取下限。

变阻器启动用于各种中、小型直流电动机，其缺点是变阻器比较笨重，启动过程中消耗很多电能。

例 1.2.1　某他励直流电动机额定功率 P_N=150kW，额定电压 U_N=220V，额定电流 I_N=250A，额定转速 n_N=500r/min，电枢回路电阻 R_a=0.078Ω，拖动额定恒转矩负载运行，忽略空载转矩。

若采用电枢回路串变阻器启动，启动电流 I_{st}=2I_N 时，计算应串入的电阻值及启动转矩。

解：

$$R_{st} = \frac{U_N}{I_{st}} - R_a = \frac{220}{2\times 250} - 0.078 = 0.362$$

$$T_{st} = 2T_N = 2\times 9.55\frac{P_N}{n_N} = 2\times 9.55\times\frac{50\times 10^3}{500} = 1910\text{N}\cdot\text{m}$$

2. 降压启动

降压启动是在启动时通过暂时降低电动机供电电压的方法来限制启动电流。

降压启动方法一般只用于大容量且启动频繁的直流电动机，并要有一套可变电压的直流电源。常见的发电机——电动机组就是采用降压启动方式来启动电动机的，其优点是启动电流小，启动时消耗能量少，升速比较平稳。近年来，采用由晶闸管整流电源组成的“整流器-电动机”组，也适用于降压启动。

应注意的是：并励电动机采用降压启动时只降低电枢电压，励磁绕组的外施电压却不能降低，否则启动转矩将变小，电动机将仍无法启动。

例 1.2.2　在例 1.2.1 中，若采用降压启动，条件同上，电压应降至多少?并计算启动转矩。

解：

$$U_{st}=I_{st}R_a=2\times250\times0.078=39\text{V}$$

$$T_{st}=2T_N=2\times9.55\frac{P_N}{n_N}=2\times9.55\times\frac{50\times10^3}{500}=1910\text{N}\cdot\text{m}$$

二、直流电动机的正、反转

电动机的电磁转矩是由主磁通和电枢电流相互作用而产生的。根据左手定则，任意改变两者之一，就可改变电磁转矩的方向。所以，改变电动机转向的方法有两种：一是将励磁绕组反接；二是将电枢绕组反接。由于他励和并励电动机励磁绕组的匝数较多，电感较大，反向磁通的建立过程缓慢，所以一般都采用变电枢电流方向的办法来改变电动机的转向。图 1.2.2 所示为他励电动机正、反转的原理电路图。

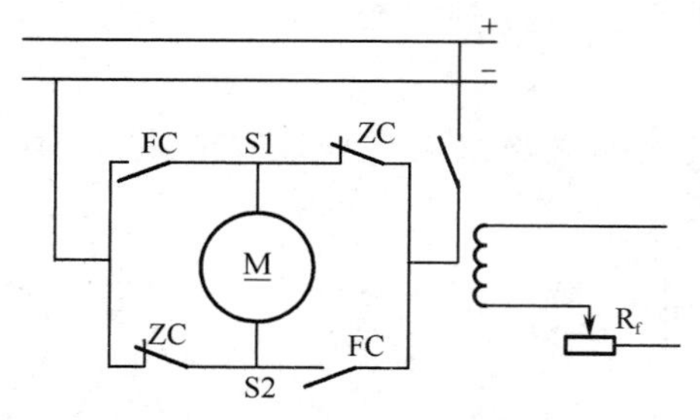

图 1.2.2　他励电动机正、反转的原理电路图

当正向接触器 ZC 闭合时，反向接触器 FC 是断开的。电枢的 S1 端接正极；S2 端接负极。若将 ZC 断开将 FC 闭合，则电枢电流反向，电磁转矩 T_{em} 和转速 n 的方向也随之改变。如果把反向前的电磁转矩 T_{em} 和转速 n 定为正值，反向后的 T_{em} 和 n 则为负值。

对于复励电动机，应将电枢引出端对调或者同时将并励绕组和串励绕组引出端分别对调（维持加复励状态）。

三、直流电动机的调速

直流电动机有良好的调速性能，与交流电动机相比，这也是直流电动机的一个显著优点。直流电动机比较容易满足调速幅度宽广、调速连续平滑、损耗小、经济指标高等电动机调速的基本要求。

直流电动机的调速是指在电动机机械负载不变的条件下，改变电动机的转速。调速可采用机械方法、电气方法或机械和电气配合的方法。

根据直流电动机的转速公式 $n \approx \dfrac{U - I_a R_a}{C_e \Phi}$ 可知，直流电动机有三种调速方法，即电枢回路串电阻调速法、改变励磁磁通调速法和改变电枢电压调速法。

1. *电枢回路串电阻*

实现方法：在直流电动机的电枢回路中串联一只调速变阻器来实现调速。图 1.2.3 为电枢回路串电阻调速电路图。

特点：

（1）设备简单，投资少，只需增加电阻和切换开关，操作方便。小功率电动机中用得较多，如起重机、电车等。

（2）属于恒转矩调速方式，转速只能由额定转速往下调。

（3）只能分级调速，调速平滑性差。

（4）低速时，机械特性很软，转速受负载影响变化大，电能损耗大，经济性能差。

2. *改变励磁磁通*

实现方法：改变励磁电流的大小来实现调速。图 1.2.4 为改变励磁磁通调速电路图。

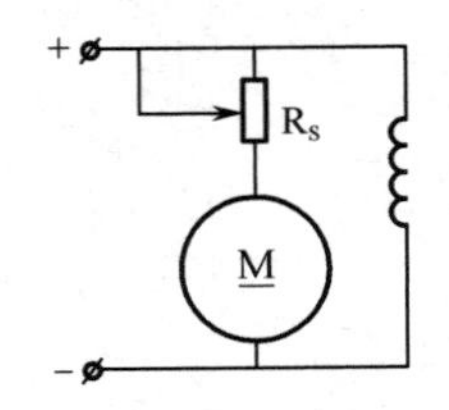

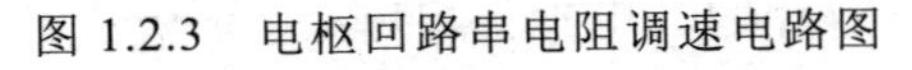
图 1.2.3　电枢回路串电阻调速电路图

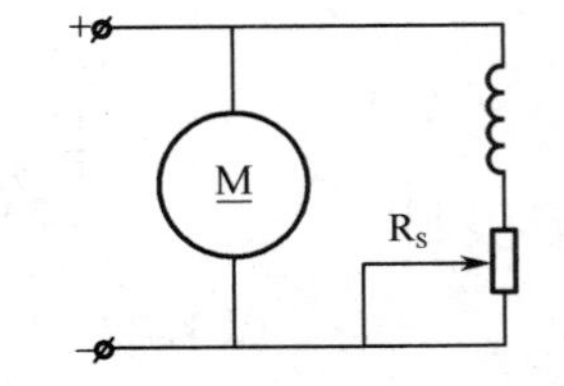

图 1.2.4　改变励磁磁通调速电路

特点：

（1）调速在励磁回路中进行，功率较小，故能量损失小，控制方便。

（2）速度变化比较平滑，但转速只能往上调，不能在额定转速以下进行调节。

（3）调速的范围较窄，在磁通减少太多时，电枢磁场对主磁场的影响加大，会使电动机火花增大、换向困难。

（4）在减少励磁调速时，若负载转矩不变，电枢电流必然增大。要防止电流太大带来的问题，如发热、打火等。

3. 改变电枢电压

实现方法：使用可变直流电源来改变电枢电压实现调速。图 1.2.5 为改变电枢电压调速电路图。

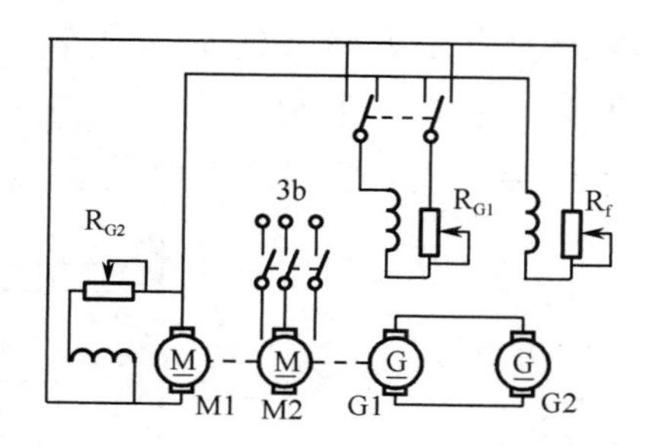

图 1.2.5　改变电枢电压调速电路

特点：

（1）改变电枢电压调速时，机械特性的斜率不变，调速的稳定性好。

（2）电压可做连续变化，调速的平滑性好，调速范围广。

（3）属于恒转矩调速，电动机不允许电压超过额定值，只能由额定值往下降低电压调速，即只能减速。

（4）电源设备的投资费用较大，但电能损耗小，效率高。还可用于降压启动。

四、直流电动机的制动

在生产过程中，经常需要采取一些措施使电动机尽快停转，或者从某高速降到某低速运转，或者限制位能性负载在某一转速下稳定运转，这就是电动机的制动问题。直流电动机的制动可分为机械制动和电气制动，其中电气制动又可以分为能耗制动、反接制动和再生制动等。

1. 能耗制动

实现方法：利用双掷开关将正常运行的电动机电源切断，并将电枢回路串入适量电阻。进入制动状态后，电动机拖动系统，由于有惯性而继续旋转，电枢电流反向，

转矩也反向，其方向和转速方向相反，成为制动转矩，使电动机能很快地停转。在能耗制动中，电动机实际变成了发电机运行状态，将系统中的机械动能转化为电能消耗在电枢回路的电阻中。图 1.2.6 为能耗制动原理图。

特点：

能耗制动的优点是所需设备简单、成本低、制动减速平稳可靠。其缺点是能量无法利用，白白消耗在电阻发热上；能耗制动的制动转矩随转速变慢而相应减少，制动时间较长。

2. 反接制动

实现方法：改变电枢绕组上的电压方向（使 I_a 反向）或改变励磁电流的方向（使 Φ反向），可以使电动机得到反力矩，产生制动作用。当电动机速度接近零时，迅速脱离电源，实现直流电动机的反接制动。图 1.2.7 为反接制动原理图。

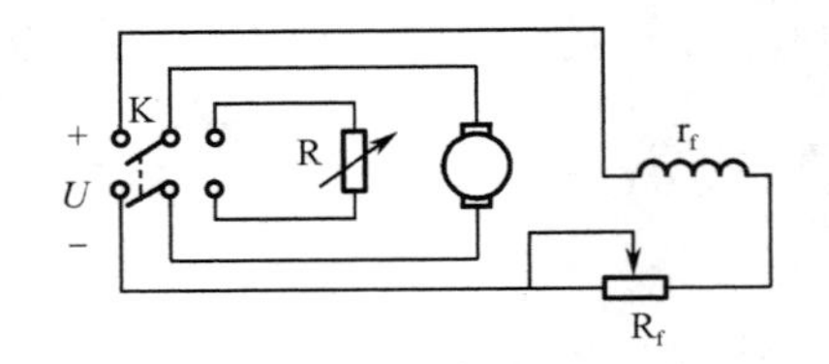

图 1.2.6 能耗制动原理图

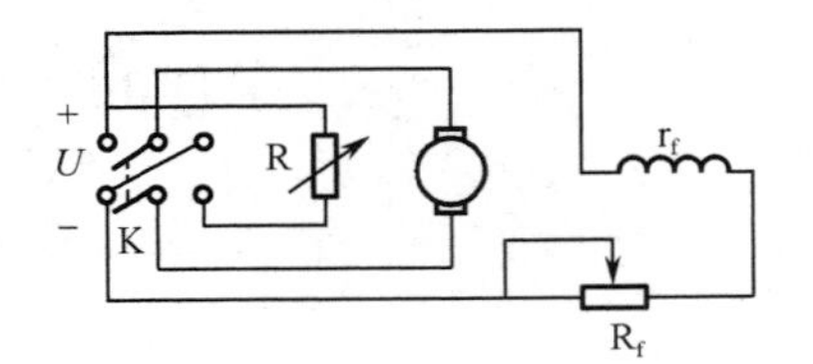

图 1.2.7 反接制动原理图

特点：

反接制动的优点是制动转矩比较恒定、制动较强烈、操作比较方便。其缺点是需要从电网吸取大量的电能，而且对机械负载有较强的冲击作用。它一般应用在快速制动的小功率直流电动机上。

3. 再生制动

实现方法：如直流电动机所拖动的电车或电力机车，在电车下坡时，电车位能负载使电车加速，转速增加。当转速升高到一定值后，反向电动势 E 大于电网电压 U，电动机转变为发电机运行，向电网送出电流，电磁转矩变为制动转矩，把能量反馈给电网，以限制转速继续上升，电动机以稳定转速控制电车下坡，这时，电动机从电动机状态转变为发电机状态运行，把机械能转变成电能，向电源馈送，故称为回馈制动，也称为再生制动或发电制动。

特点：

再生制动的优点是产生的电能可以反馈回电网中去，使电能获得利用，简便、可靠且经济。缺点是再生制动只能发生在 $n>n_0$ 的场合，限制了它的应用范围。

任务实施

现有一台并励直流电动机，需对其进行绕组好坏的检测。检测完毕后启动电动机，并实现电动机正、反转控制。

1. 安全准备

穿戴好防护用品，做好安全防护工作，检测仪表和设备，防止发生人身安全事故。

2. 实训设备准备

电器元件见表 1.2.1。

表 1.2.1　元件明细表

序号	代号	元件名称	数量	型号	规格
1	M	并励直流电动机	1	Z200/20-220	200W、220V
2	QF	直流断路器	1	DZ5-20-220	2 极、220V
3	KM1-KM3	直流接触器	3	CZ0-40/20	2 常开 2 常闭、220V
4	KT	时间继电器	1	JS7-3A	220V、0.4-60S
5	KA	欠电流继电器	1	JL14-ZQ	
6	SB1-SB3	按钮	3	LA19-11A	
7	R	启动变阻器	1		100Ω、1.2A
8		导线	若干		

3. 电路图（图 1.2.8）

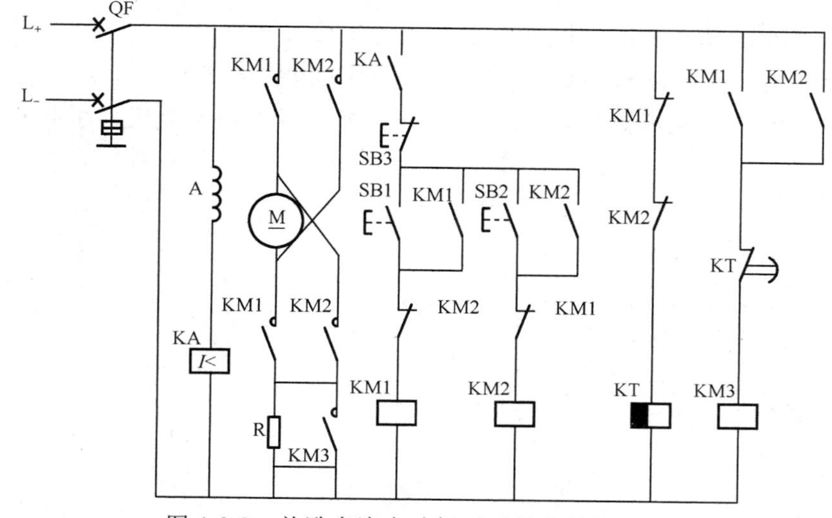

图 1.2.8　并励直流电动机正反转控制电路图

4. 实训步骤

（1）按表 1.2.1，配齐所用的电器元件，并检查元件质量。

（2）根据图 1.2.8 所示，进行正确布线，连接直流电动机。

（3）电路检查无误后接通电源，启动电动机，观察电动机运转情况。

（4）断开开关、关闭电源，拆除电路，完成任务。

任务验收

	序号	验收项目	验收结果		不合格原因分析
			合格	不合格	
老师评价	1	安全防护			
	2	工具准备			
	3	实训步骤			
	4	运行结果			
	5	5s 执行			
自我评价	1	完成本次任务的步骤			
	2	完成本次任务的难点			
	3	完成结果记录			

自测与思考

1．画出直流他励电动机电枢串电阻启动的接线图。

2．改变并励直流电动机电源极性，电动机转向能否改变？为什么？

3．当电动机的负载转矩和电枢端电压不变时，减小励磁电流会引起转速的升高，为什么？

任务三　直流电动机的基本性能分析

任务描述

通过测试，对直流并励电动机工作特性和机械特性进行数据计算及特性分析。

学习目标

1. 直流电动机的电磁转矩、电枢电动势和电磁功率。
2. 直流电动机的电枢功率、电压和转矩平衡方程式。
3. 直流电动机的机械特性。
4. 直流电动机的电枢反应。

知识平台

一、直流电动机的电磁转矩、电枢电动势和电磁功率

1. 直流电机的电磁转矩

根据电磁定律，当电枢绕组中有电枢电流流过时，在磁场内将受到电磁力的作用，该力与电动机电枢铁芯半径之积称为电磁转矩。即

$$T = C_{\mathrm{T}} \Phi I_{\mathrm{a}} (\mathrm{N \cdot m})$$

$$C_{\mathrm{T}} = \frac{pN}{2\pi a} \qquad (1\text{-}3\text{-}1)$$

式中　C_T——电动机的转矩常数，仅与电动机结构有关；

P——磁极对数；

N——电枢导体总数；

a——支路对数；

I_{a}——电枢电流，A；

Φ——气隙磁通，Wb。

从式（1-3-1）可看出：

（1）制造好的直流电动机的电磁转矩仅与电枢电流 I_{a} 和气隙磁通 Φ 成正比。

（2）电磁转矩是由电源供给电动机的电能转换而来的，是电动机的驱动转矩。

例 1.3.1 某 4 极直流电动机，单波绕组，电枢的导体总数为 N=186 根，每极磁通为 6.98×10^{-2}Wb，电枢电流 I_a=331A。求电磁转矩。

解： 4 极电机 $p=2$，单波绕组 $a=1$，则电磁转矩为：

$$T=\frac{pN}{2\pi a}\Phi I_a=\frac{186\times2\times6.98\times10^{-2}\times331}{2\times3.14\times1}=1368.6\text{N}\cdot\text{m}$$

2. 直流电动机的电枢电动势

直流电动机运行时，电枢绕组元件在磁场中运动切割磁力线产生电动势，称为电枢电动势。电枢电动势是指直流电动机正、负电刷之间的感应电动势，也就是每个支路里的感应电动势。其表达式为：

$$E_a=C_e\Phi n$$

$$C_e=\frac{pN}{60a} \tag{1-3-2}$$

式中 C_e——电动势常数，当电动机做好后仅与电动机结构有关；

p——磁极对数；

N——电枢导体总数；

a——支路对数；

Φ——气隙磁通，Wb；

n——转速，r/min。

电枢电动势式（1-3-2）表明：

（1）直流电动机的感应电动势与电动机结构 C_e、气隙磁通 Φ 和电动机转速 n 有关。当电动机制造好以后，与电动机结构有关的常数 C_e 不再变化，因此电枢电动势仅与气隙磁通和转速有关，改变转速和气隙磁通均可改变电枢电动势的大小。

（2）式（1-3-2）既适用于直流电动机，也适用于直流发电机。对直流发电机，E_a 是电源电动势，向外供电，电流方向和电动势方向一致。对直流电动机，E_a 是反电动势，与外加电源电流方向相反，用来与外加电压相平衡。

（3）从 C_T 与 C_e 的表达式可以看出 $C_r=9.55C_e$。

例 1.3.2 已知某直流电动机 $2p=4$，单波绕组，电枢绕组总导体数为 $N=648$，电动机的转速为 $n=1450\text{r/min}$，$\Phi=0.0051\text{Wb}$。求发出的电动势 E_a，如果保持 Φ 不变，转速减为 $n=1000\text{r/min}$，此时的电动势 E_a' 为多少？

解： 电动势常数为：$C_e=\dfrac{pN}{60a}=\dfrac{648\times2}{60\times1}=21.6$

$n=1450\text{r/min}$ 时：

$$E_a=C_e\Phi n=21.6\times0.005\times1450=159.73\approx160\text{V}$$

$n = 1000 \text{r/min}$ 时：

$$E_a' = C_e \Phi n = 21.6 \times 0.005 \times 1000 = 110.16 \approx 110\text{V}$$

3．直流电动机的电磁功率

一切能量形式的转换均遵守能量守恒原理，在直流电动机中也是一样。通过电磁转矩的传递，实现机械能和电能的相互转换，通常把电磁转矩所传递的功率称为电磁功率。由力学知识可知，电动机的电磁功率为：

$$P = T\omega$$

式中　$\omega = \dfrac{2\pi n}{60}$——电枢转动的角速度。

由于 $T = C_T \Phi I_a$，$E_a = C_e \Phi n$，$C_T = \dfrac{pN}{2\pi a}$ 和 $C_e = \dfrac{pN}{60a}$

因此电磁功率表示为：

$$P = E_a I_a \qquad (1\text{-}3\text{-}3)$$

式（1-3-3）表明电磁功率这个物理量。从机械角度讲是电磁转矩与角速度的乘积；从电的角度讲是电枢电动势与电枢电流的乘积。这两者是同时存在且相互转换的。

实际中的直流电动机是有功率损耗的，因此电磁功率总是小于输入功率而又大于输出功率。

二、直流电动机的功率、电压和转矩平衡方程式

直流电动机与电源接通，当负载恒定时，直流电动机将以恒定的速度旋转，即电动机处于稳定运行状态。该状态下，电动机的电枢电动势、功率、转矩保持着平衡关系。

1．电压平衡方程

根据直流电动机他励、并励接线图的电路基本规律，可以写出他（并）励直流电动机的电路平衡方程式为：

$$U = E_a + I_a R_a + 2\Delta U \qquad (1\text{-}3\text{-}4)$$

忽略电刷压降 $2\Delta U$，则有：

$$U = E_a + I_a R_a \qquad (1\text{-}3\text{-}5)$$

式中　U——电动机外加直流电压，V；

E_a——电动机的反电动势，V；

I_a——电动机的电枢电流，A。

2．转矩平衡方程

根据牛顿力学定律，稳态运行时电动机应满足转矩平衡方程，即

$$T = T_2 + T_0 \tag{1-3-6}$$

式中 T——电动机的电磁转矩，为拖动性质；

T_2——电动机轴上输出的机械转矩，为制动性质；

T_0——空载时电动机损耗所形成的制动性转矩。

并励直流电动机，输入电流 I、电枢电流 I_a 和励磁电流 I_f 之间的关系为：

$$I = I_a = I_f \tag{1-3-7}$$

3. 功率平衡方程

（1）输入功率、电磁功率和铜损耗。如图 1.3.1 所示为直流电动机功率流程图。

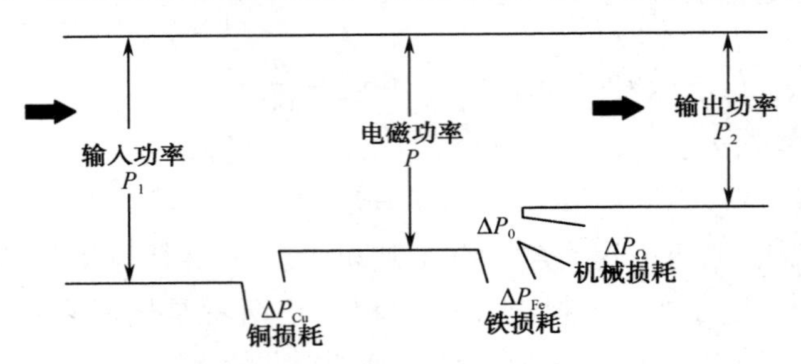

图 1.3.1 直流电动机功率流程图

对于直流电动机来讲，电磁功率 P 是指电能转变成机械能的这部分功率，直流电动机从电源吸取的电功率称为输入功率 P_1；由于直流电动机的电枢绕组、电刷、电刷与换向器的接触处等都存在着电阻，统称为电枢电阻 R_a，电枢电流流过时，就会发热，产生损耗，称为铜损耗 ΔP_{Cu}。铜损耗是随着负载电流的变化而变化的，所以也称为可变损耗。即

$$P_1 = P + \Delta P_{Cu} \tag{1-3-8}$$

（2）机械损耗、铁损耗、空载损耗和输出功率。转变成机械功率的电磁功率 P 中有一小部分消耗在电动机的机械损耗上，机械损耗常常产生于电刷与换向器之间；旋转部分（轴承，风扇等处）与空气的摩擦，机械损耗用 ΔP_Ω 表示。

在电枢铁芯中还存在着由于磁滞和涡流引起的能量损耗，由于它存在于铁磁回路中，所以称为铁损耗，铁损耗用 ΔP_{Fe} 表示。

由于直流电动机只要通了电，并且转动起来，不管它有没有带负载，机械损耗和铁损耗都会存在。所以，这两项损耗合起来称为空载损耗，它与负载大小基本无关，是一个常量，所以空载损耗也叫做不变损耗 ΔP_0，则：

$$\Delta P_0 = \Delta P_{Fe} + \Delta P_\Omega \tag{1-3-9}$$

电磁功率和输出功率的关系为：

$$P = P_2 + \Delta P_0 = P_2 + \Delta P_{Fe} + \Delta P_\Omega$$

式中　P_2——电动机的输出功率，kW。

直流电动机接上电源后，绕组中便有电流流过。由电源输入的功率是 P_1，从输入功率除去钢损耗 ΔP_{CU}，余下的是被电动机转换的电磁功率 P，电动机在转动中要产生机械损耗 ΔP_Ω 及铁损耗 ΔP_{Fe}。从电磁功率中减去这部分空载损耗 ΔP_0 后，就是直流电动机的输出功率 P_2。直流电动机的功率平衡方程式也可以写为：

$$P_1 = P_2 + \Delta P_{Fe} + \Delta P_\Omega + \Delta P_{Cu} \tag{1-3-10}$$

直流电动机的效率为：

$$\eta = \frac{P_2}{P_1} \times 100\% = \frac{P_2}{P_2 + \Delta P_{Cu} + \Delta P_\eta + \Delta P_{Fe}} \tag{1-3-11}$$

例 1.3.3　某台 Z2—51 型直流他励电动机，额定功率（输出功率）P_2=3kW，电源电压 U=220V，电枢电流 I_a=16.4A，电枢回路电阻 R=0.84Ω。求输入功率 P_1、铜损耗 ΔP_{Cu}、空载损耗 ΔP_0、反电动势 E_a 和电动机的效率 η。

解： $\Delta P_{Cu} = {I_a}^2 R_a = 16.4^2 \times 0.84 = 226\text{W} = 0.226\text{kW}$

$$\Delta P_0 = P_1 - P_2 - \Delta P_{Cu} = 3.608 - 3 - 0.226 = 0.383\text{kW}$$

$$E_a = U - I_a R_a = 220 - 16.4 \times 0.84 = 206.2\text{V}$$

$$\eta = \frac{P_2}{P_1} \times 100\% = \frac{3}{3.608} \times 100\% = 83\%$$

三、直流电动机的机械特性

直流电动机与交流异步电动机一样，当电动机的电源电压 U、励磁电流 I_f、电枢回路总电阻 R 都等于常数时，转速 n 与电磁转矩 T 之间的关系称为直流电动机的机械特性。

1．他励电动机的机械特性

分析他励电动机的机械特性可以从式（1-3-2）、式（1-3-5）得到：

$$n = \frac{U - I_a R_a}{C_e \Phi}$$

再把式（1-3-1）代入上式得：

$$n = \frac{U}{C_e \Phi} - \frac{R_a}{C_e C_T \Phi^2} T = n_0 - aT \tag{1-3-12}$$

式（1-3-12）称为他励电动机的机械特性方程，它具有以下特性。

（1）$T = 0$ 时，$n = n_0 = \dfrac{U}{C_e \Phi}$ 称为理想空载转速。由于 C_e 是电动机的结构常数，所

以 n_0 与 U 成正比，与 Φ 成反比，当 U 和 Φ 不变时，n_0 是一个定值。

（2）他励电动机的机械特性是一条过点 n_0 并稍向下倾斜的直线，其斜率 a 为：

$$a=\frac{R_a}{C_e C_T \Phi^2} \tag{1-3-13}$$

式（1-3-13）中 C_e、C_T 是由电动机结构决定的常数。他励电动机的机械特性如图 1.3.2 所示。

（3）在电源电压、励磁电流均为额定值，以及电枢回路不串入附加电阻的条件下做出的特性曲线称为自然（固有）机械特性。他励直流电动机的斜率 a 较小，其自然机械特性具有硬的机械特性，即电动机负载转矩增大时，转速的下降并不大。按照我国的电动机技术标准规定，电动机的转速调整率 Δn 为：

$$\Delta n=\frac{n_0-n_N}{n_N}\times 100\%$$

式中　n_N——电动机的额定转速。

一般他励电动机的转速调整率 Δn 为 3%～8%。这种特性适用于在负载变化时要求转速比较稳定的场合，经常用于金属切削机床、造纸机械等要求恒速的地方。他励电动机电路图如图 1.3.3 所示。

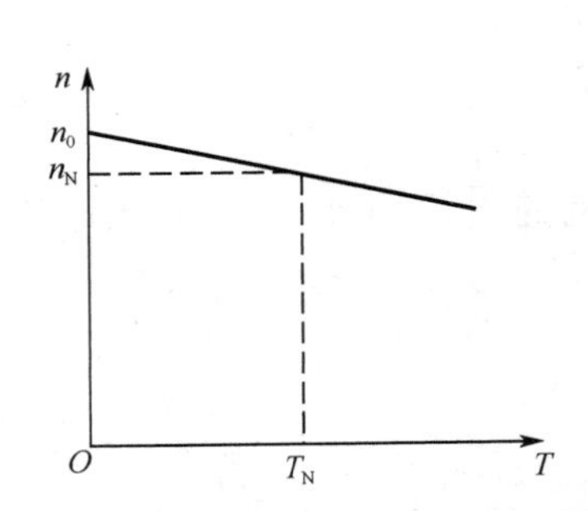

图 1.3.2　他励直流电动机的机械特性

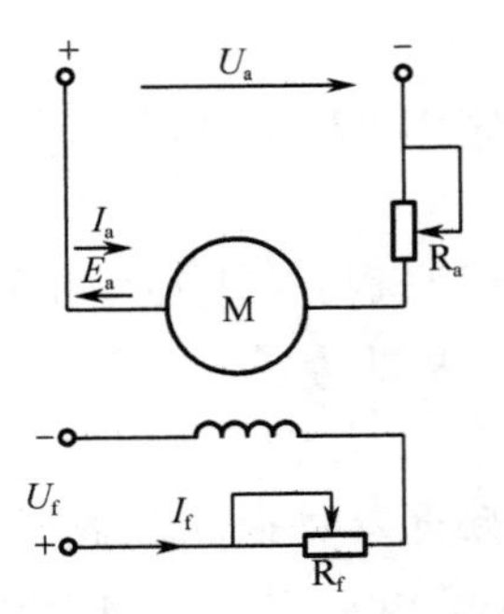

图 1.3.3　他励电动机电路图

2．并励直流电动机的机械特性

并励直流电动机具有与他励电动机相似的“硬的”机械特性，由于并励电动机的励磁绕组与电枢绕组并联，共用一个电源，所以电枢电压的变化会影响励磁电流的变化，使机械特性比他励稍软。

3．串励电动机的机械特性

如图 1.3.4 所示，由于串励电动机的励磁绕组与电枢绕组串联，故励磁电流 I_f 等于电枢电流 I_a，它的主磁通随着电枢电流的变化而变化，这是串励电动机最基本的特点。

当磁极未饱和时，磁通Φ与电流I_a成正比，即$\Phi \propto I_a$，又因$T = C_M \Phi I_a = (C_M / C)\Phi^2$，即

$$\Phi = \sqrt{\frac{C}{C_M}} \times \sqrt{T}$$

$$n = \frac{U - I_a R_a}{C_e \Phi} = \frac{U}{C_e \Phi} - \frac{I_a R_a}{C_e \Phi}$$

则：

$$n = C_1 \frac{U}{\sqrt{T}} - C_2 R_a \tag{1-3-14}$$

式中C_1及C_2均为常数。串励励磁绕组电阻较小，可忽略不计。

在磁极未饱和的条件下，串励电动机的机械性如图 1.3.5 所示的双曲线。它具有以下特性。

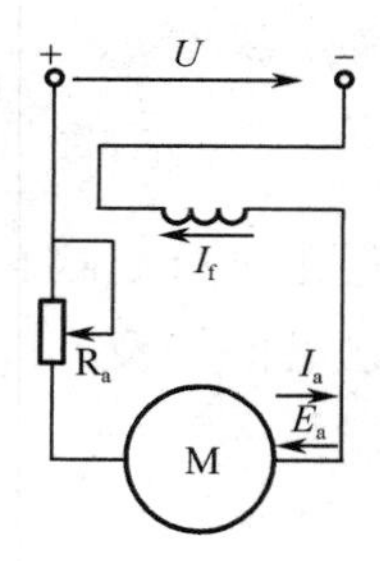

图 1.3.4　串励电动机电路图

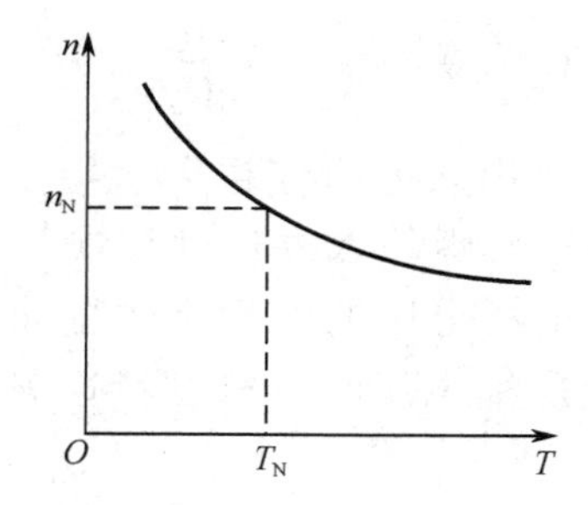

图 1.3.5　串励电动机的机械特性

（1）串励电动机的转速随转矩变化而剧烈变化，这种机械特性称为软特性。在轻负载时，电动机转速很快；负载转矩增加时，其转速较慢。

（2）串励电动机的转矩和电枢电流的平方成正比，因此它的启动转矩大，过载能力强。

（3）电动机空载时，理想空载转速n_0为无限大，实际中n_0也可达到额定转速n_N的5～7倍（也称为飞车），但这是电动机的机械强度所不允许的。因此，串励电动机不允许空载或轻载运行。

（4）串励电动机也可以通过电枢串接电阻、改变电源电压、改变磁通达到人为机械特性，适应负载和工艺的要求。

串励电动机适用于负载变化比较大且不可能空转的场合。例如，电动机车、地铁电动车组、城市电车、电瓶车、挖掘机、铲车、起重机等。

4. 积复励直流电动机

积复励直流电动机的机械特性介于他励与串励直流电动机之间，具有串励直流电

动机的启动转矩大、过载倍数强的优点，而没有空载转速很高的缺点。这种电动机的用途也很广泛，如无轨电车就是用积复励直流电动机拖动的。

5. 人为机械特性

直流电动机可以通过改变电枢回路电阻、电枢电源电压、励磁磁通等方法使机械特性发生变化，以适应负载和工艺的要求。其参数改变后，对应的机械特性称为人为机械特性。下面以他励直流电动机为例说明三种人为机械特性。

（1）电枢回路串接电阻的人为机械特性。电枢加额定电压 U_N，每极磁通为额定值 Φ_N，电枢回路串入电阻 R 后，机械特性表达式为：

$$n=\frac{U_N}{C_e\Phi_N}-\frac{R_a+R}{C_eC_T\Phi_N^{\ 2}}T \tag{1-3-15}$$

电枢串入电阻（R）值不同时的人为机械特性如图 1.3.6 所示。

显然，理想空载转速 $n_0=\dfrac{U}{C_e\Phi}$ 与固有机械特性的 n_0 相同，斜率 $a=\dfrac{R_a}{C_eC_T\Phi^2}$ 与电枢回路电阻有关，串入的阻值越大，特性越倾斜。

电枢回路串电阻的人为机械特性是一组放射型直线，都过理想空载转速点。

（2）改变电枢电压的人为机械特性。保持每极磁通为额定值不变，电枢回路不串电阻，只改变电枢电压时，机械特性表达式为：

$$n=\frac{U}{C_e\Phi_N}-\frac{R_a}{C_eC_T\Phi_N^{\ 2}}T \tag{1-3-16}$$

电压 U 的绝对值大小不能比额定值高，否则绝缘将承受不住，但是电压方向可以改变。改变电压大小的人为机械特性如图 1.3.7 所示。

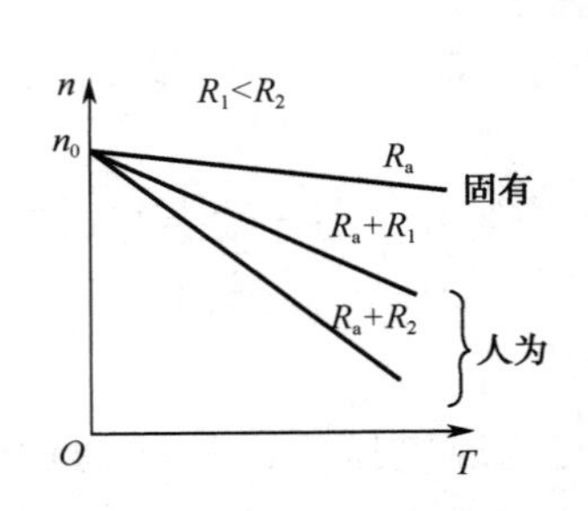

图 1.3.6 电枢回路串电阻的人为机械特性

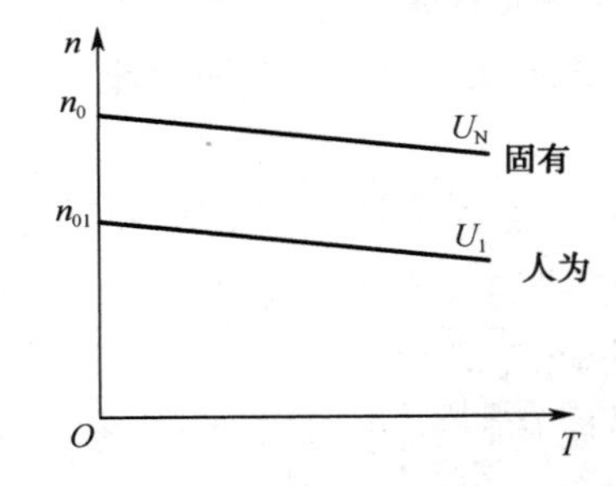

图 1.3.7 改变电枢电压的人为机械特性

显然，U 不同，理想空载转速 $n_0=\dfrac{U}{C_e\Phi}$ 随之变化并成正比关系，但是斜率都与固有机械特性斜率相同，因此各条特性彼此平行。

改变电压 U 的人为机械特性是一组平行直线。

（3）减少气隙磁通量的人为机械特性。减少气隙每极磁通的方法是用减小励磁电流来实现的。由于电动机磁路接近于饱和，增大每极磁通难以做到，改变磁通时，都是减少磁通。

电枢电压为额定值不变。电枢回路不串电阻，仅改变每极磁通的人为机械特性表达式为：

$$n = \frac{U_N}{C_e\Phi} - \frac{R_a}{C_e C_T \Phi^2}T \tag{1-3-17}$$

显然理想空载转速 $n_0 \propto \frac{1}{\Phi}$，$\Phi$ 越小，n_0 越高；而斜率 $a \propto \frac{1}{\Phi^2}$，$\Phi$越小，特性越倾斜。

改变每极磁通的人为机械特性如图 1.3.8 所示，是既不平行又不呈放射型的一组直线。

从以上三种人为机械特性看，电枢回路串电阻和减弱磁通，机械特性都变软。

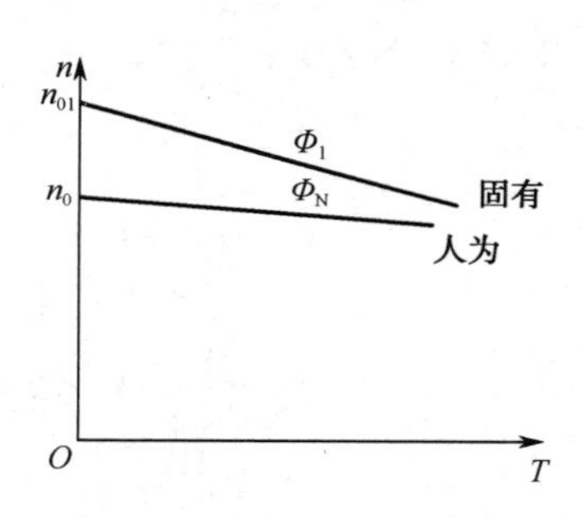

图 1.3.8　减小气隙磁通里的人为机械特性

6. *并励与串励电动机的性能比较*

并励与串励电动机性能比较见表 1.3.1。

表 1.3.1　并励与串励电动机比较

类　　别	并励电动机	串励电动机
主磁极绕组构造特点	绕组匝数比较多，导线线径比较粗，绕组的电阻比较大	绕组匝数比较少，导线线径比较粗，绕组的电阻较小
主磁极绕组和电枢绕组连接方法	主磁极绕组和电枢绕组并联，主磁极绕组承受的电压较高，流过的电流较小	主磁极绕组和电枢绕组串联，主磁极绕组承受的电压较低，流过的电流较大
机械特性	具有硬的机械特性，负载增大时，转速下降不多，具有恒转速特性	具有软的机械特性，负载较小时，转速下降不多，具有恒功率特性
应用范围	适用于在负载变化时要求转速比较稳定的场合	适用于恒功率负载，速度变化大的负载
使用时应注意的事项	可以空载或轻载运行。主磁通很小时可能造成飞车，主磁极绕组不允许开路	空载或轻载时转速很高，会造成换向困难或离心力过大而使电枢绕组损坏，不允许空载启动及带传动

四、直流电动机的电枢反应

1. *主磁极磁场*

当直流电动机的主磁极绕组中流入励磁电流后，在电动机中则会建立起主磁极磁场。如图 1.3.9（a）所示为两极电动机的主磁极磁场。

在主磁极 N、S 之间并通过电枢轴中心的平分线称为几何中性线，用 nn' 表示。通过电枢中心，电枢铁芯圆周上磁通为零的两点连线，称为物理中性线，用 mm' 表示。

在电枢电流为零的情况下，主磁场的几何中性线和物理中性线是重合的。

2. 电枢磁场

当电动机在负载下运行时，电枢绕组中有负载电流流过，此时电枢电流产生的磁场称为电枢磁场。其分布情况如图 1.3.9（b）所示，从图中可以看出电枢磁场的轴线和几何中性线 nn' 是重合的。

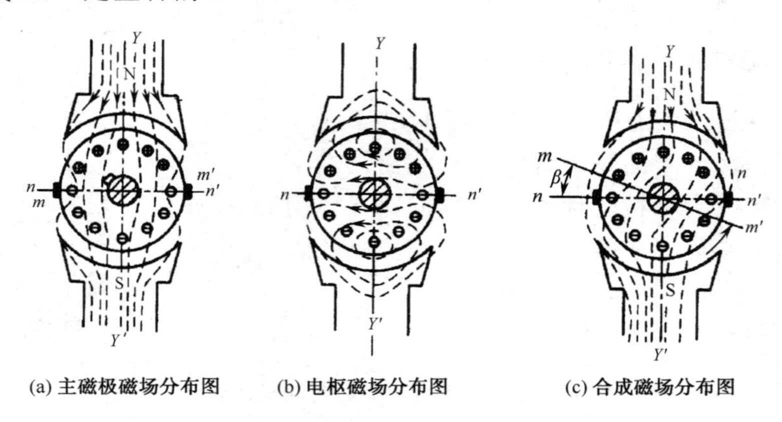

(a) 主磁极磁场分布图　(b) 电枢磁场分布图　(c) 合成磁场分布图

图 1.3.9　直流电动机的电枢反应示意图

3. 电枢反应

直流电动机在负载的情况下运行时，主极磁场和电枢磁场同时存在，它们之间互相影响。直流电动机中气隙磁场是主极磁场和电枢磁场叠加后的磁场。

假定电枢逆时针转动，主极磁场和电枢磁场叠加后的合成磁场如图 1.3.9（c）所示。在主磁极的右侧（即电枢旋转时进入的一端），由于主极磁场和电枢磁场方向相同，磁通增加，而在主磁极的左侧，主极磁场和电枢磁场方向相反，磁通减少。因此，电枢反应使合成磁场的物理中性线 mm' 逆着电枢转动方向移过了一个β角。同样，β角的大小决定于电枢电流的大小，电枢电流越大，电枢磁场越强，β角就越大，合成磁场就扭曲得越厉害。

综上所述，电枢磁场对主磁场的影响就叫作电枢反应。

直流电动机电枢反应结果如下所示。

（1）合成磁场发生畸变，物理中性线逆电枢转动方向转过了一个角度，使换向火花增大。

（2）主极磁通受到削弱，使电动机发出的电磁转矩有所减小。

因此，电枢反应对直流电动机是不利的，必须采取措施来减少电枢反应的影响。

任务实施

直流电动机工作特性和机械特性的测试与分析：

保持 $U=U_N$ 和 $I_f=I_{fN}$ 不变，$R_1=0$，测取 n、M_2、$n=f(I_a)$及 $n=f(M_2)$。

1. 安全准备

穿戴好防护用品，做好安全防护工作，检测仪表和设备，防止发生人身安全事故。

2. 实训设备准备

电器元件见表 1.3.2。

表 1.3.2　元件明细表

序号	代号	元件名称	数量	型号	规格
1	M	并励直流电动机	1	Z200/20-220	200W、220V I_N=1.1A、n_N=1600r/m、I_f＜0.16A
2	TG	测速发电机	1		
3	↗	校正直流测功机	1		
4	A	直流电流表	1		
5	mA	直流毫安表	1		
6	V	直流电压表	1		
7	R_1、R_f	可调电阻	10		90Ω/1.3A
8		直流可调电源	1		0V-250V

3. 测试电路图（图 1.3.10）

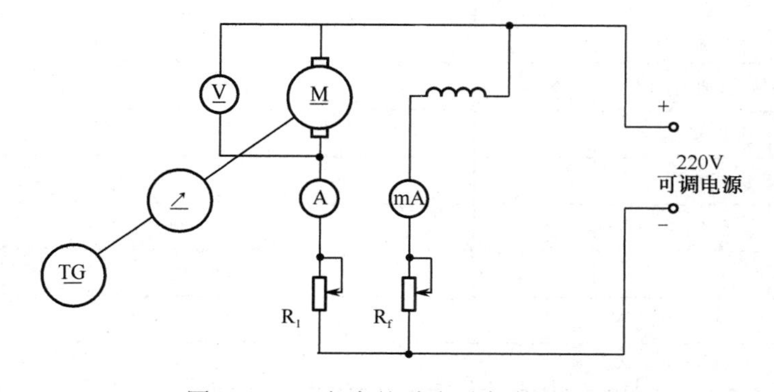

图 1.3.10　直流并励电动机接线图

4. 实训操作步骤

（1）启动直流并励电动机，其转向从测功机端观察为逆时针方向。

（2）将电动机电枢调节电阻 R_1 调至零，同时调节直流电源调压旋钮、测功机的加载旋钮和电动机的磁场调节电阻 R_f，调到其电动机的额定值 $U=U_N$、$I=I_N$、$n=n_N$，其励磁电流即为额定励磁电流 I_{fN}。

（3）在保持 $U=U_N$ 和 $I=I_{fN}$ 不变的条件下，逐次减小电动机的负载，即将测功机的加载旋钮逆时针转动直至为零。

（4）测取电动机输入电流 I、转速 n 和测功机的转矩 M，共取 6～7 组数据，记录于表 1.3.3 中。

表 1.3.3 $U=U_N$ =________V $I_f=I_{fN}$=________A R_1=_______Ω

实验数据	I(A)							
	n(r/min)							
	M_2(N·m)							

计算数据	I_a(A)								
	P_2(W)								
	η(%)								

任务验收

	序号	验收项目	验收结果		不合格原因分析
			合格	不合格	
老师评价	1	安全防护			
	2	工具准备			
	3	实训步骤			
	4	运行结果			
	5	计算结果			
	6	5s 执行			
自我评价	1	完成本次任务的步骤			
	2	完成本次任务的难点			
	3	完成结果记录			

自测与思考

1. 直流电动机在能量的传递过程中有哪些损耗？造成这些的原因是什么？在直流电动机的结构中可以采取哪些措施来减少上述损耗？

2. 什么叫直流电动机的机械特性？并励直流电动机和串励电动机的机械特性主要有什么不同？根据它们的机械特性说明主要用途。

3. 当并励电动机的负载减少时，它的转速、电枢反电动势和电枢电流有何变化？为什么？

4. 为什么串励电动机绝对不允许空载启动？而并励电动机在使用中绝不允许励磁绕组断开？若出现上述情况，会产生什么后果？

任务四　直流电动机的使用与维护保养

任务描述

现有一台小型直流电动机，启动时，电刷的整个边缘有强烈的火花，并有火花飞出现象，要求对电动机的火花等级进行鉴别，并寻找刷架的中性线位置。

学习目标

1．直流电动机的选用方法。
2．直流电动机的拆装。
3．直流电动机的使用与维护保养。
4．直流电动机故障的排除。

知识平台

一、直流电动机的选用方法

直流电动机的主要技术数据是选择、安装、使用和维修直流电动机的重要依据。

1．电机型号

电机型号表示电机的结构和使用特点，国产电机的型号一般用大写的汉语拼音字母和阿拉伯数字表示，其格式为：第一部分字符用大写的汉语拼音表示产品代号；第二部分字符用阿拉伯数字表示设计序号；第三部分字符是机座代号，用阿拉伯数字表示；第四部分字符表示电枢铁芯长度代号，用阿拉伯数字表示。现以老型号 Z3-42 及新型号 Z4-200-21 为例，其说明如下。

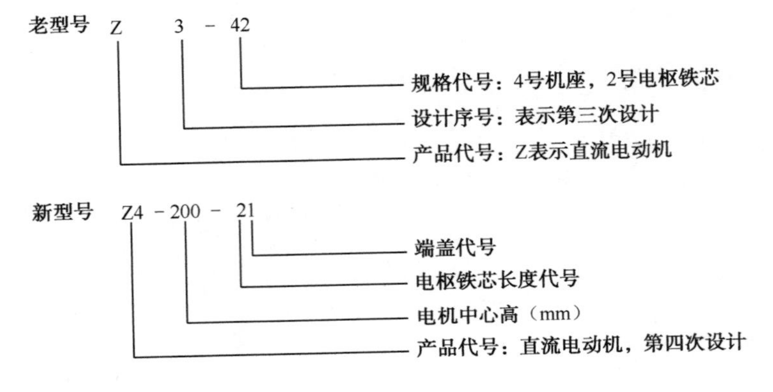

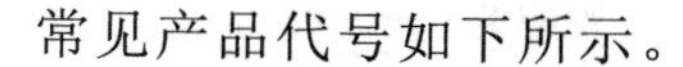

常见产品代号如下所示。

Z 系列：一般用途直流电动机。

ZJ 系列：精密机床用直流电动机。

ZT 系列：广调速直流电动机。

ZQ 系列：直流牵引电动机。

ZH 系列：船用直流电动机。

ZA 系列：防爆安全型直流电动机。

ZKJ 系列：挖掘机用直流电动机。

ZZJ 系列：冶金起重直流电动机。

2．额定功率 P_N

额定功率指在额定条件下电机所能供给的功率。额定功率对电动机和发电机的含义是不同的。对于电动机，额定功率是指电动机轴上输出的额定机械功率；对于发电机，额定功率是指电刷间输出的额定电功率。额定功率的单位为 kW。

3．额定电压 U_N

额定电压是指额定运行条件下，电机出线端的工作电压。对于电动机，是指输入额定电压；对于发电机，是指输出额定电压。额定电压的单位为 V 或 kV。

4．额定电流 I_N

额定电流是指电机在额定电压情况下，运行于额定功率的电流。对于电动机，是指在额定运行时从电源输入的电流；对于发电机，是指额定运行时供给负载的输出电流。额定电流的单位为 A 或 kA。

5．额定转速 n_N

额定转速是指对应于额定电压、额定电流，电机运行于额定功率时所对应的转速。额定转速的单位为 r/min。

6．额定励磁电流 I_{fN}

额定励磁电流是指对应于额定电压、额定电流、额定转速及额定功率时的励磁电流。

7．励磁方式

励磁方式是指直流电动机的励磁线圈与其电枢线圈的连接方式。根据电枢线圈与励磁线圈的连接方式不同，直流电动机可分为他励式和自励式两种。自励式又可分为并励、串励、复励三种。各励磁方式如图 1.4.1 所示。

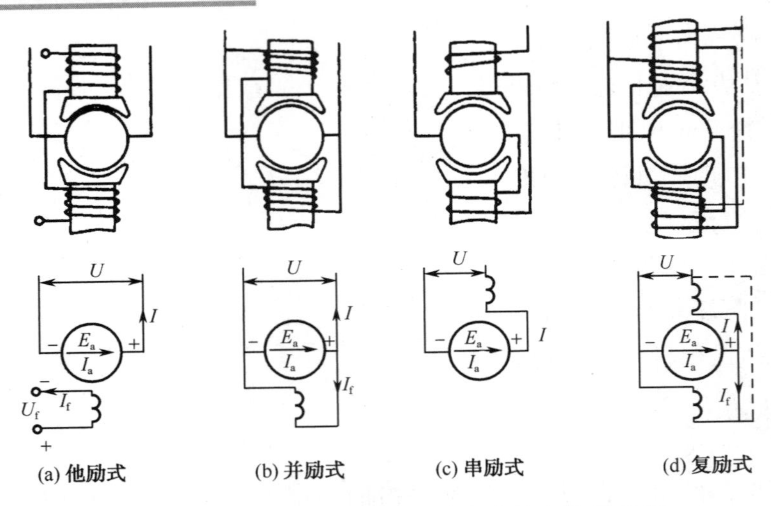

图 1.4.1　直流电动机不同励磁方式的电路示意图

二、直流电动机的拆装

直流电动机由定子和转子及其他零部件组成。如图 1.4.2 所示是一台剖切开来的直流电动机。

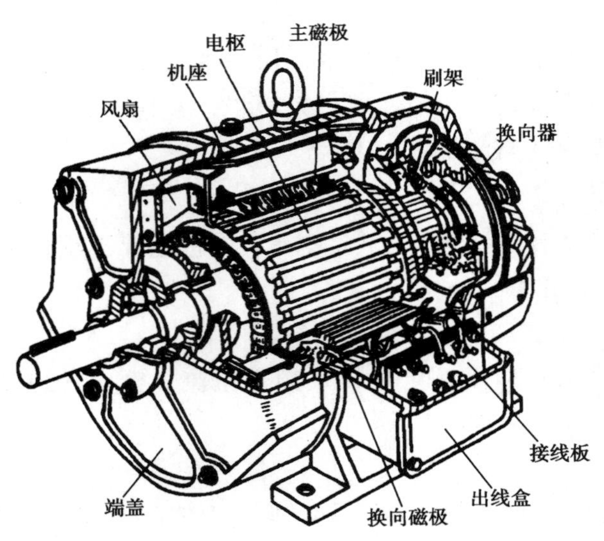

图 1.4.2　直流电动机的结构

（1）定子：定子由机座、磁极和励磁绕组等部分组成。

（2）转子：转子（即电枢部分）是由电枢铁芯、电枢绕组、换向器、转轴、风扇等部分组成。

（3）其他部件：其他部件由电刷装置刷握装置（图 1.4.3、图 1.4.4）及端盖等组成。

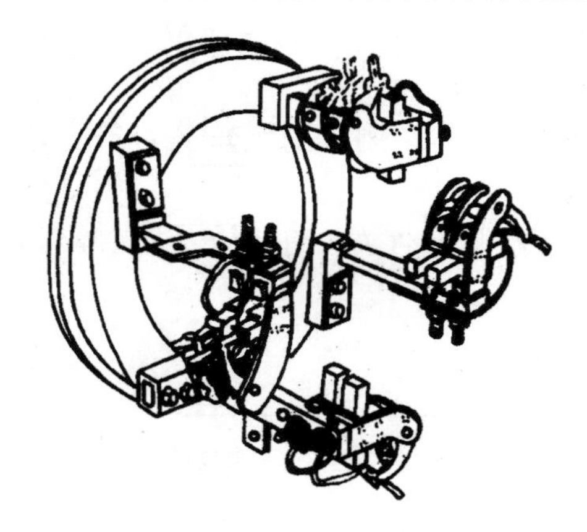

图 1.4.3 电刷装置

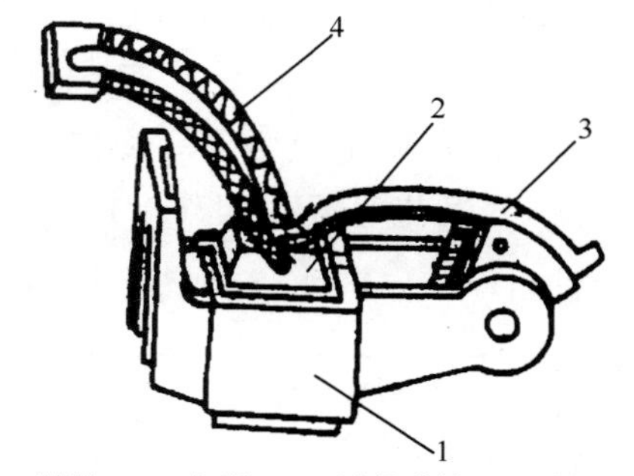

1—刷握；2—电刷；3—压紧弹簧；4—铜丝辫

图 1.4.4 刷握装置

拆卸前应在刷架处做好明显的标记，在端盖与机座的连接处也做明显的标记，便于装配。拆卸直流电动机的步骤如下所示。

（1）拆除电动机的所有接线。

（2）拆下换向器端的端盖螺栓、轴承盖螺栓，并取下轴承外盖。

（3）打开端盖的通风窗，从刷握中取出电刷，拆下接到刷杆上的连接线。

（4）拆卸换向器端的端盖。拆卸时在端盖边缘垫以木楔，用铁锤沿端盖四周的边缘均匀地敲击，逐渐使端盖止口脱离机座及轴承外圈。若有必要再从端盖上取下电刷。

（5）用纸板将换向器包好，并用纱线扎紧。

（6）拆下轴伸端的端盖螺栓，把连同端盖的电枢从定子内小心地抽出来，不要擦伤电枢绕组。

（7）拆下轴伸端的轴承盖螺栓，并取下轴承外盖。

（8）将连同端盖的电枢放在木架上，并用布包裹好。

轴承只有在损坏需要更换时方可取出，若无特殊原因，不要拆卸。电动机保养或修复后的装配要按拆卸的相反顺序进行，并按所做标记校正电刷位。

三、直流电动机的使用与维护保养

（1）使用前的准备与检查

① 用压缩空气吹净电动机内部灰尘、电刷粉末等，清除污垢杂物。

② 拆除与电动机连接的一切接线，用兆欧表测量绕组对机壳的绝缘电阻，若小于0.5MΩ时，应烘干后再测量。

③ 检查换向器的表面是否光洁，如发现有机械损伤或火花灼痕应按“换向器保养法”进行处理。

④ 检查电刷是否磨损得过短，刷架的压力是否适当，刷架的位置是否符合规定的标记。

⑤ 电动机在额定负载下，换向器上的电刷边缘只允许有小于 1.5 火花等级的轻微火花。电刷下火花等级见表 1.4.1。

表 1.4.1 电刷下火花等级表

<table>
<tr><th>火花等级</th><th>电刷下的火花程度</th><th>换向器及电刷的状态</th><th>允许的运行方式</th></tr>
<tr><td>1</td><td>无火花</td><td rowspan="2">换向器上没有黑痕，电刷上没有灼痕</td><td rowspan="3">允许长期连续运行</td></tr>
<tr><td>$1\frac{1}{4}$</td><td>电刷边缘仅小部分有微弱的点状火花，或有非放电性的红色小火花</td></tr>
<tr><td>$1\frac{1}{2}$</td><td>电刷边缘大部分或全部有轻微的火花</td><td>换向器上有黑痕出现，但不发展，用汽油能擦去；在电刷上有轻微的灼痕</td></tr>
<tr><td>2</td><td>电刷边缘全部或大部分有较强烈的火花</td><td>换向器上有黑痕出现，用汽油不能擦去；同时电刷上有灼痕。如短时出现这一级火花，换向器上不出现灼痕，电刷不致被烧焦或损坏</td><td>仅在短时过载或短时冲击负载时允许出现</td></tr>
<tr><td>3</td><td>电刷的整个边缘有强烈的火花，即环火，同时有大火花飞出</td><td>换向器上的黑痕相当严重，用汽油不能擦去；同时电刷上有灼痕。如在这一级火花等级下短时运行，换向器上将出现灼痕，同时电刷将被烧焦或损坏</td><td>仅在直接启动或逆转的瞬间允许存在，但不得损坏换向器及电刷</td></tr>
</table>

⑥ 电动机运转时，应注意测量轴承温度，并听其转动有无异声，如有异声可按交流电动机维护中的轴承保养方法处理。

（2）启动与停车

① 启动。启动前要检查电动机的接线与测量仪表的连接等情况；检查启动器的弹簧是否灵活，转动臂是否在断开的位置。如果是变速电动机，应将调速器调节到最低转速位置。上述检查无误后，合上开关，在电动机有负载的情况下，开动启动器，在每个触点上停留约两秒钟，直到最后一点，转动臂被低压释放器吸住为止。若为变速电动机，可调节调速器，使转速达到所需要的数值。

② 停车。若为变速电动机，先调节调速器，将转速降到最低，切断电源开关，启动器转动臂应立即被弹到断开位置。

（3）维护与保养

① 换向器的保养。换向器的表面应保持光洁，不得有机械损伤和火花灼痕。若有轻微灼痕时，可用 00 号砂布在旋转着的换向器上仔细研磨。若换向器表面出现严重的灼痕或粗糙不平，表面不圆或有局部凸凹现象时，则应拆下重新车削。车削的速度不可大于 1.5m/s，最后一刀切削的进刀量要小于 0.1mm。车削完后将片间云母下刻 1mm，并清除换向器表面的切屑及毛刺等，最后用压缩空气将整个电枢吹干净再装配。

换向器在负载下长期运行后，表面会产生一层坚硬的深褐色的薄膜。这层薄膜能保护换向器不受磨损，因此不应磨去，要保护这层薄膜。

② 电刷的使用。电刷与换向器表面应有良好的接触，正常的电刷压力应为 0.015～0.025MPa(0.15～0.25kg · N/cm^2)(±10%)，电刷的压力可用弹簧秤测量，如图 1.4.5 所示。电刷与刷握框的配合不宜过紧，而应有不大于 0.15mm 左右的间隙。

电刷磨损或碎裂时，应调换牌号、尺寸规格都相同的电刷，新电刷装配好后应研磨光滑，以达到与换向器相吻合的接触面。

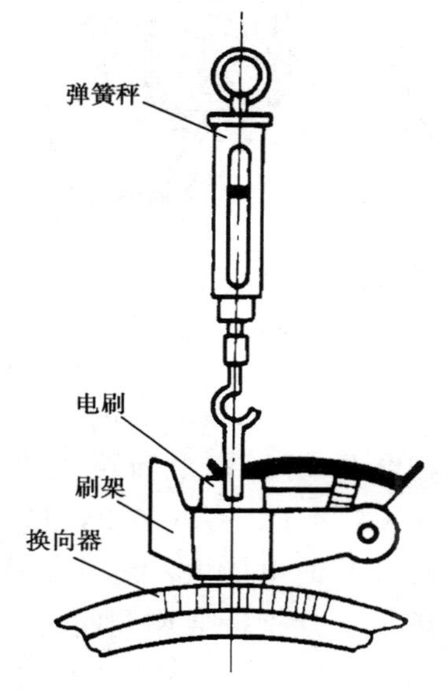

图 1.4.5　测量电刷的压力

四、直流电动机故障的排除

（1）电枢绕组常见故障的排除

① 短路。绕组短路的原因往往是绝缘损坏，使同槽线圈匝间短路，或上下层线圈短路。电枢绕组由于短路故障而烧毁时，一般通过观察即可找到故障点，也可用短路测试器检查，也可用如图 1.4.6 所示的方法检查，将 6～12V 直流电源接到换向器两侧，用直流毫伏表测量各相邻的两个换向片的电压值，逐片检查，毫伏表的读数应是相同的。如果出现读数很小或近似于零，则接在这两个换向片上的线圈有短路故障存在，若读数为零，多为换向器片间短路。

若电动机使用不久，绝缘又未老化，且只有一、二个线圈短路，可采用切断短路线圈，在两个换向片上接以跨接线（见图 1.4.7），继续使用。若短路线圈过多，则应重绕。

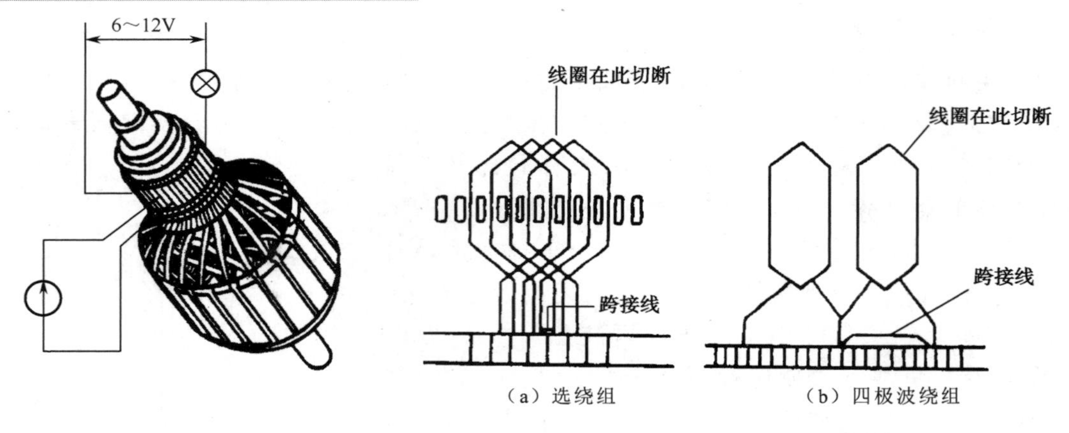

图 1.4.6　检查电枢绕组短路　　　图 1.4.7　一个线图有短路的修理方法

② 断路。绕组断路的原因多数是由于换向器片与导线接头处焊接不良，或个别线圈内部断线。绕组断路的现象是在运行中电刷下发生不正常的火花。检查方法如图 1.4.8 所示。将 6～12V 的直流电源接到换向器的两侧，用毫伏表测量各相邻的两个换向片间的电压值，逐片依次测量。有断路的绕组所接换向片被毫伏表跨接时，有读数指示，且指针会剧烈跳动（要防止损坏表头），若毫伏表跨接在完好的绕组所接的换向片上时，将无读数指示。

若焊接不良应重新焊接，若线圈内部断路，则应重绕。

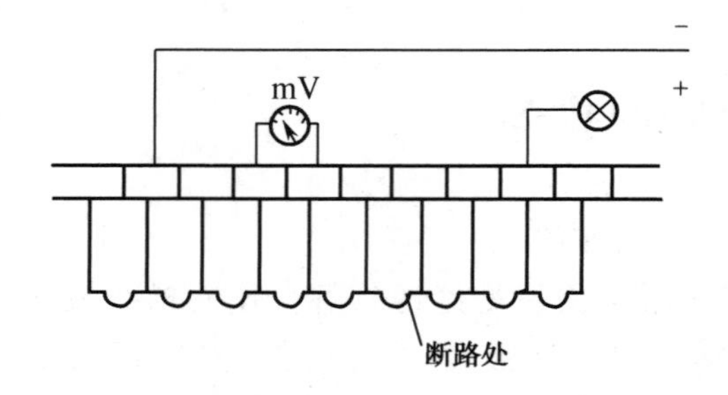

图 1.4.8　检查电枢绕组断路

断路故障紧急处理方法：在叠绕组中，将有断路绕组元件所接的两个相邻的换向片用导线连接起来；在波绕组元件中，也可用跨接导线将有断路绕组元件所接的两个换向片连接起来，这个换向片不是相邻的两片，而是隔一个节距的两片。

③ 通地。产生绕组通地的原因多数是由于槽绝缘及绕组绝缘损坏，一般是槽口或槽底对地的击穿，导线与硅钢片短接所致。通地故障的检查可用图 1.4.9 所示的方法，将电源线的一根线串联一个灯泡接在换向片上，另一根线接在转轴上，如图 1.4.9（a）

所示，若灯泡发亮，则说明线圈通地。要判哪一槽的线圈通地，要用图 1.4.9（b）的毫伏表法检查，毫伏表一端接转轴，另一端与换向片依次接触，若是完好的线圈，毫伏表上有读数反映出来；当与通地绕组元件所连接的换向片接触时，毫伏表读数很小或没有读数。要判明是绕组元件通地还是换向片通地，应将该绕组元件的接线头从换向片上焊下来，分别测试便能确定。

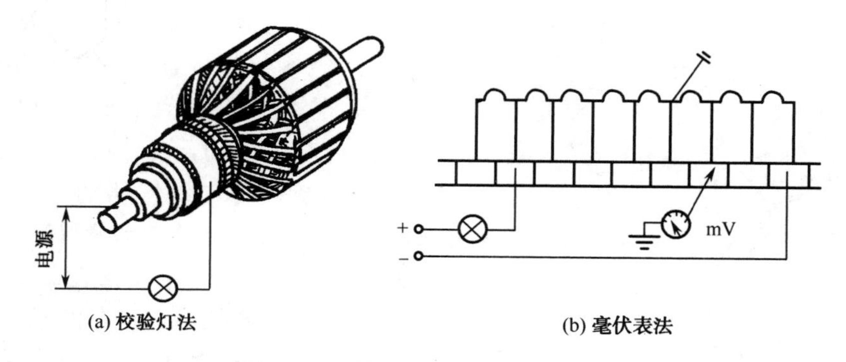

图 1.4.9　检查电枢绕组通电方法

临时补救的办法是在接地处垫入一块新的绝缘材料，把通地点隔开，或将通地线圈的两接线头从换向片上焊下来，再将该两线短接起来。

（2）换向器的检修

① 片间短路。可按图 1.4.6 的方法确定是否是换向器片间短路。若发现是片间表面发生短路或有火花烧灼伤痕，只要用图 1.4.10 的拉槽工具刮去片间短路的金属屑末、电刷粉末、腐蚀质及尘污等，直至校验灯或万用表检查无短路即可，再用云母粉末或小块云母加上胶水填补孔洞，使其硬化干燥。若上述方法还不能消除片间短路，就要拆开换向器，检查其内表面。

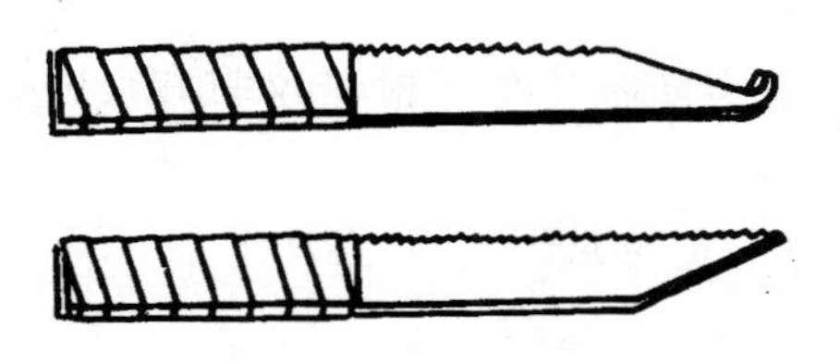

图 1.4.10　拉槽工具

② 通地。通地故障经常发生在前面的云母环上，该环有一部分露在外面，由于灰尘、油污和其他碎屑堆积在上面，很容易造成通地故障。发生通地故障时，这部分的云母片大都已烧毁，寻找起来比较容易，再用校验灯或万用表进行检查。修理时，一般只要把击穿烧坏处的污物清除干净，用虫胶干漆和云母材料填补烧坏处，再用

0.25mm 厚的可塑云母板覆盖 1～2 层。

③ 云母片凸出。由于换向器的换向片磨损比云母快，往往出现云母凸出，修理时，可用拉槽工具，把凸出的云母片刮削到比换向片低约 1mm，刮削要平，不可使两边比中间高。

（3）电刷中性线位置的确定及电刷研磨

① 确定电刷中性线位置。常用的一种方法是感应法，励磁绕组通过开关接到 1.5～3V 的直流电源上，毫伏表接到相邻两组的电刷上（电刷与换向器的接触一定要良好）。当打开或合上开关时，即交替接通和断开励磁绕组的电流，毫伏表的指针会左右摆动，这时将电刷架顺电动机旋转方向或逆电动机旋转方向缓慢移动，直到毫状表指针几乎不动时，刷架位置就是中性线位置。

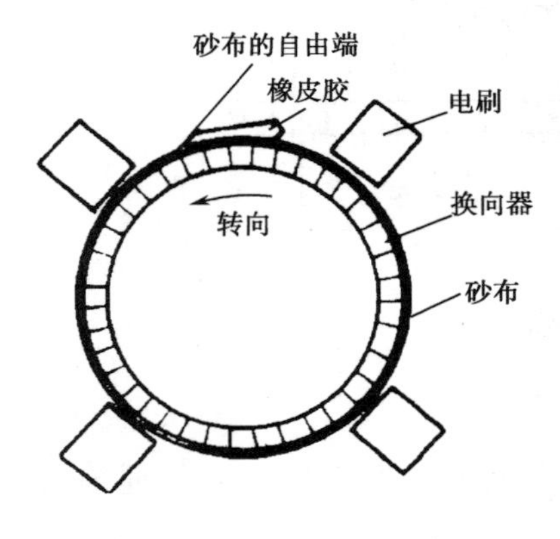

图 1.4.11　电刷的研磨

② 电刷的研磨。研磨电刷的接触面，要用 0 号砂布，砂布的宽度为换向器的长度，砂布的长度为换向器的周长，再用一块橡皮胶布，橡皮胶布一半贴在砂布的一端，另一半按转子旋转方向贴在换向器上，如图 1.4.11 所示，将待研磨的电刷放入刷握内，然后按电动机的旋转方向转动即可。用这种方法研磨的电刷，一般接触面可达 90%以上。

任务实施

现有一台小型直流电动机，启动时电刷的整个边缘有强烈的火花，并有火花飞出现象，要求对电动机的火花等级进行鉴别，并寻找刷架的中性线位置。

1. 安全准备

穿戴好防护用品，做好安全防护工作，检测仪表和设备，防止发生人身安全事故。

2. 实训设备准备

直流毫伏表、3V 直流电源、导线和电工工具。

3. 实训操作步骤

（1）观察电动机火花。

（2）根据火花大小判别其等级。

（3）寻找刷架中性线位置。

① 检查电刷与换向器的接触是否良好，如接触不良，可用图 1.4.11 所示方法先研磨电刷。

② 将励磁绕组通过开关接到 3V 直流电流上。

③ 毫伏表接到相邻两组的电刷上。

④ 频繁合上和打开开关，同时将电刷来回左右慢慢移动，并观察直流毫伏表的摆动情况，直至毫伏表指针不动或摆动很微弱时，刷架位置就是中性线位置。

⑤ 紧固刷架后复测一次。

任务验收

	序号	验 收 项 目	验收结果		不合格原因分析
			合格	不合格	
老师评价	1	安全防护			
	2	工具准备			
	3	电刷研磨			
	4	寻找刷架中性线位置			
	5	5s 执行			
自我评价	1	完成本次任务的步骤			
	2	完成本次任务的难点			
	3	完成结果记录			

自测与思考

1．测量直流电动机电枢绕组的绝缘电阻应达到多少为合格？

2．直流电动机在选用时应注意哪些额定数据？

三相交流异步电动机

任务一 认识三相交流异步电动机

对一台 Y801- 4 型，功率为 0.55 kW 的三相交流电动机进行拆装。

学习目标

1．掌握三相交流异步电动机的基本结构。
2．理解三相交流异步电动机的铭牌和额定值。
3．掌握三相交流异步电动机的工作原理。
4．掌握三相交流异步电动机的拆装。

知识平台

一、三相异步电动机的结构

三相异步电动机是使用三相交流电源，转子转速略小于同步转速的电动机。三相异步电动机的外形如图 2.1.1 所示。

从电动机外部可以看到风扇罩、风扇、左右端盖、铭牌等。打开接线盒，可以看到接线柱和引出线。拆开电动机可以看到电动机内部的定子铁芯、转子铁芯、转轴、轴承等零部件。定子铁芯装在机座里，转子铁芯装在转轴上。定子铁芯上装有定子绕组，转子铁芯里铸有笼式铝条。绕线转子铁芯中有转子绕组。可见，电动机的基本结构是由固定部分——定子、转动部分——转子以及其他零部件组成，如图 2.1.2 所示为三相异步电动机结构图。

图 2.1.1　三相异步电动机外形图

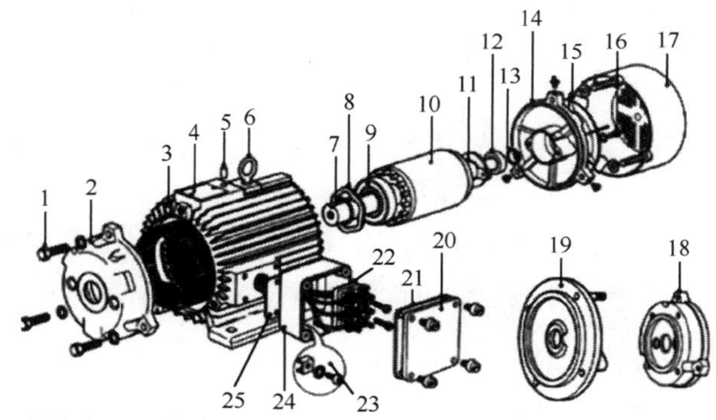

1—螺钉；2—前端盖；3—机座；4—铭牌；5—铆钉；6—吊环；7—键槽；8—波纹圈；9—轴承；10—转子；11—转轴；12—轴承；13—波纹垫圈；14—后端盖；15—风叶；16—螺钉；17—风罩；18—立式小前端盖；19—立式大前端盖；20—接线盒盖；21—垫圈；22—接线板；23—接地端；24—接线盒；25—垫片

图 2.1.2　三相异步电动机的结构图

1. 定子

定子是用来产生旋转磁场的。三相异步电动机的定子主要是由定子铁芯、定子绕组、机座及端盖、轴承等组成。

（1）定子铁芯是电动机磁路的一部分，是由相互绝缘的厚度在 0.35～0.5mm 之间的硅钢片叠压而成。在定子铁芯内圆上分布着一定形状的槽，如图 2.1.3 所示。不同形状的槽对电动机的性能影响不同。在槽内安装有绕组线圈，称定子绕组。定子绕组与槽之间用绝缘介质隔开。

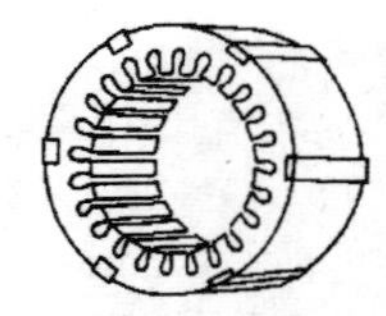

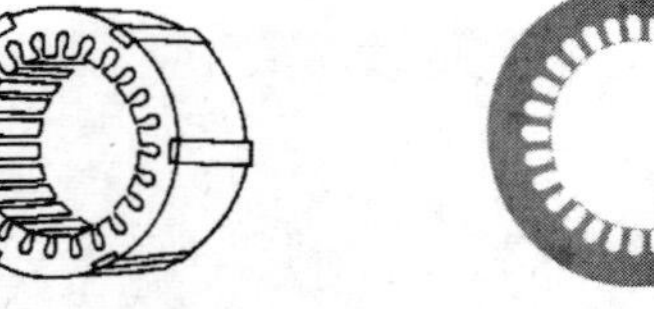

(a) 不装绕组的定子　　(b) 定子冲片

图 2.1.3　定子铁芯

（2）定子绕组是电动机的电路部分，由三相对称绕组按一定的方式联结起来组成定子绕组。定子绕组的六个端线引到接线盒中。在与电源相接时，可根据需要接成星形联结和三角形联结。

（3）机座与端盖是电动机磁路的一部分，机座主要用于支撑定子铁芯和固定端盖。在中小型电动机中还与轴承一起支撑转子。

2. 转子

转子是电动机的旋转部分。它的作用是输出机械转矩。主要由转子铁芯、转子绕组、转轴等组成。

（1）转子铁芯是电动机主磁路的一部分。一般由 0.5mm 厚的硅钢片叠压成圆柱体，并紧固在转子轴上。转子铁芯外圆周表面冲有槽孔，以便嵌放转子绕组。槽孔形状如图 2.1.4 所示。

图 2.1.4　转子铁芯

（2）转子绕组有笼式和绕线式两种，它们的结构不同，但工作原理基本相同。笼式绕组是在转子铁芯的槽里嵌放裸铜条或铝条，其两端用端环连接，小型异步笼型电动机一般用铸铝转子，这种转子是用熔化的铝液浇在转子铁芯上，导条、端环一次浇铸出来。如果去掉铁芯，整个绕组形似笼子，所以称其为笼式转子，如图 2.1.5 所示。

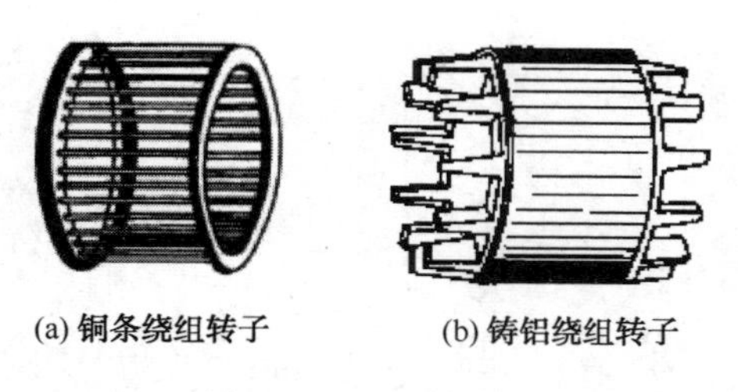

图 2.1.5 笼型转子

绕线式转子绕组与定子绕组相似，也是用绝缘的导线绕成的三相对称绕组。三相绕组通常接成星形，每相绕组的首端引出线接到固定在转轴上的三个铜制集电环上，环与环、环与转轴都互相绝缘。绕组通过集电环、电刷与变阻器连接，构成转子的闭合回路，如图 2.1.6 所示。

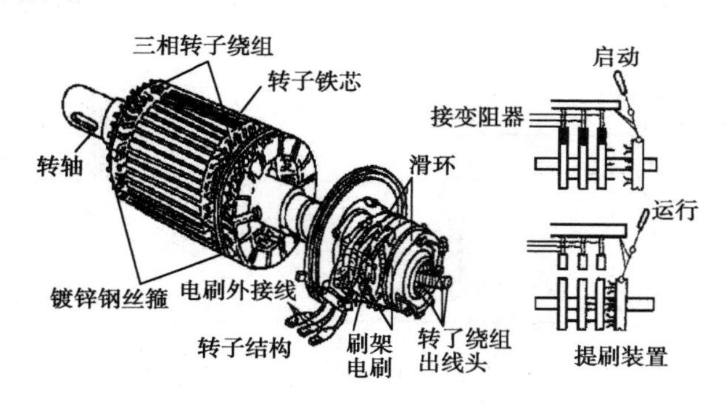

图 2.1.6 绕线式转子

（3）转轴是支撑转子铁芯和输出转矩的部件。它必须具有足够的刚度和强度，以保证负载时气隙均匀及转轴本身不致断裂。转轴一般用中碳钢棒料车削加工而成，轴的伸出端有键槽，用来固定带轮和联轴器。

二、三相异步电动机铭牌

每台异步电动机的机座上都装有一块铭牌，上面标出该电动机的型号、额定值和有关的技术数据。按铭牌上所规定的额定值和工作条件运行，叫做额定运行方式。只有了解铭牌上数据的含义，才能正确选择、使用和维修电动机。如图 2.1.7 所示是一台三相异步电动机的铭牌，上面符号和数字的含义如下。

图 2.1.7　三相异步电动机的铭牌

1．异步电动机的型号

产品型号是为了说明产品名称、规格、形式等特征而引入的一种代号，我国现用汉语拼音大写字母、国际通用符号和阿拉伯数字组成。电动机产品型号组成形式如图 2.1.8 所示。

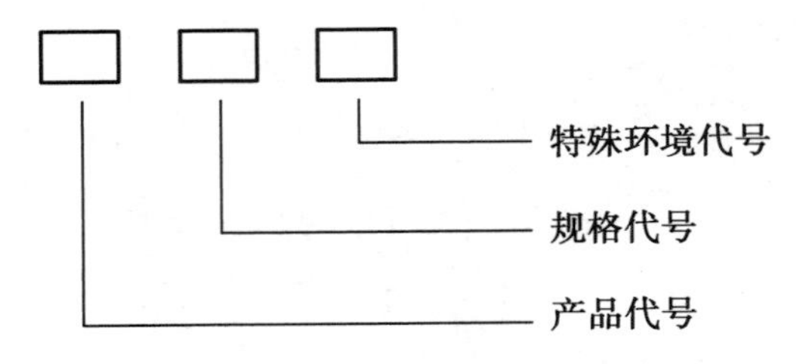

图 2.1.8　电动机产品型号组成形式

电动机产品型号举例如下。

在 Y132S2-2 中 Y 表示异步电动机；132S2-2 表示中心高是 132mm，短机座（L-长机座、M-中机座、S-短机座），2 号铁芯长，2 个磁极。

2．异步电动机的额定值

额定值是制造厂根据国家标准，对电动机每一电量或机械量所规定的数值。

（1）额定功率 P_N　电动机的额定功率是指在额定运行时轴上输出的机械功率，单位是瓦（W）或千瓦（kW）。

（2）额定电压 U_N　额定电压是指电动机在额定运行时电源的线电压，单位是伏（V）或千伏（kV）。

（3）额定电流 I_N　额定电流是指电动机在额定运行时流入定子绕组的线电流，单位是安培（A）。

（4）额定频率 f_n　额定频率是指电动机在额定运行时电源的频率，单位是赫兹（Hz）。

（5）额定转速 n_N　额定转速是指电动机在额定运行时的转速，单位是转/分（r/min）。

3. 异步电动机铭牌上的其他内容

铭牌上除有上述各项额定值外，还标有接法、允许温升（或绝缘等级）、定额等。

（1）接法　接法指电动机在额定电压下，定子三相绕组应采用的联结方法。目前电动机铭牌上标注的接法有两种，即星形联结（Y）和三角形联结（△）。具体采用哪种接线取决于相绕组能承受的电压。三相异步电动机定子绕组接线如图 2.1.9 所示。

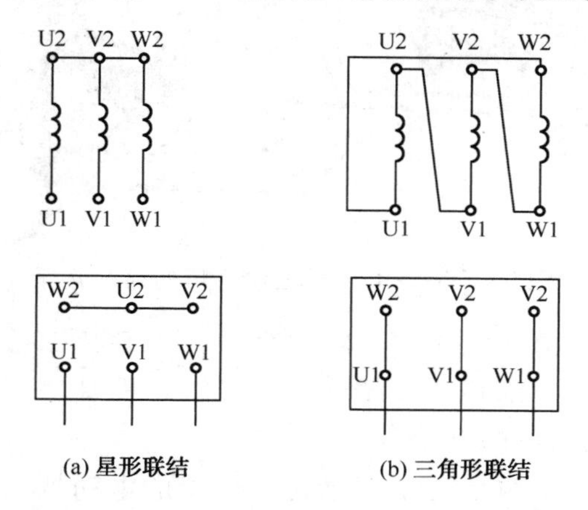

图 2.1.9　三相异步电动机定子绕组联结图

（2）绝缘等级与温升　绝缘等级表示电动机所用绝缘材料的耐热等级。温升表示电动机发热时允许升高的温度。

（3）定额　定额又称工作方式，是指电动机允许持续运行的时间，通常分为三种。

① 连续定额。按额定运行可长时间持续使用。

② 短时定额。只允许在规定的时间内按额定条件运行使用，标准的持续时间限值分为 10min、30min、60min、90min 四种。

③ 断续定额。间歇运行，但可按一定周期重复运行，每周期包括一个额定负载时间和一个停止时间。额定负载时间与一个周期之比称为负载持续率，用百分数表示，标准的负载持续率为 15%、25%、40%、60%，每个周期为 10min。

三、三相异步电动机的工作原理

1. 定子旋转磁场的产生

旋转磁场对导体的作用如图 2.1.10 所示，它是异步电动机工作原理的演示实验图。

在装有手柄的马蹄形磁铁的两极之间放置一个导电笼形转子。当操纵手柄使马蹄形磁铁旋转时，发现笼形转子会跟着马蹄形磁铁旋转，加快磁铁的转动速度，笼形转子的转动速度也跟着加快；如果让磁铁沿着相反的方向转动，则笼形转子也会改变转动方向。

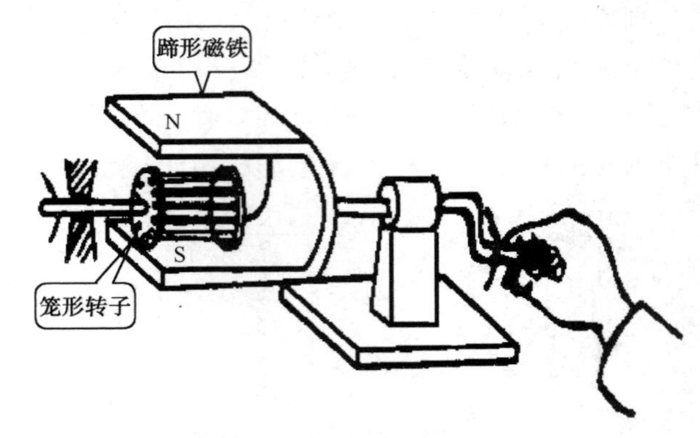

图 2.1.10　异步电动机工作原理的演示实验图

在上述实验中，首先由于磁铁的旋转建立了一个旋转磁场，笼形转子在这个旋转磁场作用下跟着磁场转动，这说明转子转动的先决条件是要有一个旋转磁场。在旋转磁场作用下，笼形转子就会转动。

定子旋转磁场的产生：图 2.1.11 所示是最简单的电动机定子模型，三个相同线圈的平面互成 120° 采用星形或三角形联结后，当通入三相交流电流时，放入线圈中的小磁针就会不停地转动；任意互换两相线，小磁针就会反转。这说明在定子空间内存在着一个旋转磁场，置入转子后，就可以使转子发生旋转。那么，为什么对空间互差 120° 的三相定子绕组通以三相交流电就能够形成旋转磁场呢?我们来分析一下旋转磁场的形成过程。

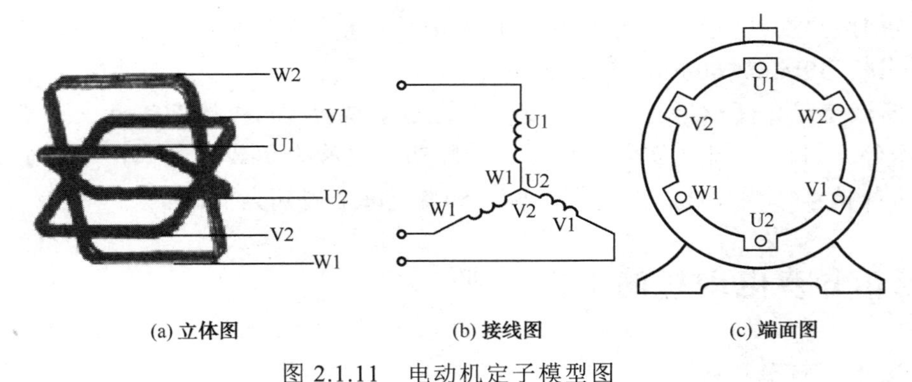

图 2.1.11　电动机定子模型图

如图 2.1.12 所示，UlU2、V1V2、W1W2 为三相定子绕组，在空间上彼此相隔 120°，

接成 Y 形。三相绕组的首端 Ul、Vl、Wl 接在对称三相电源上，有对称三相交流电流通过三相绕组。设电源的相序为 U、V、W，初相角为零。即

$$i_u = I_m \sin \omega t$$
$$i_v = I_m \sin(\omega t - 120^\circ)$$
$$i_w = I_m \sin(\omega t + 120^\circ)$$

为了分析方便，假设电流为正值时，电流从绕组始端流向末端，电流为负值时，电流从绕组末端流向始端。在图 2.1.12 中，当 ωt=0° 时，i_u 电流为 0，i_w 电流为正，说明电流方向是从 W1 流进为“⊗”，W2 流出为“⊙”（规定“⊗”表示向纸面流进，“⊙”表示从纸面流出）。i_v 电流为负说明电流方向是从 V2 流进，V1 流出。根据“右手螺旋定则”判断：W1、V2 线圈有效边电流流入，产生的磁力线为顺时针方向，W2、V1 线圈有效边电流流出，产生的磁力线为逆时针方向。V、W 两相的合成磁场应如图 2.1.12 中的 $\omega t = 0^\circ$ 所示。磁力线穿过定子、转子的间隙部位时，磁场恰好合成一对磁极，上方是 N 极，下方是 S 极。

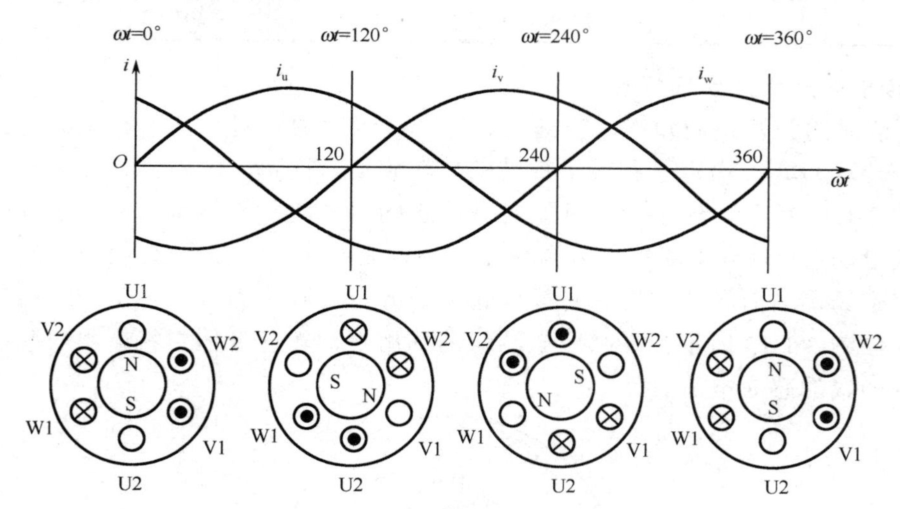

图 2.1.12　旋转磁场的形成过程

当 $\omega t = 120^\circ$ 时，i_v 电流为 0，i_u 电流为正，说明电流方向是从 U1 流进为“⊗”，U2 流出为“⊙”。i_w 电流为负，说明电流方向是从 W2 流进为“⊗”。U、W 两相的合成磁场应如图 2.1.12 中的 $\omega t = 120^\circ$ 所示，可见磁场方向已较 ωt=0° 时顺时针转过了 120° 。

用同样的方法可以画出 ωt=240° ，ωt=360° 的合成磁场，由图 2.1.12 可知，对称三相交流电流流过对称三相定子绕组所产生的合成磁场是一个旋转磁场。

图 2.1.12 说明当电动机定子绕组按图示排列时，定子电流产生的磁场为两极磁场（一个 N 极，一个 S 极，即磁极对数 p=1）。两极磁场电动机当三相交流电流变化

一个周期时，旋转磁场转过一周。当定子绕组连接形成的是两对磁极时，运用相同的方法可以分析出此时电流变化了一个周期，磁场只转动了半圈，即转速减慢了一半。由此类推，当旋转磁场具有两对磁极时（即磁极数为 $2p$），交流电每变化一个周期，其旋转磁场就在空间转动 $1/p$ 转。因此，三相电动机定子旋转磁场每分钟的转速 n_1、定子电流频率 f 及磁极对数 p 之间的关系是：

$$n_1 = \frac{60f}{p}$$

n_1 称为同步转速。

我国交流电源的频率为 50Hz，当三相异步电动机旋转磁场的磁极对数等于 1 时，同步转速 n_1 最高，等于 3000r/min。其常见的同步转速见表 2.1.1。

表 2.1.1　常见的同步转速

P	1 对	2 对	3 对	4 对	5 对
n_1	3000r/min	1500r/min	1000r/min	750r/min	600r/min

2．转子电流的产生及转动

通过前面的分析我们知道，当向三相定子绕组中通入对称的三相交流电流时，就产生一个转速为 n_1，沿定子和转子旋转的旋转磁场。当 $\omega t = 0°$ 瞬间，定子旋转磁场的方向如图 2.1.13 所示。转子导体开始时是静止的，故转子导体将切割定子旋转磁场而产生感应电动势，感应电动势的方向可用右手定则判定。用右手定则分析受力方向时，可以假定磁场不动而导体与旋转磁场以相反的方向切割磁力线。转子导体中的感应电动势方向如图 2.1.13 所示。在感应电动势的作用下，转子导体中将产生与感应电动势方向基本一致的感应电流。

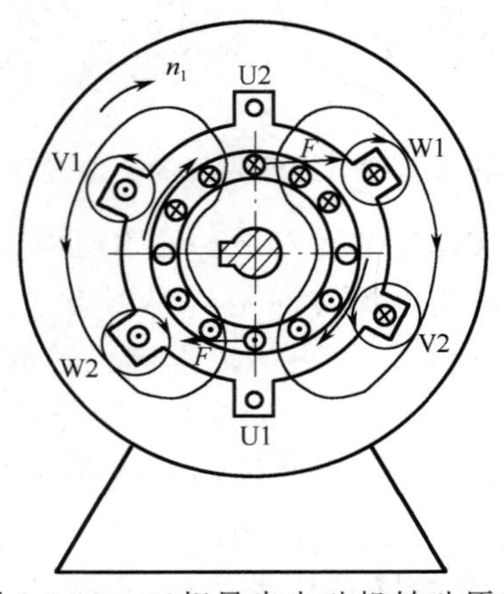

图 2.1.13　三相异步电动机转动原理

有感应电流的转子导体在旋转磁场中将受到电磁力的作用，电磁力的方向用左手定则判定，如图 2.1.13 中 F 的箭头所示方向。作用于转子导体上的电磁力对转子轴产生的电磁转矩，与旋转磁场的旋转方向是一致的，从而驱动转子沿着旋转磁场的转动方向旋转。

通过以上的分析我们可以总结出三相异步电动机的转动原理为：对在空间相差 120° 电角度的三相定子绕组中通入三相交流电流后，在气隙间产生一个旋转磁场，该旋转磁场切割转子绕组，从而在转子绕组中产生感应电动势，并形成转子电流。载流转子导体在定子旋转磁场作用下将产生电磁力，从而在电动机轴上形成电磁转矩，驱动电动机旋转，并且电动机的旋转方向与旋转磁场的转向相同。同时，转子的转速总是低于旋转磁场的转速，如果转子与旋转磁场速度相同，转子绕组不能切割旋转磁场，则不能产生感应电流。因为转子转速与旋转磁场的转速不相同，所以称之为异步电动机。

3．*异步电动机转动特点及转差率*

（1）三相异步电动机的转速 n＜同步转速 n_1，并且两转速相差不大。

（2）建立三相异步电动机电磁转矩的电流由电磁感应产生，旋转磁场与电动机转子之间没有转速差就没有感应电流。

（3）旋转磁场的转动方向即电动机的转动方向，它由通入三相定子绕组的电流相序决定，只要对换电动机任意两相电源线，旋转磁场就会改变转动方向，电动机也随之反转。

（4）转差率，旋转磁场转速 n_1 与转子转速 n 之差与同步转速 n_1 之比称为异步电动机的转差率，即

$$s = \frac{n_1 - n}{n_1} \tag{2-1-1}$$

电动机额定运行（$n=n_N$）时的转差率称为额定转差率 s_N，s_N 一般为 0.01～0.07。

例 2.1.1　某台三相异步电动机的额定转速 $n_N = 720\text{r/min}$，试求该电动机的磁极对数和额定转差率；另一台 4 极三相异步电动机的额定转差率 $s_N = 0.05$，试求该电动机的额定转速。

解：（1）在电源频率为工频交流电时，根据三相异步电动机额定转速要小于同步转速且相差不大的关系，由三相异步电动机的额定转速 $n_N = 720\text{r/min}$，可以得到电动机的同步转速 $n_1 = 750\text{r/min}$，则该电动机的磁极对数为 4，额定转差率为：

$$s_N = \frac{n_1 - n}{n_1} = 0.04$$

（2）三相异步电动机的磁极数为 4 极。则电动机的同步转速为：

$$n = \frac{60f}{p} = \frac{60 \times 50}{2} = 1500\text{r/min}$$

由额定转差率 $s_N = 0.05$ 得额定转速：

$$n_N = n_1(1-s) = 1500(1-0.05) = 1425\text{r/min}$$

四、三相交流异步电动机的拆装

1. 电动机拆卸工具的认识

三相异步电动机拆卸常用工具见表 2.1.2 所示。

表 2.1.2　三相异步电动机拆卸常用工具

序号	工具仪表名称	图　　例	作　　用	备　　注
1	拉具		用于拆卸皮带轮和轴承	也称拉轴器
2	活扳手		用来紧固和起松螺母	可用套筒扳手代替
3	呆扳手		用来紧固和起松螺母或无法使用活扳手的地方	
4	锤子		用来传递力量，可避免直接敲击而造成轴或轴承等金属表面的损伤	
	紫铜棒			
5	旋具		用来紧固和拆卸带电螺钉	
6	刷子		清扫灰尘和油污	

2. 拆卸前的准备

（1）切断电源，拆开电动机与电源连接线，并做好与电源线相对应的标记以免恢复时搞错相序，并把电源线的线头做绝缘处理。

（2）备齐拆卸工具，特别是拉具、套筒等专用工具。

（3）熟悉被拆电动机的结构特点及拆装要领。

（4）测量并记录联轴器或皮带轮与轴台间的距离。

（5）标记电源线在接线盒中的相序、电机的出轴方向及引出线在机座上的出口方向。

3. 拆卸步骤

如图 2.1.14 所示，简述拆卸步骤。

（1）卸皮带轮或联轴器，拆电机尾部风扇罩。

（2）卸下定位键或螺钉，并拆下风扇。

（3）旋下前后端盖紧固螺钉，并拆下前轴承外盖。

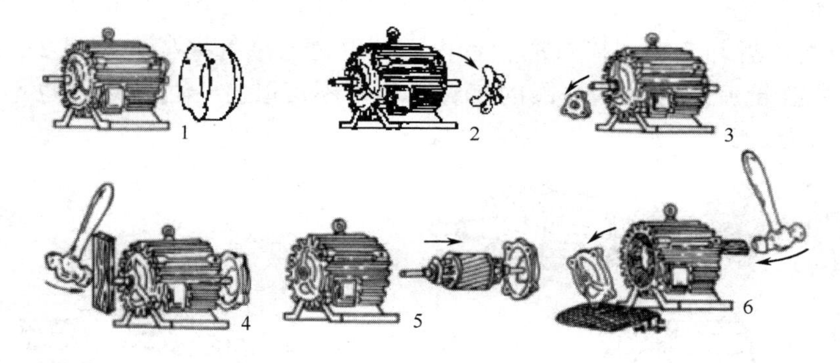

图 2.1.14　三相异步电动机的拆卸步骤

（4）用木板垫在转轴前端，将转子连同后端盖一起用锤子从止口中敲出。

（5）抽出转子。

（6）将方木伸进定子铁芯顶住前端盖，再用锤子敲击方木卸下前端盖，最后拆卸前后轴承及轴承内盖。

4. 主要部件的拆卸方法

（1）皮带轮（或联轴器）的拆卸：先在皮带轮（或联轴器）的轴伸端（联轴端）做好尺寸标记，然后旋松皮带轮上的固定螺钉或敲去定位销，给皮带轮（或联轴器）的内孔和转轴结合处加入煤油，稍等渗透后，使锈蚀的部分松动，再用拉具将皮带轮（或联轴器）缓慢拉出，如图 2.1.15 所示。若拉不出，可用喷灯急火在皮带轮外侧轴

套四周加热，加热时需用石棉或湿布把轴包好，并向轴上不断浇冷水，以免使其随同外套膨胀，影响皮带轮的拉出。

注意： 加热温度不能过高，时间不能过长，以防变形。

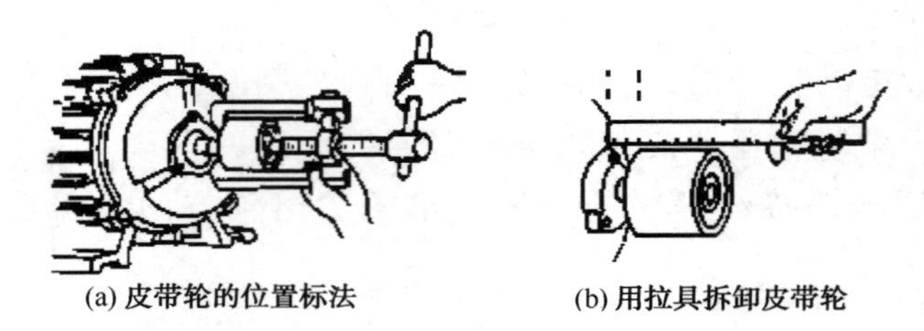

(a) 皮带轮的位置标法　　(b) 用拉具拆卸皮带轮

图 2.1.15　拆卸皮带轮

（2）轴承的拆卸：轴承的拆卸可采取以下三种方法。

① 用拉具进行拆卸。拆卸时拉具钩爪一定要抓牢轴承内圈，以免损坏轴承，如图 2.1.16 所示。

② 用铜棒拆卸。将铜棒对准轴承内圈，用锤子敲打铜棒，如图 2.1.17 所示。用此方法时要注意轮流敲打轴承内圈的相对两侧，不可敲打一边，用力也不要过猛，直到把轴承敲出为止。

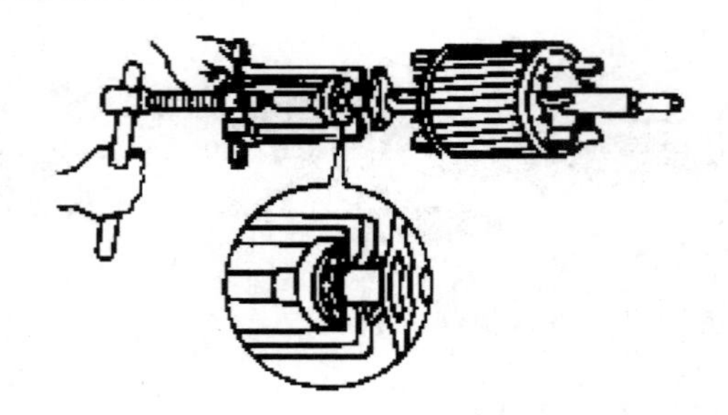

图 2.1.16　用拉具拆卸轴承

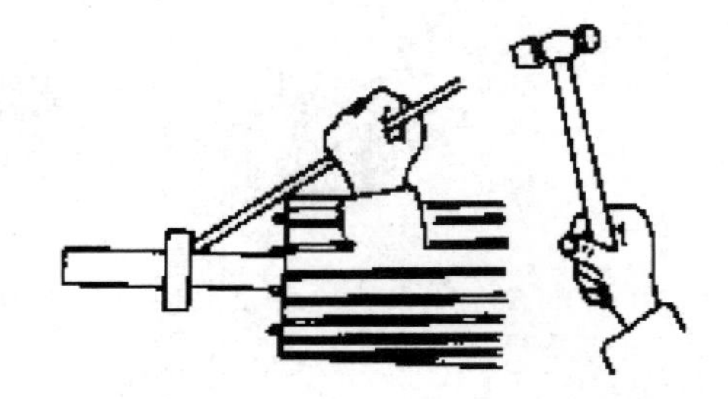

图 2.1.17　敲打拆卸轴承

在拆卸端盖内孔轴承时，可采用如图 2.1.18 所示的方法，将端盖止口面向上平稳放置，在轴承外圈的下面垫上木板，但不能顶住轴承，然后用一根直径略小于轴承外沿的铜棒或其他金属管抵住轴承外圈，从上往下用锤子敲打，使轴承从下方脱出。

③ 铁板夹住拆卸。用两块厚铁板夹住轴承内圈，铁板的两端用可靠支撑物架起，使转子悬空，如图 2.1.19 所示，然后在轴上端面垫上厚木板并用锤子敲打，使轴承脱出。

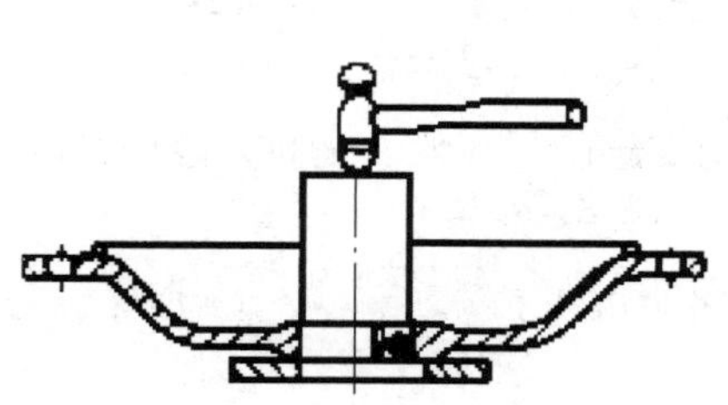
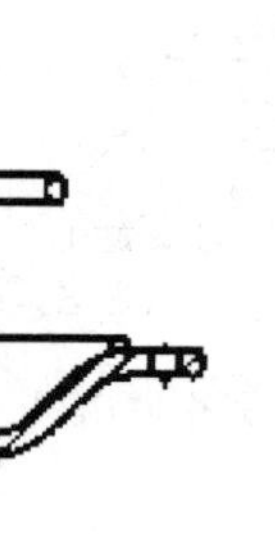

图 2.1.18　拆卸端盖内孔轴承

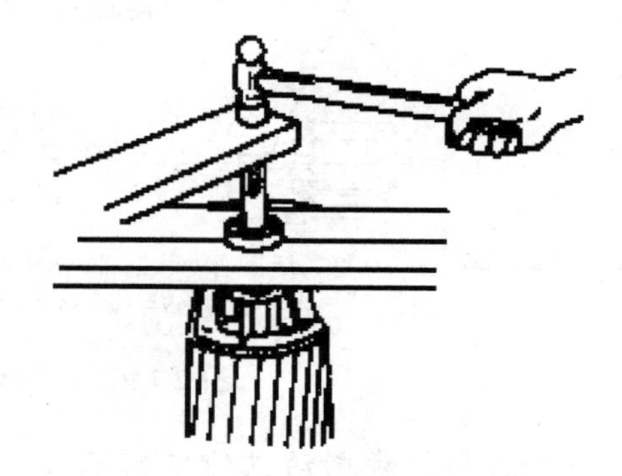

图 2.1.19　铁板夹住拆卸轴承

（3）抽出转子：在抽出转子之前，应在转子下面气隙和绕组端部垫上厚纸板，以免抽出转子时碰伤铁芯和绕组。对于小型电动机的转子可直接用手取出，一手握住转轴，把转子拉出一些，随后另一手托住转子铁芯渐渐往外移，如图 2.1.20 所示。

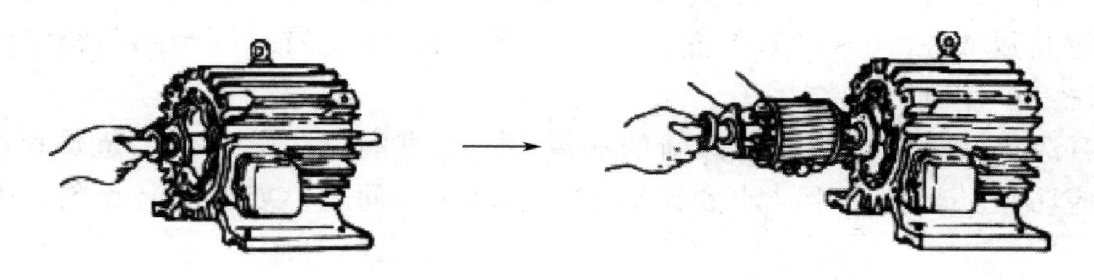

图 2.1.20　小型电动机转子的拆卸

对于中型的电动机，可两人一起操作，每人抬住转轴的一端，渐渐地把转子往外移，若铁芯较长，有一端不好出力时，可在轴上套一节金属管，当作假轴，方便出力，如图 2.1.21 所示。

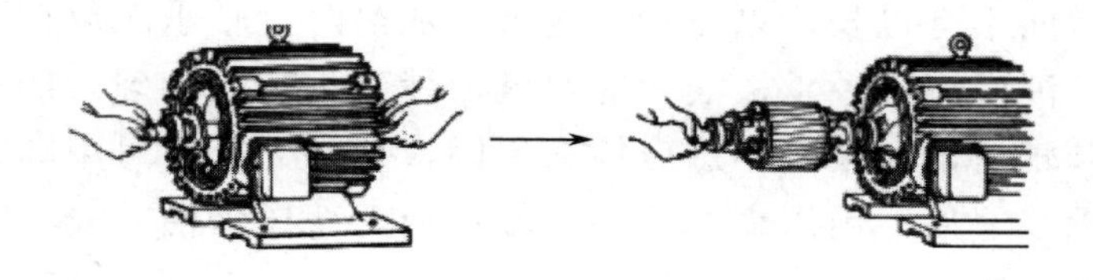

图 2.1.21　中型电动机转子的拆卸

对大型的电动机必须用起重设备吊出，如图 2.1.22 所示。

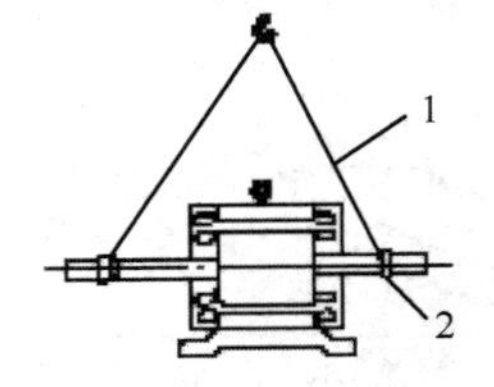

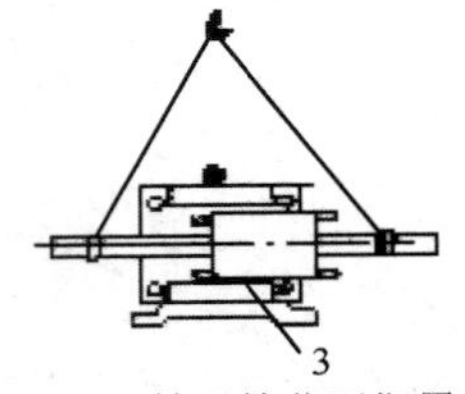

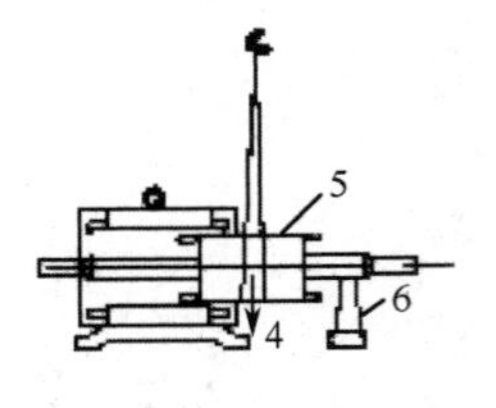

1—钢丝绳；2—衬垫（纸板或纱头）；3—转子铁芯可搁置在定子铁芯上，但切勿碰到绕组；
4—重心；5—绳子不要吊在铁芯风道里；6—支架

图 2.1.22　用起重设备吊出转子

5. 小型三相异步电动机的安装流程

三相异步电动机的组装顺序与拆卸相反。在组装前应清洗电动机内部的灰尘，清洗轴承并加足润滑油，然后按以下顺序操作。

（1）滚动轴承的安装

将轴承和轴承盖先用煤油清洗，清洗后应检查轴承有无裂纹再用手转动轴承外圈，观察其转动是否灵活、均匀。内外轴承环有无裂纹等。

如果不需要更换轴承，再将轴承用汽油洗干净，用清洁的布擦干。如果需要更换轴承，应将其置放在 70～80℃的变压器油中加热 5min 左右，等全部防锈油熔化后，再用汽油洗净，用洁净的布擦干。

轴承清洗干燥后，按规定加入新的润滑脂，要求润滑脂洁净、无杂质和水分，加入轴承时应防止外界的灰尘、水和铁屑等异物落入；同时，要求填装均匀，不应完全装满。

轴承装套到轴颈上有冷套和热套两种方法。

① 冷套法：把轴承套到轴上，对准轴颈，用一段铁管（内径略大于轴承直径，外径略小于轴承内圈的外径）的一端顶在轴承内圈上，用铁锤敲打另一端，缓慢地敲入。

② 热套法：轴承可放在变压器油中加热，温度为 80～100℃，加热 20～40min。温度不能太高，时间不宜过长，以免轴承退火。加热时，轴承应放在网孔架上，不与箱底或箱壁接触，油面淹没轴承，油应能对流，使轴承加热均匀。热套时，要趁热迅速把轴承一直推到轴肩，如果套不进应检查原因，如果无外因可用套筒顶住内圆用手轻轻地敲入。轴承套好后，用压缩空气吹去轴承内的变压器油。

（2）后端盖的安装

将轴伸端朝下垂直放置，在其后端面上垫上木板，将后端盖套在后轴承上，用木锤敲打，把后端盖敲进去后，装轴承外盖。紧固内外轴承盖的螺栓时要逐步拧紧，不能先拧紧一个，再拧紧另一个。

（3）转子的安装

把转子对准定子内圆中心，小心地往里放，使螺孔对准标记，旋上后端盖螺栓，但不要拧紧。

（4）前端盖的安装

将前端盖对准机座的标记，用木锤均匀敲击端盖四周，不可单边着力，并拧上端盖的紧固螺栓。

（5）风叶和风罩的安装

风叶和风罩安装完毕后，用手转动转轴，转子应转动灵活、均匀，无停滞或偏重现象。

（6）带轮或联轴器的安装

带轮或联轴器安装时，要注意对准键槽。对于中小型电动机，在带轮或联轴器的端面上垫上木块用手锤打入。若打入困难时，应在轴的另一端垫上木块顶在墙上，然后再打入带轮或联轴器。

6. 三相异步电动机的拆装操作注意事项

（1）拆卸带轮或轴承时，要正确使用拉具。

（2）电动机解体前，要做好记号，以便组装。

（3）端盖螺钉的松动与紧固必须按对角线上下左右依次旋动。

（4）不能用锤子直接敲打电动机的任何部位，只能用紫铜棒在垫好木块后再敲击或直接用木锤敲打。

（5）抽出转子或安装转子时动作要小心，一边送一边接，不可擦伤定子绕组。

（6）电动机装配后，要检查转子转动是否灵活，有无卡阻现象。

任务实施

对一台 Y801-4 型、功率为 0.55 kW 的三相交流电动机进行拆装。

1. 安全准备

穿戴好防护用品，做好安全防护工作，检测仪表和设备，防止发生人身安全事故。

2. 实训设备准备

Y801-4 型电动机、电动机拆卸常用工具、煤油、润滑脂、兆欧表、钳形电流表。

3. 实训步骤

（1）按电动机拆卸步骤进行拆卸，将拆卸情况记录在表 2.1.3 中。

（2）清洁电动机各部位的积尘。

（3）清洗轴承和轴承盖，加润滑脂。

（4）按拆卸反顺序装配电动机。

（5）测量电动机绝缘电阻及运行电流。

表 2.1.3　三相异步电机拆装记录表

内　容	记　录			处　理
检查各部件有无机械损伤	外壳			
	端盖			
	风扇及罩叶			
	转轴及键槽			
	其余部位			
清洗各部件油垢，检查绕组绝缘情况	清洗情况			
	绕组绝缘评价			
清洗、检修轴承	润滑油状况			
	轴承是否灵活			
	轴承表面状况			
	轴承有无变色			
	加油量及名称			
检查定子绕组故障，测绝缘电阻	绝缘电阻（MΩ）	U、V、W 相对机壳		
		U-V、V-W W-U 相间		
	绕组状况			
定、转子铁芯有无磨损和变形	定、转子铁芯有无亮点或擦痕			
	定、转子铁芯变形			
	转轴有无弯曲			
试　机	U、V、W 相空载电流（A）			
	绕组绝缘评价			

任务验收

	序号	验收项目	验收结果		不合格原因分析
			合格	不合格	
老师评价	1	安全防护			
	2	工具准备			
	3	拆卸步骤			
	4	安装步骤			
	5	运行效果			
	6	5s 执行			
自我评价	1	完成本次任务的步骤			
	2	完成本次任务的难点			
	3	完成结果记录			

自测与思考

1．三相笼型异步电动机主要由哪些部分组成?各部分的作用是什么?

2．三相异步电动机的定子绕组在结构上有什么要求?

3．简述三相异步电动机的工作原理。三相异步电动机产生旋转磁场的条件是什么?

4．为什么定子铁芯用 0.35～0.5mm 厚表面涂有绝缘漆的薄硅钢片叠压而成?

5．简单叙述三相异步电动机拆卸方法和步骤。

任务二　认识三相交流异步电动机的绕组

任务描述

有一台电动机，接线板损坏，定子绕组的 6 个线头分不清楚首尾端，请帮助分清 6 个线头的首尾端，并按 Y 形连接在接线板上。

学习目标

1. 三相异步电动机定子绕组的结构。
2. 三相异步电动机定子绕组的联结方法。
3. 三相异步电动机定子绕组的展开图绘制方法。
4. 三相异步电动机定子绕组首尾端判别。

知识平台

定子绕组是三相异步电动机的主要组成部分，是电动机的核心。对空间互差 120° 的三相定子绕组通以三相交流电流，即产生旋转磁场。那么由三个线圈组成的三相绕组是最简单的三相绕组。实际电动机中，绕组的线圈数比三个多得多，有 12 个、18 个、24 个、36 个等。这么多线圈如何安排在定子铁芯槽中，线圈与线圈如何联结，如何划分三相绕组等，是我们学习本章应该掌握的内容。

一、三相异步电动机定子绕组的结构

1. 定子绕组构成原则

三相异步电动机的定子绕组是由许多嵌放在定子铁芯槽内的线圈按照一定规律分布、排列、联结而成的。为满足电动机运行的需要，在设计和绕制定子绕组时应遵循以下原则。

（1）在导体数量一定的条件下，力求获得较大的基波磁动势和基波电动势，且磁动势和电动势的波形要力求接近正弦波。

（2）各相定子绕组的磁动势和电动势要对称，电阻和电抗应相等。因此，必须保证各相绕组的形状、尺寸和匝数相等。

（3）各相绕组在空间的分布上应彼此相差 120°。

（4）绝缘强度和机械强度要可靠，制造工艺要简单，用铜量要少，散热条件要好，检修要方便。

2. 有关绕组的基本术语

（1）线圈、线圈组、绕组

线圈又称为绕组元件，是构成绕组的最基本单元，它按一定形状绕制而成，可由一匝或多匝组成；多个线圈联结成一组就称为线圈组；由多个线圈或线圈组按照一定的规律联结在一起就形成了绕组。绕组元件的符号如图 2.2.1 所示。靠嵌在铁芯槽中的直线部分，叫有效边；露在铁芯外面起联结作用的部分，叫端部。设计时应尽量缩短以节省导线。

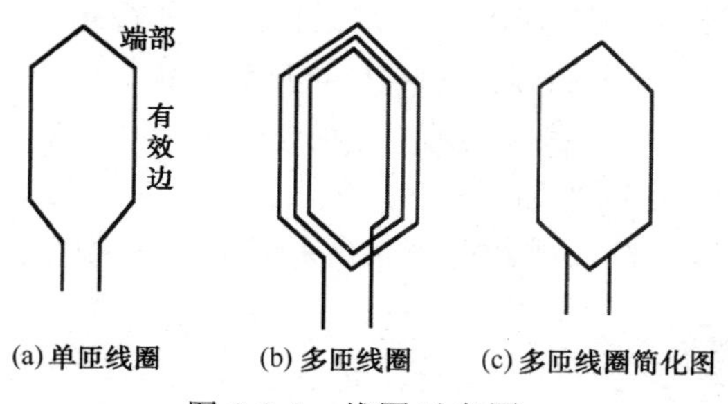

图 2.2.1　线圈示意图

（2）极距

定子绕组一个磁极所占有定子圆周的距离称为极距，一般用定子槽数来表示，即

$$\tau_{\mathrm{p}} = \frac{Q_1}{2p} \tag{2-2-1}$$

式中　Q_1——定子铁芯的槽数；

$2p$——磁极数；

τ_{p}——极距。

例 2.2.1　有一台电动机定子铁芯共有 36 槽，磁极 2 对（4 极）。求极距是多少？

解：根据式（2-2-1）得

$$\tau_{\mathrm{p}} = \frac{Q_1}{2p} = \frac{36}{4} = 9\text{槽}$$

（3）节距（又叫跨距）

一个线圈的两个有效边所跨定子圆周的距离称为节距，用 Y 表示，一般也用定子槽数来表示。若某线圈的两有效边分别放在第 1 槽和第 8 槽中，则其节距为 $Y=(8-1)=7$ 槽。从绕组产生最大磁动势和电动势的要求出发，节距应近似等于极距。节距又分为整节距（或全节距）、短节距和长节距。

① 整节距：节距与极距相等时称为整节距。即 $Y = r_P$。整节距绕组可以产生最大的磁动势和电动势，因为同一元件的两有效边分别在相邻磁极（异性磁极）的对应位置上。

② 短节距：节距小于极距时称为短节距。短节距可以缩短端部联线，节省导线，提高电机效率，减小电机噪声。实践证明，节距与极距之比等于 5/6 时，对于减小电动机噪声和改善启动性能最有利。

③ 长节距：节距大于极距时称为长节距。长节距的端部联线较长，用导线较多，除特殊电动机外很少使用。

（4）电角度

电角度是指电动势、电流等变化的角度，它与机械角度不一定相等。定子圆周的机械角度为 360°，这是固定不变的。磁场每经过一对磁极则变化了 360°。同样，每经过一对磁极，电动势也变化了 360°。定子圆周有两对磁极，电动势变化 2×360°=720°，如果有 p 对磁极，则电动势变化了 p×360°。可见电角度为机械角度的 p 倍。

（5）每极每相槽数（也叫相带）

每相在每个磁极下所占有的槽数叫每极每相槽数。三相交流电机的每极每相槽数为

$$q=\frac{Q_1}{3\times 2p} \tag{2-2-2}$$

式中 q——每极每相所占槽数。

q 个槽所占的区域叫一个相带，每个磁极下有三个相带。一个磁极对应的电角度为 180°，故每个相带占有的电角度为 60°。

例 2.2.2 设一台三相异步电动机的定子有 36 槽，2 对磁极。问每极每相槽数是多少？

解： 由公式（2-2-2）可得

$$q=\frac{Q_1}{3\times 2p}=\frac{36}{3\times 2\times 2}=3\text{槽}\ （即一个相带为 36 槽）$$

（6）极相组

一个磁极下一个相带中的几个线圈（绕组元件）串联成一组叫极相组。

二、三相异步电动机定子绕组的联结方法

三相异步电动机根据绕组在定子槽内层数的不同，可分为单层绕组、双层绕组、单双层绕组；若根据绕组结构形状来分，又可分为链式绕组、同心式绕组、交叉式绕组、叠绕组和波绕组等。

所谓单层绕组是指每一个槽内只有一条线圈边，整个绕组的线圈数等于定子槽数一半的绕组。单层绕组的优点是嵌线比较方便、槽的利用率高；缺点是节距的选择受

到限制，电动机的电磁性能不够理想，多用于中、小型电动机中。

（1）绕组的形式

单层绕组根据端部联线的不同，可分为三种形式。

① 同心式绕组：如图 2.2.2（a）所示的绕组为同心式，同一个极相组元件的节距大小不等，绕制时需用几个大小不同的模具，但几个元件同心地安放，端部联线不互相交叉，排列整齐。

② 链式绕组：如图 2.2.2（b）所示的绕组为链式绕组，绕组元件的节距相等，绕制比较方便，链式排列，端部联线交叉较多，端部整形较困难。

③ 交叉式绕组：如图 2.2.2（c）所示为交叉式绕组，元件节距有两种，一大一小交叉安放。元件的绕制虽不如链式方便，但可以采用短节距，对改善电动机性能有利。

交叉式绕组中，又可分为交叉链式和交叉同心式，如图 2.2.3 所示。

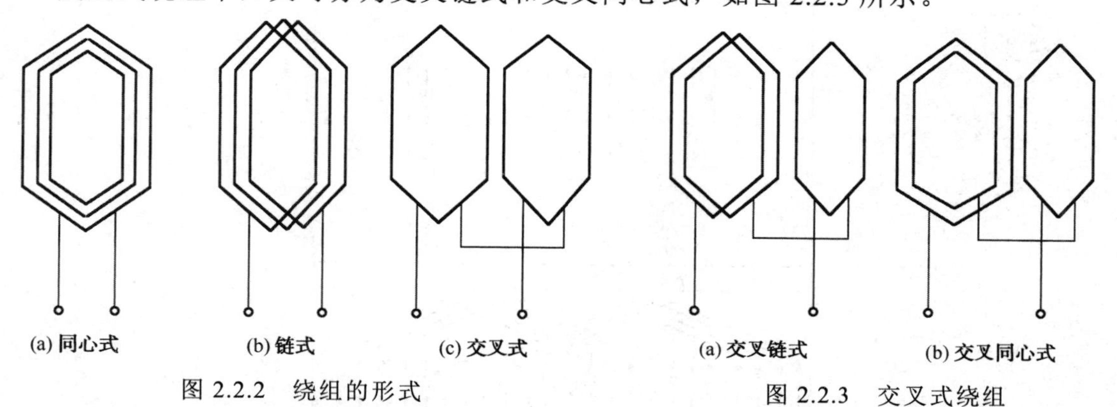

图 2.2.2　绕组的形式

图 2.2.3　交叉式绕组

（2）对绕组的布置和联结的要求

① 为了使三相绕组能够产生对称的旋转磁场，要求三相绕组均匀分布于定子槽内，而且各相对应边之间的电角度应保持 120°。

② 每个元件的两个有效边分别处于相邻异性磁极的相对位置（对全节距而言）。

③ 同一个极相组中所有元件的电流方向应相同，而且极相组与极相组串联时，电流方向也应相同。

三、三相异步电动机定子绕组的展开图绘制方法

绘制绕组展开图的步骤及方法如下。

1. 单层全节距链式绕组

例 2.2.3　一台三相异步电动机，定子铁芯有 24 槽，磁极一对。试绘制单层全节

距链式绕组展开图。

解： 绘图步骤如下所述。

（1）分极、分相：根据对绕组的布置和联结的第一项要求，对圆周进行分极、分相。由已知条件可知 $Y=\tau_P \dfrac{Q_1}{2p}=\dfrac{24}{2\times1}=12$槽，即将圆周分成二等分，每等分为一个极距，占有12 槽。而每极每相槽数为 $q=\dfrac{Q_1}{2pm}=\dfrac{24}{2\times1\times3}=4$槽（其中 m 为相数，此处 m=3），即每极下再分成三等份，每一等份为一个相带，占有 4 槽。以直线段代表定子铁芯槽，两端向外伸出半个槽宽各作一条竖直线，两竖直线之间的距离即为定子内圆周长。自左至右依次在每一等份内标以字母 U1、W2、V1、U2、W1、V2 共六个相带，如图 2.2.4（a）所示。

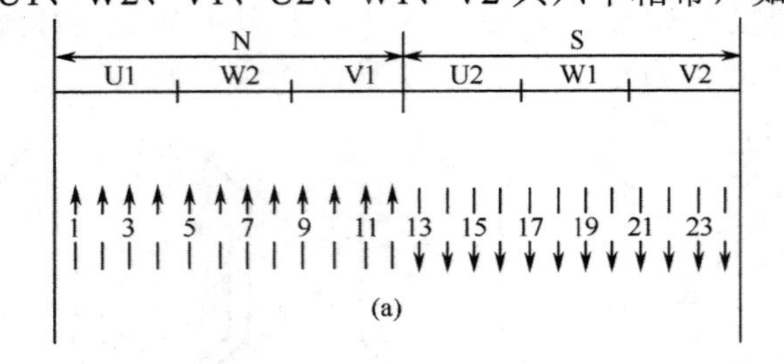

(a)

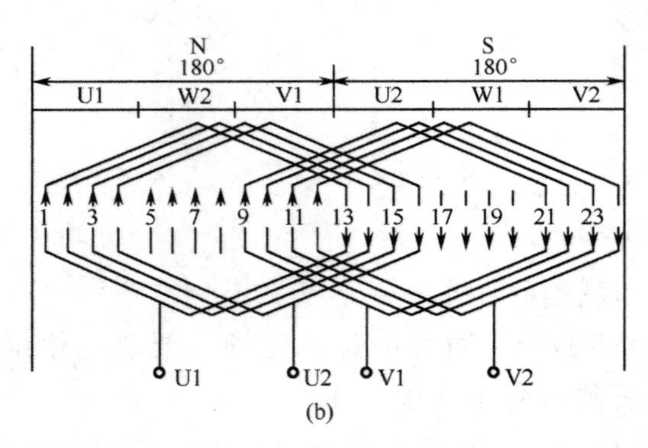

(b)

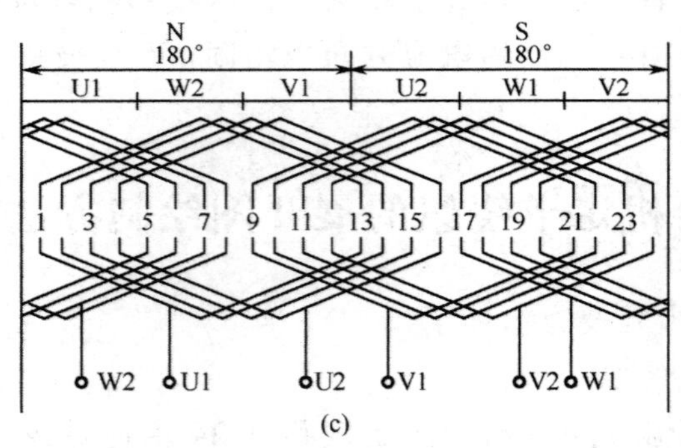

(c)

图 2.2.4　三相 24 槽 2 极全节距绕组展开图

（2）按第二项要求，把相邻异极性下同一个相的相带中各槽联成元件，N 极下 U1 相带与 S 极下 U2 相带中的各槽依次联成元件为 1-13、2-14、3-15、4-16。同理，把 N 极下 V1 相带与 S 极下 V2 相带中的各槽依次联成元件为 9-21、10-22、11-23、12-24。

（3）按第三项要求，假设 N 极下所有槽中电流方向朝上，S 极下所有槽中电流方向朝下。把 U1、V1 相带的 4 个元件串联成一个极相组，沿着逆电流方向把 W1 相带的 4 个元件串联成一个极相组。为什么 W1 相绕组要逆电流方向串联呢?因为三相电流不可能同时为正（或同时为负），当 U、V 两相为正时，W 相则为负，如图 2.2.4（b）所示。

（4）确定各相绕组电源引出线。各相绕组应彼此相隔的电角度为 120°。由于相邻两槽间相隔的电角度为 $\frac{360^\circ P}{Q_1}=\frac{360^\circ\times 1}{24}=15^\circ$，则 120°的电角度应相隔 120°/15°=8 槽。

现将 U 相电源引出线的首端 U1 定在第 1 槽，则 V 相首端 V1 定在第 9 槽（1+8）；W 相首端 W1 定为 17 槽。至此绕组展开图即完成，如图 2.2.11（c）所示。

上例为全节距。如果采用短节距，则将绕组联成交叉链式绕组。

2. *单层交叉式绕组*

例 2.2.4　一台三相异步电动机定子槽数为 24 槽，磁极为 4 极。试绘制单层交叉式绕组展开图，节距 Y=5 槽（1-6 槽）。

解：（1）把定子圆周长分为四等份，每等份为一个极距；再把每极距分为三等份，每等份为一个相带。自左至右在四个极下依次写上 U1、W2、V1、U2、W1、V2。共分 12 个相带，如图 2.2.5（a）所示。

（2）U 相元件为 2-7、8-13、14-19、20-1。沿电流方向把 4 个元件串联成为 U 相绕组，如图 2.2.5（b）所示。

（3）把 V1 与 V2 相带中的槽，按 6-11、12-17、18-23、24-5 组成元件，沿电流方向把 4 个元件串联。

（4）把 W1 与 W2 相带的槽，按 10-15、16-21、22-3、4-9 组成元件，沿逆电流方向把 4 件串联，如图 2.2.5（c）所示。

（5）最后确定各相绕组的电源引出线，相邻两槽之间的电角度为 $\frac{360^\circ p}{Q_1}=\frac{360^\circ\times 2}{24}=30^\circ$，现将 U 相电源引出线首端 U1 定在第 2 槽，则 V 相首端 V1 在第 6 槽，W 相首端 W1 定在第 10 槽，至此绕组展开图即完成，如图 2.2.5（c）所示。

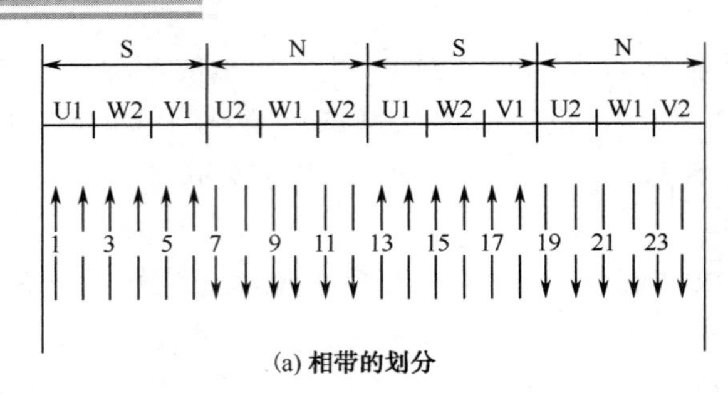

(a) 相带的划分

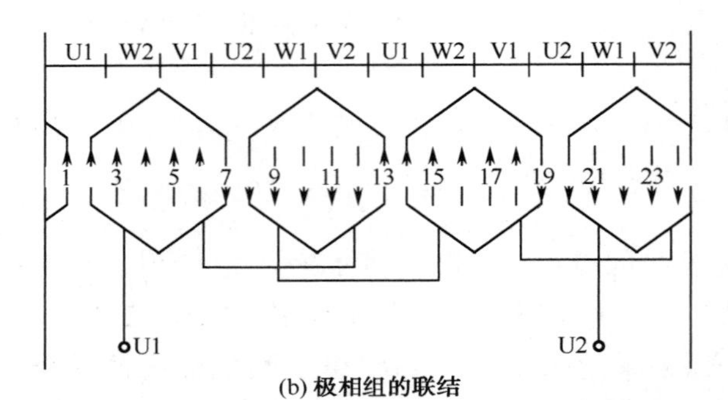

(b) 极相组的联结

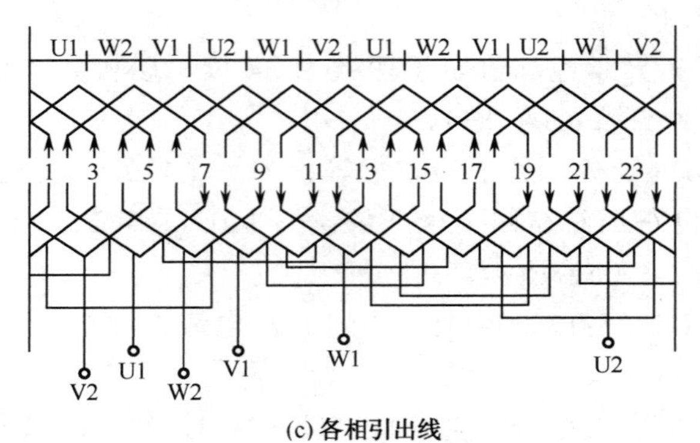

(c) 各相引出线

图 2.2.5　三相 24 槽 4 极节距（1-6）槽

3. 单层交叉同心式绕组

例 2.2.5　一台三相异步电动机定子有 24 槽，极数 $2p=2$，相数 $m=3$，大线圈节距为 11(1-12 槽)，小线圈节距为 9 (2-11 槽)。试绘出绕组展开图。

解：（1）按已知条件求得极距为 $\tau_{\rm p}=\dfrac{24}{2}=12$槽，因为要求短节距，不能把 1-13、2-14 组成元件，而是把 3-14、4-13 分别组成一个大元件和一个小元件，把 15-2、16-1 组成元件。U 相元件顺电流方向把 4 个元件串联即成 U 相绕组，如图 2.2.6（a）所示。

用同样方法把 V 相绕组的 11-22、12-21 组成大元件和小元件，把 9-24、10-23 组成元件、V 相元件顺电流方向把 4 个元件串联即成 V 相绕组。用同样方法可组成 W 相绕组，如图 2.2.6（b）所示。

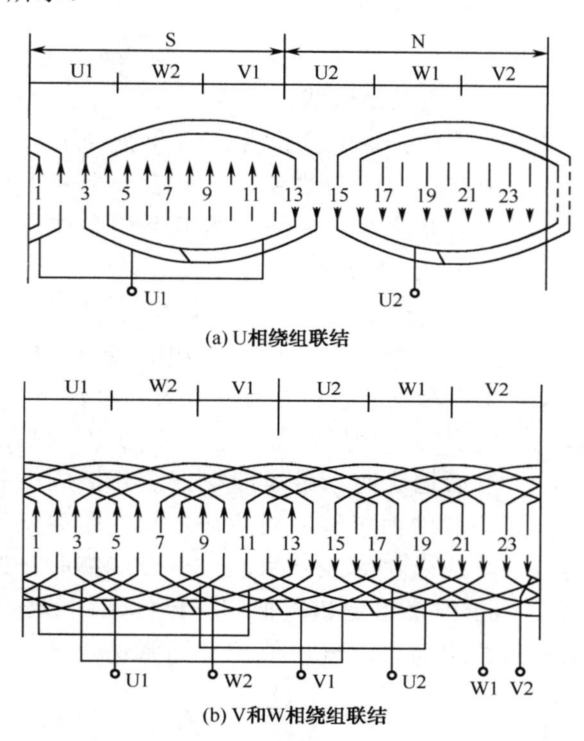

(a) U相绕组联结

(b) V和W相绕组联结

图 2.2.6　24 槽 2 极单层交叉同心式绕组展开图

（2）根据 $\dfrac{360^\circ p}{Q_1}=\dfrac{360^\circ\times 1}{24}=15^\circ$,则相邻两槽之间的电角度为 15°。U 相电源引出线 U1 定在 3 槽，则 V 相电源引出线 V1 定在 11 (3+8)槽，W 相电源引出线 W1 定在 19 槽。至此绕组展开图即完成，如图 2.2.6 所示。

单层绕组展开图的画法可以有许多种，我们只介绍了其中的一种，各种数据一目了然。如何组成元件和联结极相绕组，从图中也容易看出，每端首相也容易确定。

4. 三相双层绕组

双层绕组就是在每个槽内放有上层、下层两个线圈边，就是说每个线圈的一条边嵌放在某一槽的上层，另一条边则嵌放在另一槽的下层，也就是绕组数等于槽数。双层绕组的主要优点如下所述。

（1）所有绕组元件具有同样的形状和尺寸，易于制造。

（2）端部排列整齐，利于散热和增强机械强度。

（3）可以选择有利的节距，如 $Y=\frac{5}{6}\tau_P$，使旋转磁场的波形接近于正弦波，改善电机性能。

（4）可以组成多个并联支路。

缺点是嵌线比较麻烦。

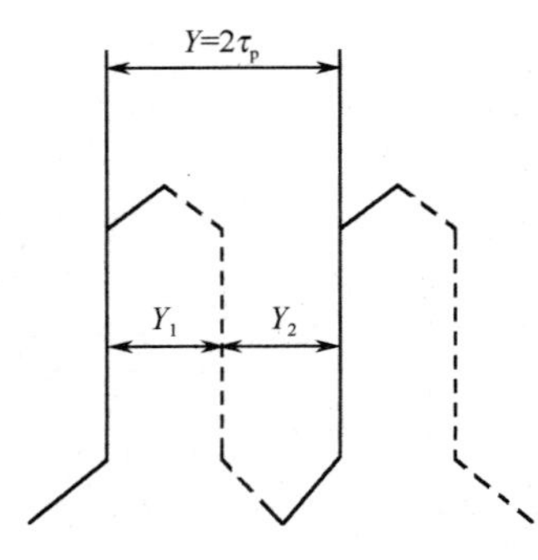

图 2.2.7　波绕组元件的节距

双层绕组分为叠绕组和波绕组。叠绕组在嵌线时，两个互相串联的线圈，总是后一个叠压在前一个上面，故而得名叠绕组。波绕组是两个相联结的线圈成波浪形前进，如图 2.2.7 所示。

波线组元件的联结规律是：把所有同一极性下（如 N1、N2……极下）属于同一相的线圈，按照一定的次序串联起来，构成一组；再把所有另一极性下（如 S1、S2……极下）属于同一相的线圈，按一定的次序联结起来，组成另一组。最后把这两大组线圈根据需要接成串联或并联，即可构成一相绕组。在波绕组中，相串联的两个线圈对应边之间的距离（一般用槽数表示）称为绕组的合成节距，用符号 Y 表示，它表示每联结一个线圈时，绕组在空间前进了多少槽距，如图 2.2.7 所示。由于波绕组是依次把同一极性下的线圈相联结，每次前进近一对极距，故对整数槽波形绕组而言，合成节距 Y 通常选为一对极距，即

$$Y=\frac{Q_1}{p}=2mq$$

这样，在连续地联结 P 个线圈，前进了 p 对磁极，即沿转子绕行一周以后，绕组将回到出发的槽号而形成闭合回路。为使绕组能够连续地绕行下去，每绕完一周，就需要人为地后退或前移一个槽。这样连续地绕 9 周，就可以把所有 N 极下属于 U 相的线圈共 pq 个联成一组 2U1′-2U2′。同理，把所有 S 极下属于 U 相的线圈联成另一组 2U1″-2U2″。最后再用组间联线把 2U1′-2U2′和 2U1″-2U2″串联或并联起来，即可得到 U 相绕组的首端 2U1 和尾端 2U2。

下面举例说明三相双层绕组展开图绘制方法。

例 2.2.6　波绕组 $2p=4$，$m=3$，$Q_1=36$，线圈节距 $Y_1=7$，并联支路数 $a=2$。试绘出其绕组展开图。

解：分极、分相带的方法与前面各例题相同，但线圈应按下述次序联结（以 U 相为例，见图 2.2.8）。

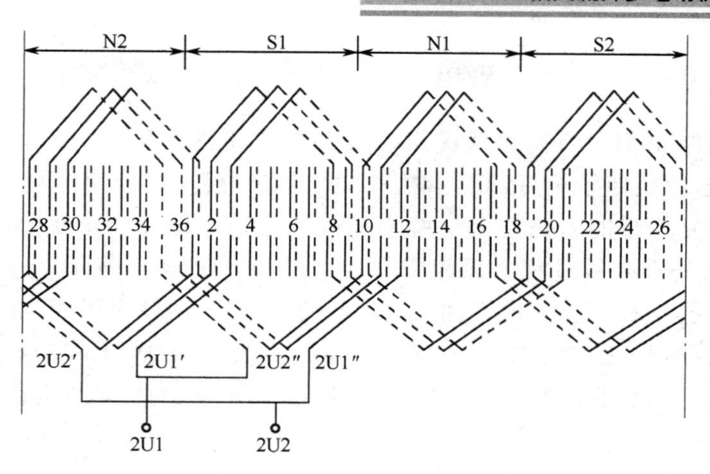

图 2.2.8　三相双层波绕组展开图

因为：合成节距　$Y = \frac{Q_1}{p} = \frac{36}{2} = 18$槽

线圈节距　$Y_1 = 7$槽

故 U 相若从第 3 号线圈起头，则 3 号线圈的一条边应嵌放在 3 号槽的上层（实线），另一边应嵌放在 3+7=10 号槽的下层（虚线），如图 2.2.8 所示。然后，根据 Y=18，3 号线圈应与 3+18=21 号线圈相联。21 号线圈的第一条边应嵌放在 21 号槽的上层，另一条边应嵌放在 21+7=28 号槽的下层。这样连续地联结两个线圈以后，恰好在定子圆周上绕行一周。为避免绕组闭合，人为地后退一个槽，然后从 2 号线圈出发，继续绕行下去，直至将所有 S 极下的线圈串联起来，形成一个线圈组。用相同的方法，将所有 N 极下的线圈串联起来，形成另一个线圈组。最后，将这两个线圈组并联起来，即可得到 U 相绕组。

U 相绕组链接顺序如图 2.2.9 所示。

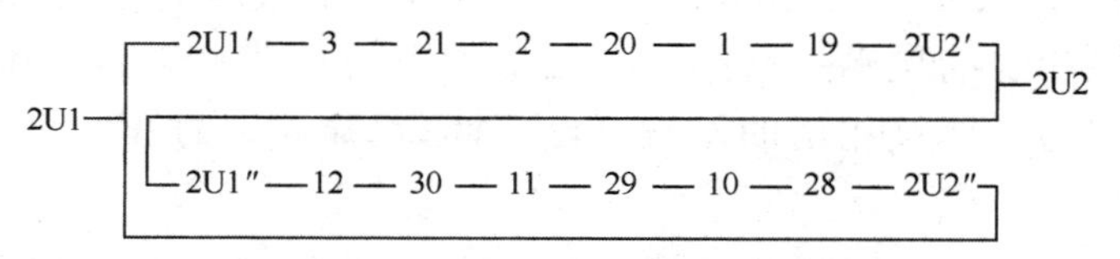

图 2.2.9　U 相绕组链接顺序图

不难看出，线圈联结时，节距 Y_1 只影响线圈自身的跨距，即同一线圈上下层边之间的距离，而不影响线圈之间的联结规律，线圈之间的联结次序完全取决于合成节距。

由上述分析可知，在整数槽波绕组中，当合成节距 $Y=\frac{Q_1}{P}=2\tau_P$ 时，无论电动机极数为多少，每相绕组都只有两个线圈组，故并联支路最多只有两条。

例 2.2.7 电动机定子为 36 槽、4 极。试绘制双层全节距绕组展开图。

解： 分极、分相带的方法与单层绕组相同，全节距即 $Y=rp=9$ 槽。

以 U 相为例分析嵌线过程。每相带有 3 个槽，可嵌放 6 个有效边。第一元件的一边放于第一槽上层，另一边放于第 10 (1+9)槽下层，依下列顺序组成 12 个元件，1 上-10 下、2 上-11 下、3 上-12 下；10 上-19 下、11 上-20 下；19 上-28 下、20 上-29 下、21 上-30 下；28 上-1 下、29 上-2 下、30 上-3 下，共组成 4 个极相组，如图 2.2.10 所示。

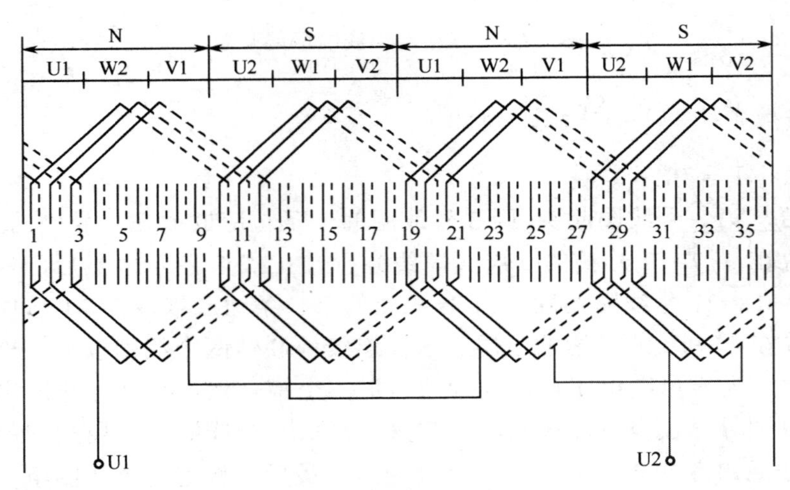

图 2.2.10 三相双层叠绕组展开图

以第 1 槽上层（1 上）为 U 相首端 U1，顺电流方向把 4 个极相组串联。第一极相组的尾端与第二极相组的尾端相联结，第二极相组的首端与第三极相组的首端联结，第三极相组的尾端与第四极相组的尾端联结（叫尾-尾接，首-首接），第 28 槽上为绕组末端 U2。

仿 U 相方法，可把 V1、V2 相带和 Wl、W2 相带分别组成 V 相和 W 相绕组。

5. 单双层混合绕组

单双层混合绕组的主要结构特点是：在定子铁芯槽中嵌放单层线圈边，而另一些槽内则嵌放双层线圈边；绕组中既有单层线圈，又有双层线圈。前面已经讲过，单层绕组的优点是嵌线方便，没有层间绝缘，槽的利用率高，但单层绕组一般都是整距绕组，其电动势和磁动势的波形较差，因而对电动机的性能有一定影响。双层绕组的优点是可以采用适合的短距来改善电动势和磁动势的波形，从而使电动机的性能有所改善。而单双层混合绕组兼有两者的优点，它既能改善电动势和磁动势波形，改进电动机性能，同时在工艺上嵌线较双层方便，端部短，节省铜。尤其是对于两极电动机，单双层混合绕组可以比双层绕组采用更合适的短距，从而提高绕组系数，改善电动机性能。

单双层混合绕组是从双层短距绕组演变而来的。双层绕组由于采用短距，因而使得某些槽内的上层线圈边和下层线圈边不属于同一相，但仍有一些槽内的上层和下层线圈边属于同一相。如果我们把属于同一相绕组的上层和下层线圈边合并在一起，用单层线圈边代替，不属于同一相的上下层线圈边，仍保留原来的双层结构，就可以组成单双层混合绕组。下面我们从双层绕组入手，举例说明单双层混合绕组的构成方法。以 $Q_1=18$，$2p=2$，$m=3$，$Y=8$ 的双层短距绕组为例，该绕组中极距 $2\tau_P=\frac{18}{2}=9$槽，$q=\frac{Q_1}{2pm}=\frac{18}{2\times3}=3$槽，每极每相槽数根据上述数据可排列绕组如图 2.2.11 所示。

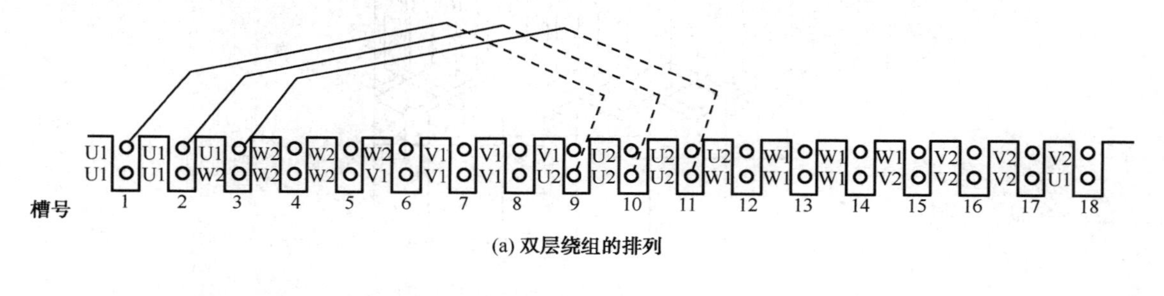

(a) 双层绕组的排列

(b) 单双层绕组的排列

图 2.2.11　单双层混合绕组原理图

图 2.2.11（a）所示是双层绕组示意图，上层边按相带顺序 U1、W2、V1、U2、W1、V2 进行排列，下层边则由节距 $Y=8$ 槽来确定。如槽 1、2、3 上层边为相带 U1 的导体，则构成此线圈的下层边应在槽 9、10、11 的下层。由图可见，槽 1、2、4、5、7、8、10、11、13、14、16、17 中的上层及下层导体同属一相。而槽 3、6、9、12、15、18 中的上下层导体则分属不同的两相。由前面所学内容我们可以知道，只要不改变双层绕组中各槽内线圈边原有的电流方向，即使改变了绕组的联结方式，绕组所形成的磁极分布也不会改变。因此，我们可以将在同一槽号中属于同一相的上下层线圈边合并，组成一个匝数为原匝数的两倍的单层线圈边（例如，将槽 1 和槽 2 的上下层线圈边合并）；而上下层线圈边不属于同一相的槽中（如槽 3），仍然保留原来的双层

结构，如图 2.2.11（b）所示。然后改变原绕组的端部联结，将同相的绕圈按同心式绕组的方式联结起来，就构成了单双层混合绕组。

如图 2.2.12 所示的是该单双层混合绕组的展开图。由图可见，绕组中单层占有 12 槽，相应有 6 个线圈，不论槽内是放单层还是双层线圈，每槽总导体数都基本相等。因此，单双层混合绕组实质上就相当于一个双层短距绕组，例如，图 2.2.12 所示绕组就相当于一个 q=3，2p=2，Y=8 的双层短距绕组。若将上例中单双层混合绕组的槽数扩展一倍，就形成了一个 Q_1=36、2p=4、Y=8 的单双层混合绕组。国产 JO3-160S-4、JO3-106M-4 型三相异步电动机就是采用这种绕组。

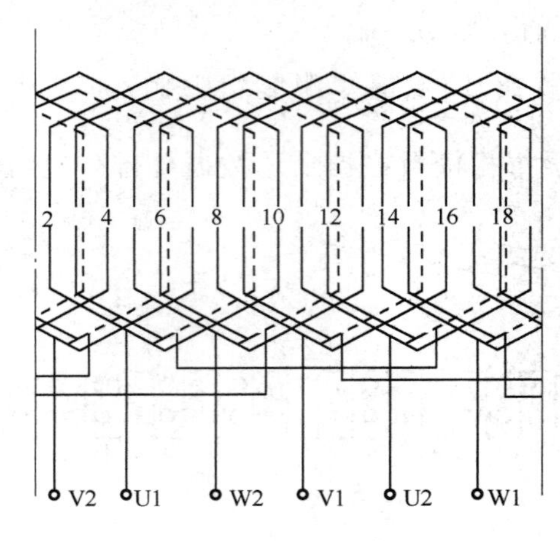

图 2.2.12　单双层混合绕组展开图

四、三相异步电动机定子绕组首尾端判别

当电动机接线板损坏，定子绕组的 6 个线头分不清楚时，不可盲目接线，以免引起电动机内部故障，因此必须分清 6 个线头的首尾端后才能接线。

6 个线头首尾端判别方法如下所述。

1. 用 36V 交流电源和电压表判别首尾端

判别时的接线方式如图 2.2.13 所示，且判别步骤如下。

（1）用摇表或万用表的电阻挡，分别找出三相绕组的各相两个线头。

（2）先任意给三相绕组的线头分别编号为 U1 和 U2、V1 和 V2、W1 和 W2，并把 V1、U2 连接起来，构成两相绕组串联。

（3）U1、V2 线头上电压表或万用表电压挡。

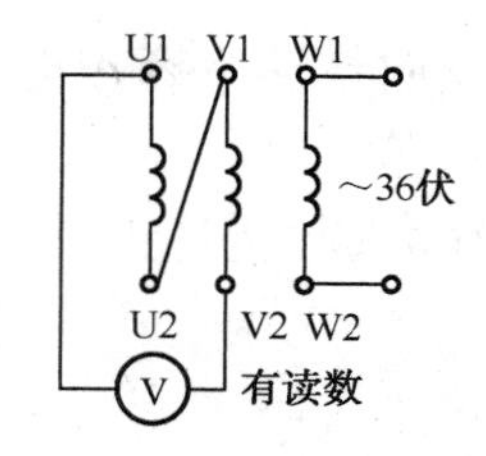

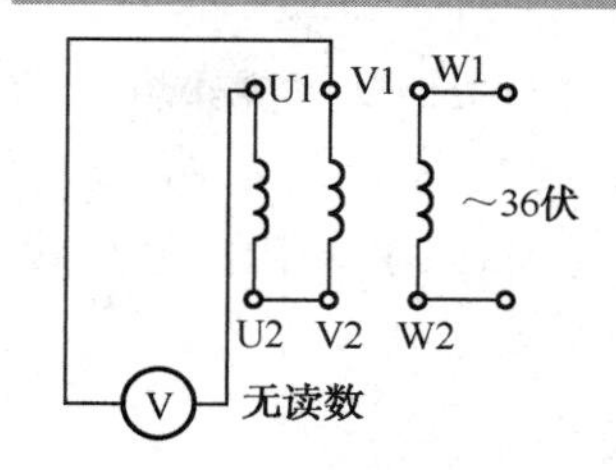

图 2.2.13　用 36V 交流电源和电压表判别首尾端

W1、W2 两个线头上接通 36V 交流电源，如果电压表有读数电压，说明线头 U1、U2 和 V1、V2 的编号正确。如果电压表没读数则把 U1、U2 或 V1、V2 中任意两个线头的编号对调一下即可。

（4）再按上述方法对 W1、W2 两线头进行判别。

2. 用万用表或微安表判别 6 个线头的首尾端

（1）方法一

① 先用摇表或万用表的电阻挡，分别找出三相绕组的各相两个线头。

② 给各相绕组假设编号为 U1 和 U2、V1 和 V2、W1 和 W2。

③ 按图 2.2.14 所示接线，用手转动电动机转子，若万用表（微安挡）指针不动，则证明假设的编号是正确的；若指针有偏转，说明其中有一相首尾端假设编号不对。应逐相对调重测，直至正确为止。

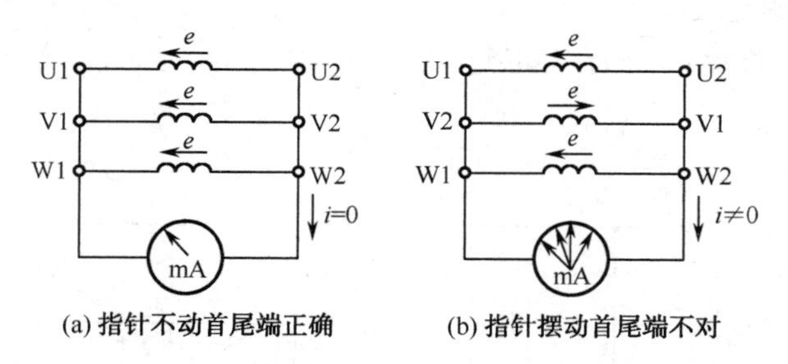

图 2.2.14　用万用表判别首尾端方法之一

（2）方法二

① 先分清三相绕组各相的两个线头，并将各相绕组端子假设为 U1 和 U2、V1 和 V2、W1 和 W2。

② 按图 2.2.15 所示接线。注视万用表（微安挡）指针摆动的方向，合上开关瞬间，若指针摆向大于零的一边，则接电池正极的线头与

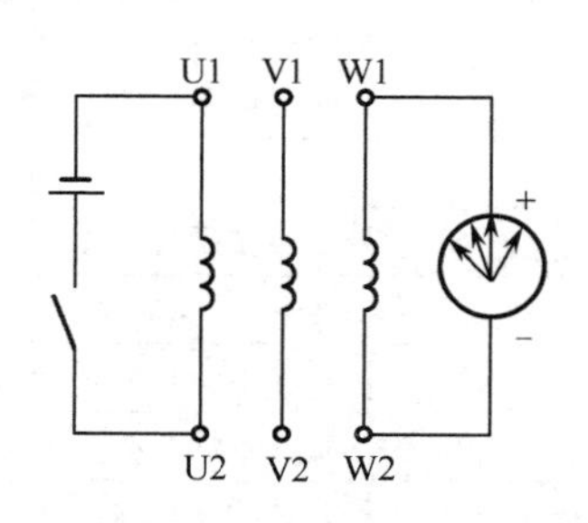

图 2.2.15　用万用表判别首尾端方法二

万用表负极所接的线头同为首端或尾端；若指针反向摆动，则接电池正极的线头与万用表正极所接的线头同为首端或尾端。

③ 再将电池和开关接另一相的两个线头，进行测试，就可正确判别各相的首尾端。

任务实施

有一台电动机，接线板损坏，定子绕组的 6 个线头分不清楚首尾端，请分清 6 个线头的首尾端，并按 Y 形连接在接线板上。

1. 安全准备

穿戴好防护用品，做好安全防护工作，检测仪表和设备，防止发生人身安全事故。

2. 实训设备准备

万用表、按钮、干电池、12V 灯泡、220/36V 变压器、三相异步电机（从接线盒内引出六根无编号的导线）。

3. 实训步骤

（1）用万用表电阻挡找出三相绕组各相的两个线头，作好标记。

（2）用 36V 交流电源和灯泡判别三相定子绕组的首尾端。

（3）用万用表法进行复验。

（4）判断正确后，将原作标记去掉给三个首端作 U1、V1、W1 的标记，相应的尾端作 U2、V2、W2 的标记。

（5）将判断后的首尾端进行 Y 形连接。

任务验收

<table>
<tr><td rowspan="2"></td><td rowspan="2">序号</td><td rowspan="2">验收项目</td><td colspan="2">验收结果</td><td rowspan="2">不合格原因分析</td></tr>
<tr><td>合格</td><td>不合格</td></tr>
<tr><td rowspan="7">老师评价</td><td>1</td><td>安全防护</td><td></td><td></td><td></td></tr>
<tr><td>2</td><td>仪表使用</td><td></td><td></td><td></td></tr>
<tr><td>3</td><td>判别方法</td><td></td><td></td><td></td></tr>
<tr><td>4</td><td>判别结果</td><td></td><td></td><td></td></tr>
<tr><td>5</td><td>复验方法</td><td></td><td></td><td></td></tr>
<tr><td>6</td><td>复验结果</td><td></td><td></td><td></td></tr>
<tr><td>7</td><td>5s 执行</td><td></td><td></td><td></td></tr>
<tr><td rowspan="3">自我评价</td><td>1</td><td colspan="4">完成本次任务的步骤</td></tr>
<tr><td>2</td><td colspan="4">完成本次任务的难点</td></tr>
<tr><td>3</td><td colspan="4">完成结果记录</td></tr>
</table>

自测与思考

1．什么叫极距？设有一台三相交流电动机，其定子槽数 Q_1= 48，极数 $2p$=8，求其极距。

2．什么叫节距？设有某线圈的一个有效边在第一槽，而另一个有效边在第 8 槽。问此线圈的节距是多少？

3．绕组的每极每相槽数的含义是什么？某三相交流电动机，定子槽数为 Q_1= 36，极数 $2p$=6，则其定子的每极每相槽数是多少？

4．三相单层绕组有何结构特点？若按线圈的形式分类，单层绕组可分为哪几种形式？

5．J02-1125-6 型三相异步电动机的定子绕组数据为：Q_1=36、$2p$=6，跨距 Y=5（即 1-6 槽），绕组为单层链式，计算各绕组参数；画出 U 相绕组展开图；确定 U，V，W 三相首端所在槽号。

6．J02-41-2 型三相异步电动机的定子绕组数据为：单层同心式，Q_1=24、$2p$=2，跨距为 Y=11（即 1-12）及 Y=9（即 2-11）。计算绕组各参数；画出 U 相绕组展开图；确定 U、V、W 三相首端所在槽号。

任务三　三相交流异步电动机的启动

任务描述

采用自耦变压器降压启动的方法，启动一台型号为 J02-1125-6 的电动机。

学习目标

1. 三相交流异步电动机的启动特性。
2. 三相交流异步电动机的直流启动。
3. 三相交流异步电动机的降压启动。

知识平台

一、三相交流异步电动机的启动特性

电动机的启动是指电动机加入电压开始转到正常运转为止的过程。电动机启动时电流很大，一般为额定电流的 4～7 倍，功率因数很低，启动转矩不高。电动机启动电流大将带来两种不好的影响。

（1）大启动电流会在线路上产生很大的电压降，影响同一线路上其他负载的正常工作，严重时还可能使本电动机因启动转矩太小而不能启动。

（2）经常需要启动的电动机，容易造成绕组发热，绝缘老化，从而缩短电动机的使用寿命。

为了限制启动电流，并得到适当的启动转矩，对不同容量、不同类型的电动机应采用不同的启动方法。

二、三相交流异步电动机的直接启动

电动机直接启动又称为全压启动，启动时加在电动机定子绕组上的电压为额定电压。电动机只需满足下述三个条件之一，就能直接启动。

（1）容量在 7.5kW 以下的三相异步电动机。

（2）电动机在启动瞬间造成电网电压波动小于 10%，不经常启动的电动机可放宽

到 15%，若有专用变压器，其容量 $S_{变压器} \geqslant 5P_{电动机}$，电动机允许直接频繁启动。

（3）满足下列经验公式

$$\frac{I_{st}}{I_N}=\frac{3}{4}+\frac{S_T}{4P_N} \tag{2-3-1}$$

式中　S_T——公用变压器容量，kV·A；

P_N——电动机的额定功率，kW；

I_{st}——启动电流。

电动机直流启动的优点是启动设备简单、可靠、成本低，启动时间短。

三、三相交流异步电动机的降压启动

降压启动是指电动机在启动时降低加在电动机定子绕组上的电压，启动结束时加额定电压运行的一种启动方式。

降压启动虽然能起到降低电动机启动电流的目的，但由于电动机的转矩与电压的平方成正比，因此降压启动时电动机的转矩减小较多，故此法适用于电动机空载或轻载时启动。降压启动的方法有以下几种。

1. 电阻（电抗）降压启动法

电阻（电抗）降压启动方法就是在电动机定子绕组线路中串联适当的变阻器，其原理如图 2.3.1 所示。电动机启动时，先闭合开关 S1，断开 S2，此时启动电流在电阻器 R 上产生电压降，定子绕组间的电压低于电源电压。待电动机转速升高后，再把开关 S2 闭合，于是把电阻 R 短路，线电压全部加在定子绕组上，电动机就正常工作了。串入电阻器减压启动，要在电阻上消耗大量的电能，因此不能用于启动频繁的场合。但其优点是设备简单、操作方便、价格便宜。用电抗器代替电阻器启动，虽无上述缺点，但设备费用较高。

2. 自耦变压器降压启动法

自耦变压器降压启动法是利用自耦变压器来降低加在定子绕组上的电压，其原理线路如图 2.3.2 所示。启动时先合上 S1，再把 S2 掷向启动位置，这时自耦变压器把电源电压降低后加到电动机上，限制了启动电流。待电动机转速升高后，再把 S2 掷向运行位置，电动机就在额定电压下正常运行了。此时自耦变压器已从电网中切除。

设自耦变压器的电压比为 K，一次电压为 U_1，则二次电压为$U_2=\frac{U_1}{K}$，二次电流也按正比减小。又因为变压器一、二次侧的电流关系是 $I_1=\frac{I_2}{K}$，可见一次电流比直接流过电动机定子绕组的电流还要小，即此时电源供给电动机的启动电流为直接启动时的 $\frac{1}{K^2}$ 倍，因此用自耦变压器减压启动对限制电源供给电动机的启动电流很有效。

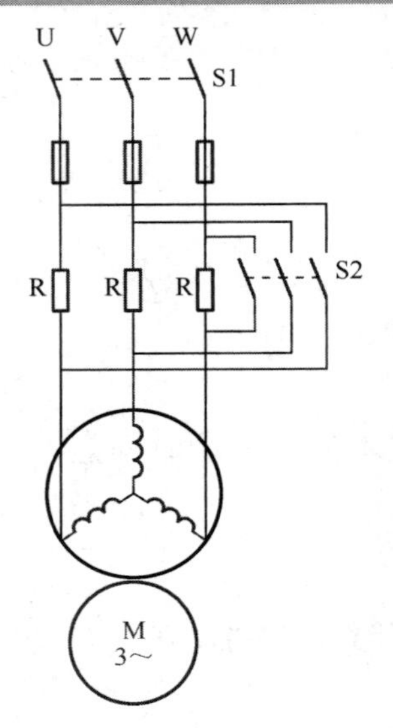

图 2.3.1 笼型电动机串联电阻启动

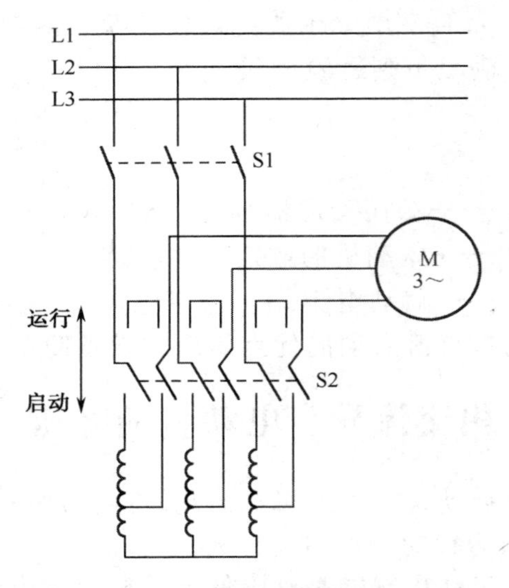

图 2.3.2 用自耦变压器降压启动线路

由于电压降低了$\frac{1}{K}$倍，故电动机的转矩也降低了$\frac{1}{K^2}$倍。

自耦变压器二次侧有 2~3 组抽头，其电压可以分别为一次电压 U_1 的 80 %、65% 或 80%、60%、40%。

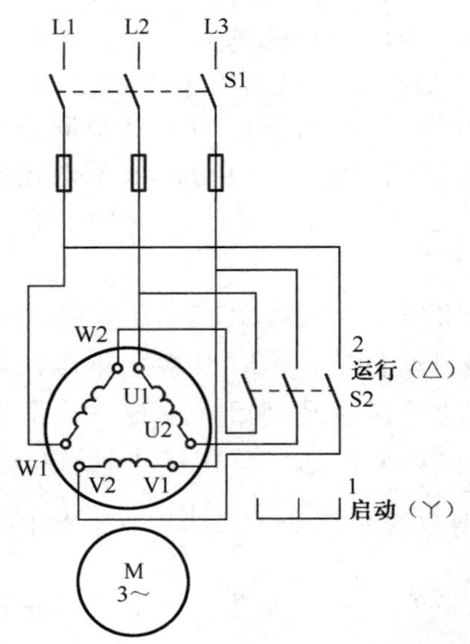

图 2.3.3 笼型电动机星三角降压启动线路

3. 星—三角（Y—△）降压启动

星—三角（Y—△）降压启动方法只适用于作三角形联结运行的电动机。启动时，先把绕组接成星形，电动机转速升高后再改成三角形，其原理如图 2.3.3 所示。启动时将 Y—△转换开关 S2 置于启动位置，则电动机定子三相绕组的末端U2、V2、W2 联成一个公共点，三相电源 L1、L2、L3 经开关 S1 向电动机三相定子绕组的首端 U1、V1、W1 供电，电动机以星形联结启动。加在每相定子绕组上的电压为电源线电压的$\frac{1}{\sqrt{3}}$倍，因此启动电流较小。待电动机启动即将结束时，再把 S2 转到运行位置，电动机三相定子绕组按三角形联结，这时加在电动机每相绕组的电压即为线电压 U，电动机正常运行。

用 Y—△降压启动时，启动电流为直接采用△联结时启动电流的$\frac{1}{3}$，所以对减小启动电流很有效，但启动转矩只有用△联结直接启动时的$\frac{1}{3}$，即启动转矩降低很多，故只能用于轻载或空载启动的设备上。此法最大的优点是所需设备简单，价格便宜，因而获得了较为广泛的应用。

4. 延边三角形启动法

延边三角形启动方法与星—三角形启动法类似，它采用星形和三角形混合联结，其原理接线如图 2.3.4 所示。三相定子绕组的一部分接成星形，一部分接成三角形，看上去象三角形的三个边延长了，故称为“延边三角形”。这种方法可以弥补 Y—△启动时启动转矩较小的不足。新设计的延边三角形启动三相异步电动机，每个绕组多一个中心抽头，这样三相绕组共有 9 个抽头。启动时 4 与 8、5 与 9、6 与 7 分别联结，如图 2.3.4（a）所示。运行时将 1 与 6、2 与 4、3 与 5 相联结，如图 2.3.4（b）所示。从图可见，启动电流要比接成三角形时小，比接成星形时大，因此，这种方法介于 Y—△启动法之间。启动时，每相绕组所承受的电压比星形时大，故启动转矩比接成星形时大。这种电动机的缺点是结构复杂，绕组抽头较多。

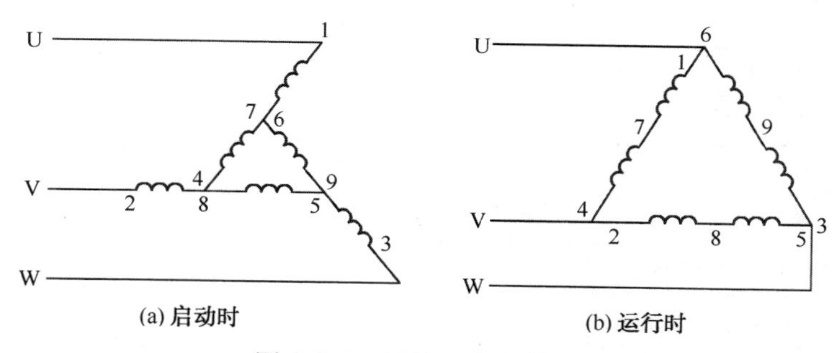

(a) 启动时　　(b) 运行时

图 2.3.4　延边三角形接法

任务实施

采用自耦变压器降压启动的方法，启动一台型号为 J02-1125-6 的电动机。

1. 安全准备

穿戴好防护用品，做好安全防护工作，检测仪表和设备，防止发生人身安全事故。

2. 实训设备准备

自耦变压器、型号为 J02-1125-6 三相异步电动机、万用表、钳形电流表。

3. 实训步骤

（1）根据图 2.3.2 连接控制线路。

（2）检测线路。

（3）通电试运行。

（4）用万用表、钳形电流表分别测量电动机启动及运行时的电压、电流情况，并记录在表 2.3.1 中。

表 2.3.1　自耦变压器降压启动记录表

	启动时电压	启动时电流	运行时电流
80%额定电压时			
65%额定电压时			

任务验收

	序号	验收项目	验收结果		不合格原因分析
			合格	不合格	
老师评价	1	安全防护			
	2	工具准备			
	3	线路安装步骤			
	4	运行效果			
	5	测量结果			
	6	5s 执行			
自我评价	1	完成本次任务的步骤			
	2	完成本次任务的难点			
	3	完成结果记录			

自测与思考

1．为什么三相异步电动机的启动电流会很大？启动电流大有什么危害？

2．降压启动的方法有哪些？比较它们的优缺点，说明其适用范围。

3．降压启动的目的是什么？

任务四　三相交流异步电动机反转与制动

任务描述

对某机床设备上的一台三相交流异步电动机控制线路进行改造，要求能实现平稳、迅速停车。

学习目标

1．三相交流异步电动机的反转。

2．三相交流异步电动机的制动。

知识平台

一、三相交流异步电动机的反转

电动机的转向取决于旋转磁场方向，而改变旋转磁场的方向，只需改变接入定子绕组的三相交流电源相序，即电动机任意两相绕组与交流电源接线互相对调。

如图 2.4.1 所示是利用接触器使电动机反转的原理图，接触器 KM1 或 KM2 分别工作时，三相电源相序相反，从而实现了电动机正、反转的转换。

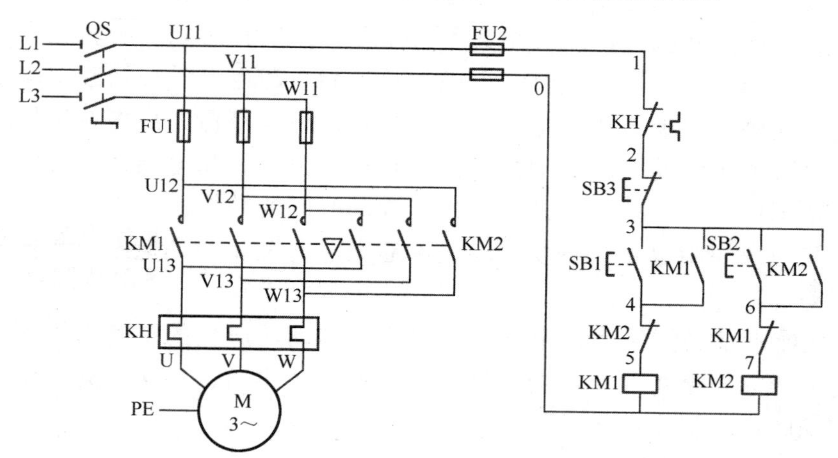

图 2.4.1　三相电动机正、反转控制线路

二、三相交流异步电动机的制动

正在运行的电动机，断开电源后，由于转子本身惯性的作用，不能立即停止转动，需要经过一段时间才能停止。在某些生产机械上，为了提高生产效率，或从安全角度考虑，或有些机械设备要求电动机能准确及时停转。因此，就必须对电动机实行制动。通常采用的制动方法有机械制动和电气制动。电气制动又分反接制动、能耗制动和再生发电制动。

1. 机械制动

机械制动是利用机械装置使电动机在切断电源后迅速停止转动的一种控制方法。机械制动有电磁离合器和电磁抱闸。

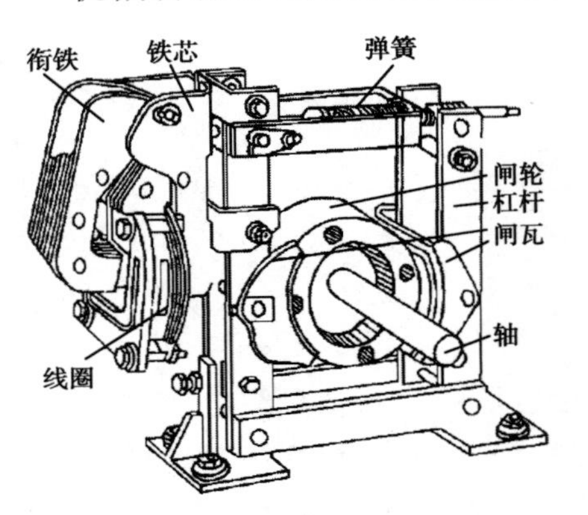

图 2.4.2 断电抱闸结构图

（1）电磁抱闸结构　电磁抱闸分为通电抱闸与断电抱闸两种。图 2.4.2 所示的是断电抱闸结构图。它主要由两部分构成：一部分是电磁铁，另一部分是闸瓦制动器。电磁铁有单相电磁铁和三相电磁铁之分。它主要由电磁线圈和铁芯组成。闸瓦制动器包括弹簧、闸轮、杠杆、闸瓦和轴等，闸瓦同电动机转轴是刚性固定式连接。

（2）断电抱闸的工作原理　电动机通电启动时，同时给电磁抱闸的电磁铁线圈通电，电磁铁的动铁芯被吸引与静铁芯合拢，通过一系列杠杆作用，动铁芯克服弹簧拉力，迫使闸瓦和闸轮分开，闸轮可以自由转动，电动机就实现正常运转。当切断电动机电源时，电磁铁的线圈电源也同时被切断，动铁芯和静铁芯无吸引力，使闸瓦在弹簧作用下，把闸轮紧紧抱住，摩擦力矩将使闸轮迅速停止转动，电动机也就停止转动了。制动器的抱紧和松开由弹簧和电磁铁配合完成。调节弹簧可在一定范围内调节制动力矩，以便控制制动时间的长短。由于电磁铁和电动机共用一个电源和一个控制电路，只要电动机不通电，闸瓦就总是把闸轮紧紧抱住，电动机总是被制动的。

（3）机械制动的特点及适用范围　电磁抱闸制动，产生的制动力矩大，广泛应用在起重设备上。它安全可靠，不会因突然断电而发生事故；不足之处是制动器磨损严重，快速制动时产生振动；另外，电磁抱闸体积较大。

2. 电气制动

电气制动是电动机在停转过程中，产生一个与电动机实际旋转方向相反的电磁力矩作为制动力矩，从而使电动机停止转动。电气制动的方法很多，如反接制动、能耗制动、再生发电制动。

（1）反接制动　反接制动是依靠改变电动机定子绕组的电源相序来产生制动力矩，迫使电动机迅速停转的方法。

在电动机脱离电源后，立即改变定子绕组中的电源相序，即将三相电源中任意两根对调，则定子旋转磁场的方向立即与原来方向相反，使转子切割磁场的方向、感应电流的方向及电磁场转矩的方向都随之相反，但转子由于机械惯性还在按原来方向旋转，故与电磁转矩方向相反，则电磁转矩成为制动转矩，使电动机进入反接制动状态，电动机转速迅速降低，直至转速为零。其原理接线图如图 2.4.3 所示。

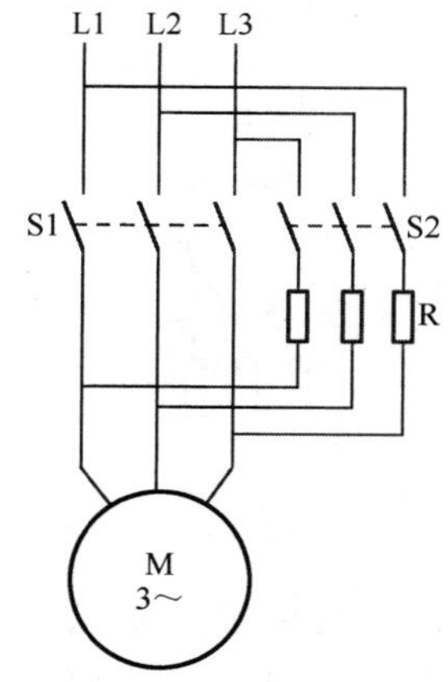

图 2.4.3　反接制动接线图

反接制动瞬间，由于转子以接近 2 倍同步转速切割旋转磁场，因此，制动转矩大，同时制动电流也很大，一般为额定电流的 10 倍。反接制动时应注意的是：当电动机转速接近零值时，应立即切断电动机的电源，否则电动机将反转。

反接制动的优点是制动力强、制动迅速，设备简易；缺点是制动准确性差。制动过程中冲击强烈、易损坏传动零件、制动能量消耗较大、不宜经常制动。因此反接制动一般适用于制动要求迅速、系统惯性较大、不经常启动与制动的小型电动机。

（2）能耗制动　能耗制动是当电动机切断交流电源后，立即在定子绕组的任意两相中通入直流电，迫使电动机迅速停转的方法。这种方法是在定子绕组中通入直流电以消耗转子惯性运转的功能来进行制动的，所以称为能耗制动，又称动能制动。

能耗制动的线路图如图 2.4.4 所示，假定电动机是顺时针旋转，KM1 断开时，电动机脱离三相电源，但由于惯性的作用，转子仍沿着顺时针方向继续转动。立即闭合 KM2，直流电源通过电阻 R_{pf} 加在定子其中两相绕组上，通入的直流电流大小应为（1.5～2）I_N，直流电流在定子绕组其中两相流过，产生一个固定的磁场。如图 2.4.5 所示为能耗制动原理示意图。惯性运动的转子导体切割固定磁场的磁通，产生感应电动势及电流（用右手定则判别），这个电流又与一磁场作用产生电磁力矩，其方向与转子方向相反（用左手定则判别），使转子较快地停止转动。这种制动方法是利用转子惯性转动切割磁通而产生制动转矩，把转子的动能消耗在转子回路的电阻上，所以称为能耗制动。

能耗制动优点是制动力较强，能耗少，制动较平稳，对电网及机械设备冲击小；但在低速时制动力矩也随之减小，不易制停，需要直流电源。能耗制动常用于机床设备中。

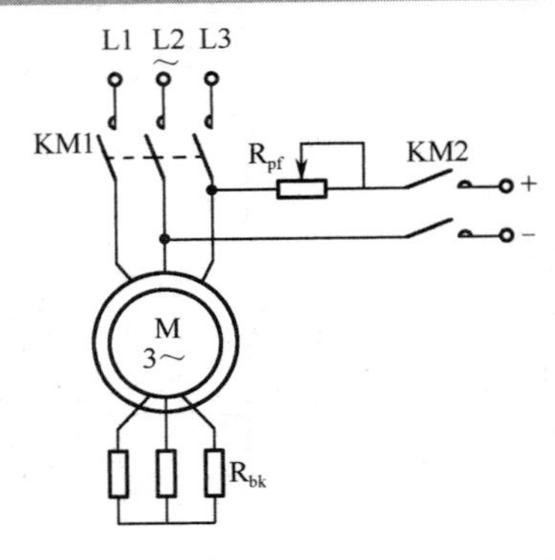

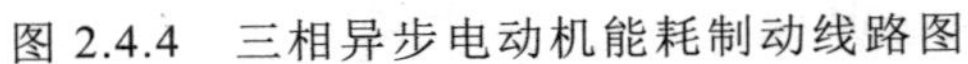
图 2.4.4　三相异步电动机能耗制动线路图

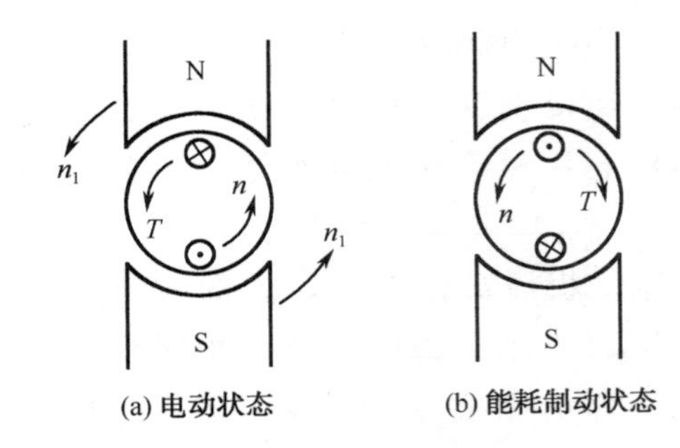

图 2.4.5　能耗制动原理示意图

（3）再生发电制动　当电动机所带负载是位能负载时（如起重机），由于外力的作用（如起重机在下放重物时），电动机转子转速 n 超过旋转磁场转速 n_1 时，电动机处于发电机状态，向电网反馈能量，此时转子所受的力矩迫使转子转速下降，从而起到制动作用。如图 2.4.6 所示为再生发电制动示意图。

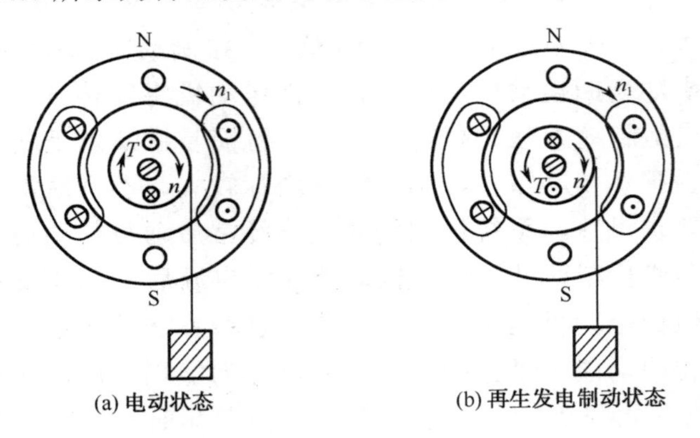

图 2.4.6　再生发电制动原理示意图

再生发电制动的特点：经济性好，将负载的机械能转换为电能反送电网，但应用范围不广，常用于起重机、电力机车和多速电动机中。

任务实施

对某机床设备上的一台三相交流异步电动机控制线路进行改造，要求能实现平稳、迅速停车。

1．安全准备

穿戴好防护用品，做好安全防护工作，检测仪表和设备，防止发生人身安全事故。

2. 实训设备准备

电器元件见表 2.4.1。

表 2.4.1　元件明细表

代　　号	名　　称	型　　号	规　　格	数　　量
M	三相异步电动机	Y112M-4	4kW、380V	1
QS	断路开关	DZ47-60 C25	三相、25A	1
FU1～FU3	熔断器	RT28N-32X	500V、32A	5
KM1、KM2	交流接触器	CJX2	20A、380V	2
KH	热继电器	JR36-20	三极、20A	1
SB1、SB2	按钮	LA4-3H	500V、5A	1
KT	时间继电器	JS7-4A	380V、5A	1
T	变压器	BK200	380V/220、110、36、24、6V	1
VC	整流桥	KBPC5010		1
R	可调电阻	瓷管绕组式		1

3. 实训电路图（图 2.4.7）

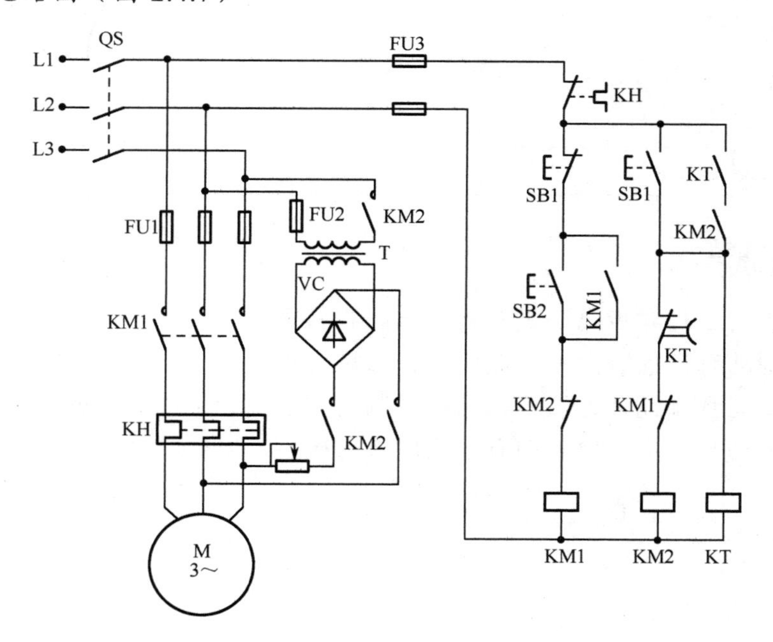

图 2.4.7　能耗制动原理图

4. 实训步骤

（1）将所需器材配齐并检验元件质量。

（2）在控制板上安装所有电器元件。

（3）按图 2.4.7 进行布线。

（4）自检布线正确性。

（5）通电校验。

任务验收

	序号	验收项目	验收结果		不合格原因分析
			合格	不合格	
老师评价	1	安全防护			
	2	工具准备			
	3	元件安装步骤			
	4	布线步骤			
	5	运行效果			
	6	5s 执行			
自我评价	1	完成本次任务的步骤			
	2	完成本次任务的难点			
	3	完成结果记录			

自测与思考

1. 频繁改变三相异步电动机的转动方向有何害处？
2. 机械制动有何优缺点？一般用于什么场合？
3. 电气制动有哪几种方法？说明各种制动方法的特点与适用范围。
4. 反接制动与再生发电制动有什么联系与区别？

任务五　三相交流异步电动机的调速

任务描述

某设备上有一台双速电动机，要求通过改变磁极对数实现调速控制。

学习目标

1．三相交流异步电动机调速的原理。
2．三相交流异步电动机调速方法。
3．电磁调速异步电动机。

知识平台

一、三相交流异步电动机调速的原理

三相异步电动机投入运行以后，为满足生产机械的需要，有时要人为地改变电动机的转速，这个过程称为电动机的速度调节，简称调速。异步电动机转速公式为：

$$n = \frac{60f}{p}(1-s) \qquad (2\text{-}5\text{-}1)$$

从式（2-5-1）可以看出，异步电动机的调速有三种方法。

（1）改变定子绕组磁极对数 p ——变极调速。
（2）改变电动机的转差率 s ——变转子电阻，或改变定子绕组上的电压。
（3）改变供给电动机电源的频率 f ——变频调速。

二、三相交流异步电动机调速方法

要调整电动机转速，可通过改变定子绕组的磁极对数 p、转差率 S 和电源频率 f 来实现。

1．变极调速

变极调速是通过改变定子绕组的接线方式，使一半绕组中的电流的方向改变，从而改变极对数进行调速的一种方法。接线图如图 2.5.1 所示。

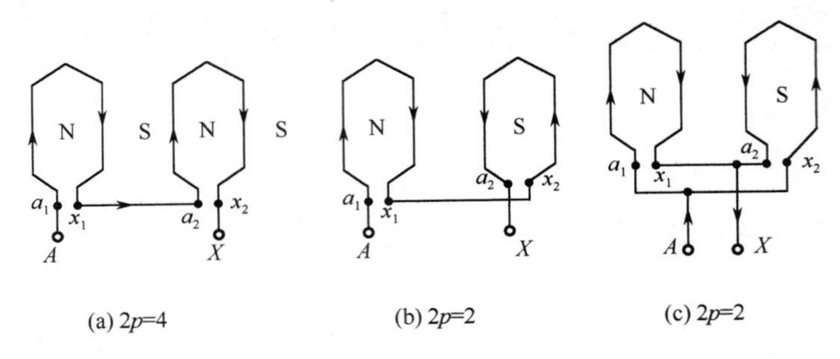

(a) $2p=4$　(b) $2p=2$　(c) $2p=2$

图 2.5.1　三相异步电动机变极前后定子绕组的接线图

图 2.5.1（a）中，当 a_1x_1 与 a_2x_2 两个线圈组串联联结时，由图可见通入交流电流后，将产生四个磁极，即 $2p=4$。若改为并联，如图 2.5.1（b）所示，则通入交流电流后产生两个磁极，即 $2p=2$，如图 2.5.1（c）。这种变极调速的方法只适用于三相笼型异步电动机，不适用于绕线转子异步电动机。因为笼型电动机转子的磁极数可以随定子极数的改变而改变，而绕线电动机的转子绕组在嵌线时就已确定了磁极对数，一般清况下很难改变磁极对数。

变极调速的优点是所需设备简单。其缺点是电动机绕组引出头较多，调速极数少，变极调速只用于笼型异步电动机中。对于三相异步电动机，为了确保变极前后转子的转向不变，变极的同时，必须改变三相绕组的相序。

2. 变频调速

变频调速就是改变电源电压的频率，从而改变电动机的转速。由于异步电动机的转速 n 与电源频率 f 成正比，因此改变电动机供电频率即可实现调速。一般变频调速都要求电动机主磁通保持不变，这样在调速范围内可保持转矩 T 不变，根据公式：

$$U_1 \approx E_1 = 4.44 f_1 N_1 K \Phi$$

$$\Phi = \frac{U_1}{4.44 f_1 N_1 K} \tag{2-5-2}$$

为了保持主磁通 Φ 不变，在改变电源频率 f_1 的同时，还必须改变电源电压 U_1，并保持 $\frac{U_1}{f_1}$ 比值不变。这是变频调速的特点。目前主要采用图 2.5.2 所示的变频装置。

从图 2.5.2 中可以看出，整流器先将 50Hz 的交流电变换成直流电，再由逆变器变换成频率可调、电压有效值也可调的三相交流电，供给三相异步电动机。

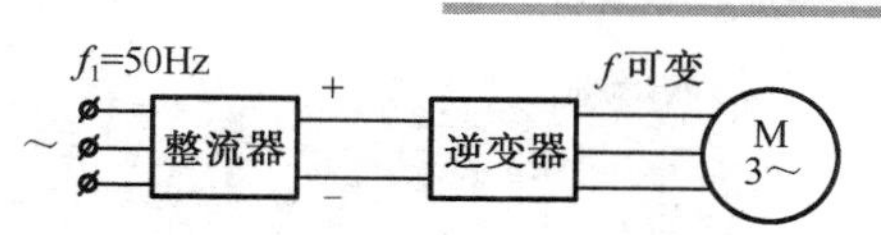

图 2.5.2　变频装置

变频调速的调速性能良好，具有较大的调速范围，调速平滑，机械特性较硬，但必须使用专门的调频电源。由于设备投资大，其实际应用并不多。随着电子技术的不断发展，已能较为方便地获得变频电源。晶闸管变频调速器的应用为变频调速开辟了广阔的前景。

3. 变转差率调速

变转差率调速是绕线式电动机特有的一种调速方法。只要在绕线式电动机的转子电路中接入一个调速电阻，改变电阻的大小，就可以得到平滑调速。增大调速电阻，转差率上升，而转速下降。这种调速方法的优点是设备简单、投资少。缺点是机械特性曲线较软，负载有较小的变化都会引起很大的转速波动。另外，在转子电路上串接的电阻要消耗功率，导致电动机效率较低。这种调速方法主要应用于起重运输机械的调速。接线方法如图 2.5.3 所示。

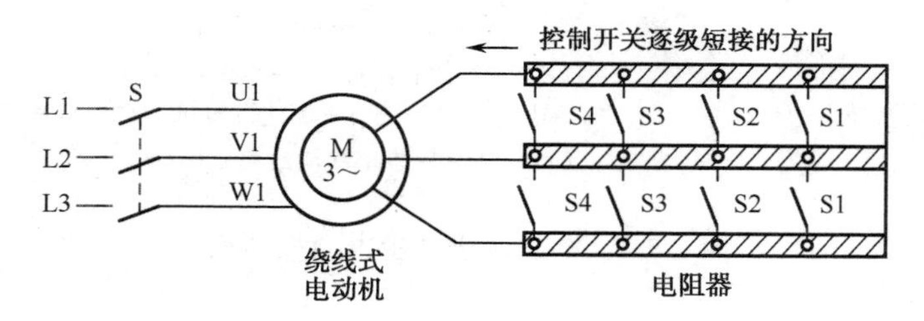

图 2.5.3　变转差率调速接线图

三、电磁调速异步电动机

电磁调速异步电动机又称滑差电动机，其特点是在异步电动机轴上装上一个电磁转差离合器，控制电磁转差离合器励磁绕组中的电流，就可调节离合器的输出转速。它有组合式（国产型号 JZTZ）和整体式（国产型号 JZTT）两大类，如图 2.5.4（a）和 2.5.4（b）所示。整个滑差电动机系统由异步电动机、转差离合器和控制装置三部分组成，这里重点介绍转差离合器的结构、原理和特点。

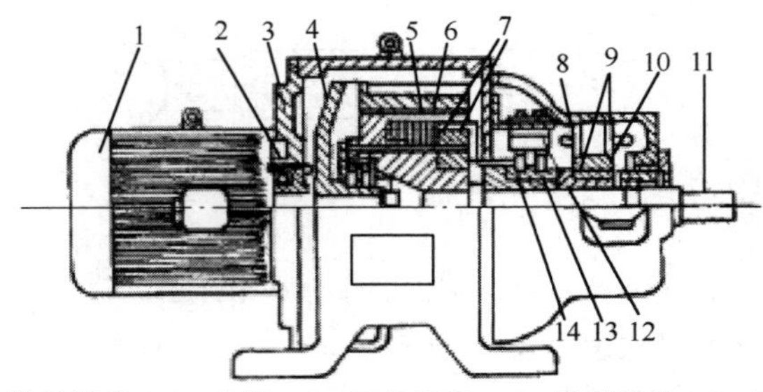

1—电动机；2—主动轴；3—法兰端盖；4—电枢；5—工作气隙；6—励磁绕组；7—磁极；8—测速发电机；9—测速机磁极；10—永久磁铁；11—输出轴；12—刷架；13—碳刷；14—集电环

（a）组合式电磁调速异步电动机结构

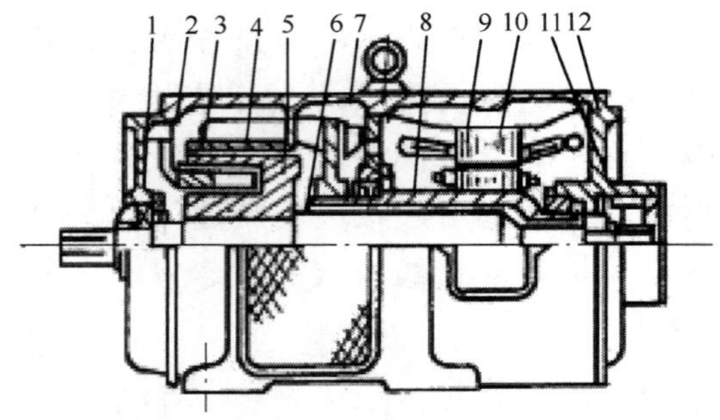

1—前端盖；2—托架；3—电枢；4—励磁绕组；5—磁极；6—主轴；7—机座；8—空心轴；9—拖动电动机转子；10—拖动电动机定子；11—测速发电机；12—后端盖

（b）整体式电磁调速异步电动机结构

图 2.5.4　电磁调速异步电动机结构

1. 转差离合器的结构

转差离合器的结构如图 2.5.5（b）所示，由主动部分和从动部分组成。

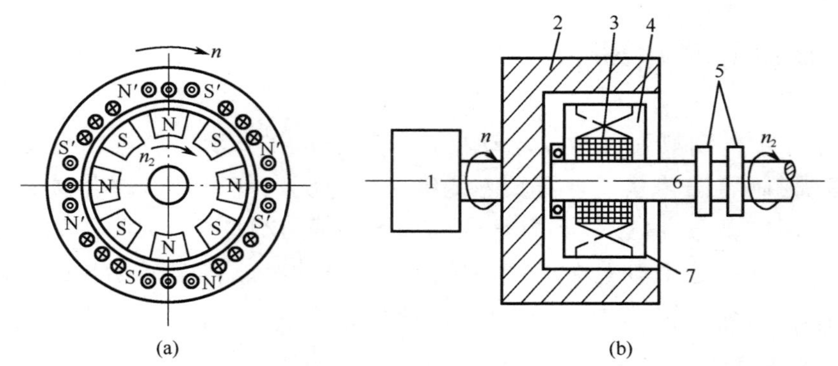

1—异步电动机；2—电枢；3—励磁绕组；4—爪形磁极；5—集电环；6—输出轴；7—气隙

图 2.5.5　转差离合器结构示意图

（1）主动部分　转差离合器的主动部分是电枢（外转子），它与异步电动机的转轴硬连接并一起旋转。电枢用铁磁性材料做成，形状是圆筒形，有实心钢体和铝合金杯型等结构。驱动动力既可以是绕线异步电动机，也可以是笼型异步电动机，笼型异步电动机既可以是单速的也可以是多速的。

（2）从动部分　转差离合器的从动部分由励磁绕组、磁极、滑环和输出轴等组成。磁极（内转子）结构上有凸极式、爪式、感应式三种形式。

2. 转差离合器的工作原理

以结构较简单的由爪形磁极和圆筒形钢体电枢组成的转差离合器为例说明。电枢由异步电动机带动旋转，当励磁绕组通入直流电流，磁极上即产生磁通，如图 2.5.5（a）所示。内圆上 N 极、S 极相互间隔，磁力线穿过电枢，电枢由异步电动机带动旋转，电枢由于各点的磁通不断重复变化而产生涡流，涡流又与励磁磁通作用产生转矩，转矩驱动输出轴，拖动负荷运行。改变励磁绕组中的励磁直流电流大小，也改变了电枢中涡流的大小，就可调节转差离合器的输出转矩和转速。励磁电流越大，输出转矩也越大，在一定负载转矩下，输出转速也越高。

3. 转差离合器调速的特点

（1）转差离合器调速的机械特性曲线很软。在一定励磁电流下，负载稍有波动，转速变化就很大，往往满足不了生产机械的要求，为此通常采用测速发电机进行速度负反馈来保证速度的稳定。当转速降低时，增加直流励磁电流，从而保持转速的相对稳定，所以转差离合器调速系统一般都装有测速发电机。

（2）转差离合器是依靠涡流工作的，而涡流使电枢发热，所以电磁调速异步电动机效率较低，特别是低速运行时，电枢的涡流发热量更大，因此电磁调速异步电动机不能长时间低速运行。

（3）改变异步电动机的转动方向可改变输出轴的转动方向。

（4）转差离合器调速范围广，结构简单，控制方便，适用于纺织、化工、食品等工业。

任务实施

有一台双速电动机，要求通过改变磁极对数来实现调速控制。

1. 安全准备

穿戴好防护用品，做好安全防护工作，检测仪表和设备，防止发生人身安全事故。

2. 实训设备准备

电器元件见表 2.5.1。

表 2.5.1　元件明细表

名　　称	型　　号	规　　格	数　　量
三相双速电动机	YD112M-4/2	3.3kW/4kW、380V	1
断路开关	DZ47-60 C25	三相、25A	1
转速表	手持式		1

3. 实训电路图（图 2.5.6）

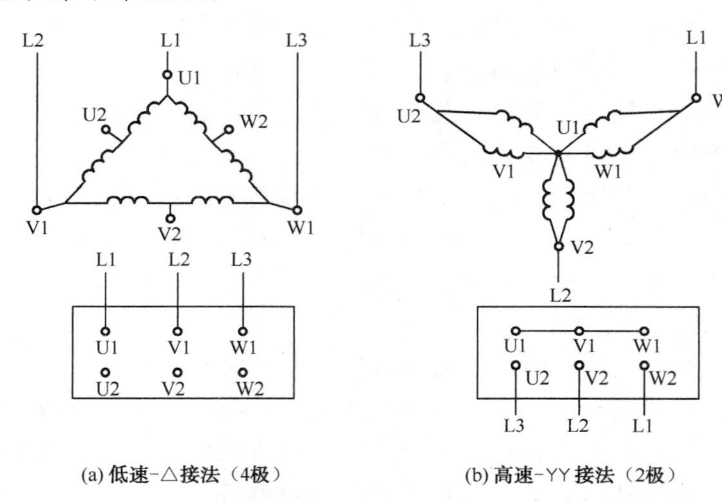

(a) 低速-△接法（4极）　　(b) 高速-YY 接法（2极）

图 2.5.6　双速电动机三相定子绕组△/YY 接线图

4. 实训步骤

（1）在电动机接线盒内，将电动机定子绕组按图 2.5.6（a）接入三相电源。

（2）合上电源开关，观察电动机运行情况。

（3）用转速表测量电动机转速，并将测量结果填入表 2.5.2。

（4）关闭电源，在电动机接线盒内，将电动机定子绕组按图 2.5.6（b）连接线路，并接入三相电源。

（5）合上电源开关，观察电动机运行情况。

（6）用转速表测量电动机转速，并将测量结果填入表 2.5.2。

表 2.5.2　双速电动机转速记录表

绕组连接方法	极　　数	转　　速

任务验收

	序号	验收项目	验收结果		不合格原因分析
			合格	不合格	
老师评价	1	安全防护			
	2	工具准备			
	3	线路安装步骤			
	4	测量步骤			
	5	测量结果			
	6	5s 执行			
自我评价	1	完成本次任务的步骤			
	2	完成本次任务的难点			
	3	完成结果记录			

自测与思考

1．三相异步电动机有哪几种调速方法？比较优缺点？

2．三相绕线转子异步电动机通常采用什么方法调速？

3．转差离合器调速主、从动部分的转速能相等吗？为什么？

4．电磁调速电动机主要由哪些部分组成？

5．说明转差离合器调速的工作原理。

任务六　三相交流异步电动机的机械特性

任务描述

用直接负载法测取三相异步电动机的工作特性。

学习目标

1．三相异步电动机主要参数及相互关系。
2．三相交流异步电动机的机械特性。
3．三相交流异步电动机机械特性的测试。

知识平台

一、三相异步电动机主要参数及相互关系

1．三相异步电动机的主要参数

（1）电磁转矩 T：

$$T \approx \frac{C_{sr_2} U_1^{\ 2}}{f_1[r_2^{\ 2} + (SX_{02})^2]} \tag{2-6-1}$$

式中　T——电磁转矩，N·m；
r_2——转子的等效电阻，Ω；
S——转差率；
X_{02}——每相转子未转时的漏电抗；
C——电动机转矩常数，与电动机结构有关。

从式（2-6-1）可以知道，T 与电源相电压的平方成正比。

电磁转矩 T 的另一种表达式（物理表达式）：

$$T = C_T \Phi I_2 \cos\varphi_2 \tag{2-6-2}$$

该表达式说明三相异步电动机的电磁转矩是由转子电流（有功分量 $I_2\cos\varphi$）与旋转磁场（Φ）相互作用而产生的。

（2）额定功率 P_N。

（3）转子每相绕组电流 I_2：

$$I_2 = \frac{E_2}{Z_2} = \frac{SE_{02}}{\sqrt{{r_2}^2 + (SX_{02})^2}}、 \qquad (2\text{-}6\text{-}3)$$

E_{02}是转子静止时转子绕组上产生的感应电动势。

（4）转子每相的功率因数$\cos\varphi_2$：

$$\cos\varphi_2 = \frac{r_2}{Z_2} = \frac{r_2}{\sqrt{{r_2}^2 + (SX_{02})^2}} \qquad (2\text{-}6\text{-}4)$$

三相异步电动机转矩与转子电流、功率因数的关系曲线如图 2.6.1 所示。

由图 2.6.1 的关系曲线可知，电动机在启动时，电流很大，达到额定电流的 4～7 倍，但功率因数很小，所以启动力矩不大。

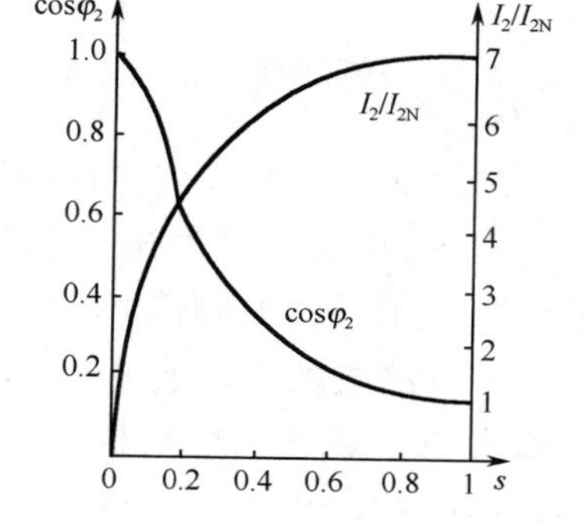

图 2.6.1　转矩与转子电流、功率因数的关系曲线

（5）效率η：

$$\eta = \frac{P_2}{P_1} \times 100\% = \frac{P_1 - \Delta P}{P_1} \times 100\% \qquad (2\text{-}6\text{-}5)$$

式中　P_2——转轴上输出的机械功率，kW；

P_1——电动机的输入功率，kW；

ΔP——电动机的损耗功率，kW。

2. 三相异步电动机功率平衡方程式

$$P_1 = \Delta P_0 + \Delta P_{\text{Cu}} + P_2 = \Delta P_{\text{Fe}} + \Delta P_{\Omega} + \Delta P_{\text{Cu}} + P_2 = \Delta P + P_2 \qquad (2\text{-}6\text{-}6)$$

式中　ΔP_0——空载损耗；

ΔP_{Cu}——定子和转子绕组上的铜耗；

ΔP_{Fe}——铁芯中的磁滞和涡流损耗（铁耗）；

ΔP_{Ω}——机械损耗；

ΔP——电动机的总损耗。

二、三相异步电动机的机械特性

三相异步电动机的机械特性是指电动机的转速与电磁转矩之间的关系曲线。它表明了电动机的主要性能指标，也是选择电动机的依据。图 2.6.2 为三相异步电动机的机械特性。机械特性分为两部分，其中 a 点到n_1点曲线段为电动机稳定运行区，a点到c点曲线段为电动机不稳定运行区。一般的三相异步电动机额定工作状态都应在稳定运行区，b点为某台电动机带额定负载T_{N}时，转速为额定转速n_{N}，它们之间的关系仍为：

$$T_N = 9550\frac{P_N}{n_N}(\text{N}\cdot\text{m}) \tag{2-6-7}$$

式中 T_N——电动机的输出转矩，N·m；

P_N——电动机的输出功率，kW；

n——电动机的转速，r/min。

在稳定运行区，三相异步电动机的额定转矩不能太接近最大转矩，以使电动机有一定的过载能力，提高运行的稳定性。电动机的过载能力用过载系数表示，过载系数 $\lambda=\frac{T_m}{T_N}$。一般 λ 为 1.8～2.5，特殊用途电动机（冶金、起重）的 λ 可达 3.4。

在图 2.6.2 中，a 点为稳定运行区和不稳定运行区的临界点，所以该点转速对应的转差率 S_m 叫临界转差率。三相异步电动机的最大转矩 T_m 与电压的平方成正比而与转子电阻 r_2 无关，但临界转差率 S_m 与电阻 r_2 成正比，与电源电压大小无关。

当电动机的电磁转矩 T 等于零时，说明三相异步电动机转子绕组不切割旋转磁场的磁力线，这时，电动机的转速等于同步转速，纵轴上的交点为 n_1。在电动机接通电源启动瞬间，由于机械惯性，三相异步电动机转子的转速为零，产生的电磁转矩为启动转矩 T_{st}，如图 2.6.2 中 c 点。因为 S_m 与转子电阻 r_2 成正比，增大电阻 r_2，可增大 S_m，但电动机最大电磁转矩与 r_2 无关，因此，增大电阻 r_2 时，如图 2.6.2 中 a 点将向下移，如果 r_2 适当，会使 a 点和 c 点重合，即启动转矩 T_{st} 等于电动机的最大电磁转矩 T_m。转子电阻增大时的机械特性曲线如图 2.6.3 所示。

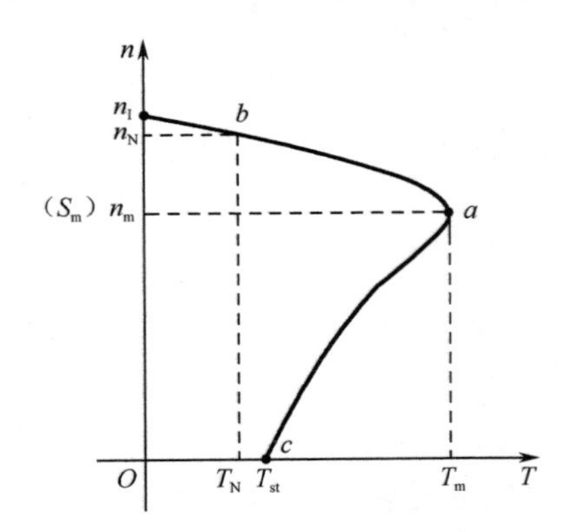

图 2.6.2　三相异步电动机的机械特性

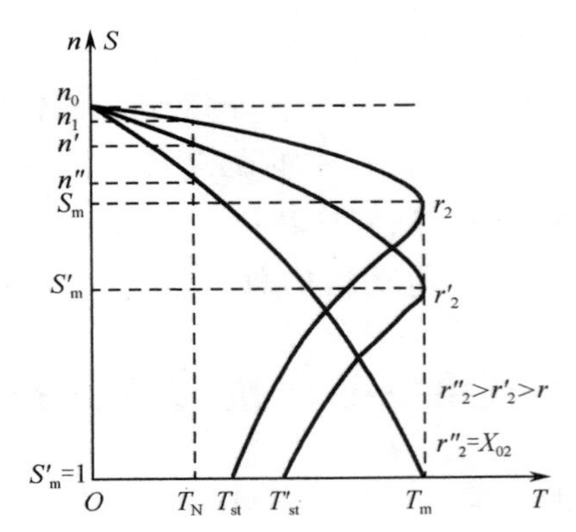

图 2.6.3　改变转子电阻的人为机械特性

在额定电压、额定频率及电动机固有参数条件下的启动转矩 T_{st} 与额定转矩 T_N 之比，称为电动机的启动转矩倍数 K_m（Y 系列电动机一般要求启动转矩为额定转矩的 1.7～2.2 倍，特殊电动机可达 2.6～3.1 倍）。即

$$K_{m}=\frac{T_{st}}{T_{N}} \tag{2-6-8}$$

改变三相异步电动机的电源电压使电动机的电磁转矩与转速发生变化，但临界转差率 S_m 不会变化，机械特性曲线如图 2.6.4 所示。

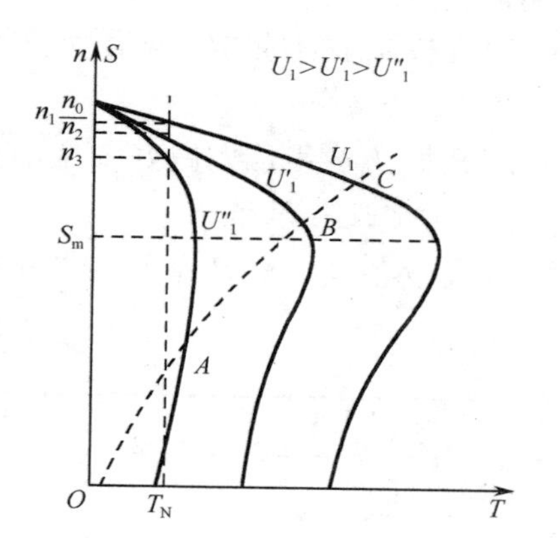

图 2.6.4　改变电动机电源电压的人为机械特性

关于异步电动机机械特性的几个结论。

（1）在稳定运行区内，负载变化时，电动机的转速变化很小，属于机械硬特性。

（2）异步电动机有较大的过载能力。

（3）电源电压发生变化时，电动机转矩变化较大，转速略有变化，电压过低容易损坏电动机。

（4）加大转子电路的电阻可以增大电动机的启动转矩，也可用于调速，但机械特性变软。

（5）除风机型负载（随着转速的下降，风机型负载转矩也急剧减少，从而使电动机驱动转矩与风机型负载转矩达到新的平衡）外，一般负载不能在非稳定运行区工作。

（6）电动机空载运行时 $P_2=0$，空载电流 I_0 占额定电流的 20%～35%，$\cos\varphi_N<0.2$。

例 2.6.1　某三相异步电动机的铭牌数据如下：$U_N=380\text{V}$，$I_N=15\text{A}$，$P_N=7.5\text{kW}$，$n_N=960\text{r/min}$。求：

（1）额定状态电动机的输入功率和效率；

（2）电动机的额定输出转矩。

解：（1）$P_1=\sqrt{3}U_N I_N\cos\varphi_N=\sqrt{3}\times380\times15\times0.83=8.19\text{kW}$

$$\eta=(P_N/P_1)\times100\%=91.6\%$$

（2）$T_N=9.55(P_N/n_N)=74.6\text{N}\cdot\text{m}$

例 2.6.2　笼型三相异步电动机额定功率 $P_N=30\text{kW}$，额定转速 $n_N=950\text{r/min}$，过载系数 $\lambda=2.2$。求：

（1）电动机的额定转矩 T_N 和最大转矩 T_m；

（2）当电网电压降为额定电压的 90%时的最大转矩 T'_m。

解：（1）$T_N=9.55(P_N/n_N)=301.6\text{N}\cdot\text{m}$

$T_m=\lambda T_N=2.2\times301.6=663.5\text{N}\cdot\text{m}$

（2）$T'_m=(90\%)^2T_m=0.81\times663.5=537.4\text{N}\cdot\text{m}$

任务实施

用直接负载法测取三相异步电动机的工作特性。

1. 安全准备

穿戴好防护用品，做好安全防护工作，检测仪表和设备，防止发生人身安全事故。

2. 实训设备准备

实训设备及元件清单见表 2.6.1。

表 2.6.1 实训设备及元件清单

序号	名称	数量	备注
1	测速发电机	1	
2	转速表	1	
3	校正过的直流电动机		
4	三相绕线式异步电动机		
5	交流电压表		
6	交流电流表		
7	单相功率表		
8	单相功率因数表		
9	三相功率表		
10	三相功率因数表		
11	直流电压表		
12	直流电流表		
13	三相可调电阻器		

3. 实训电路图（图 2.6.5）

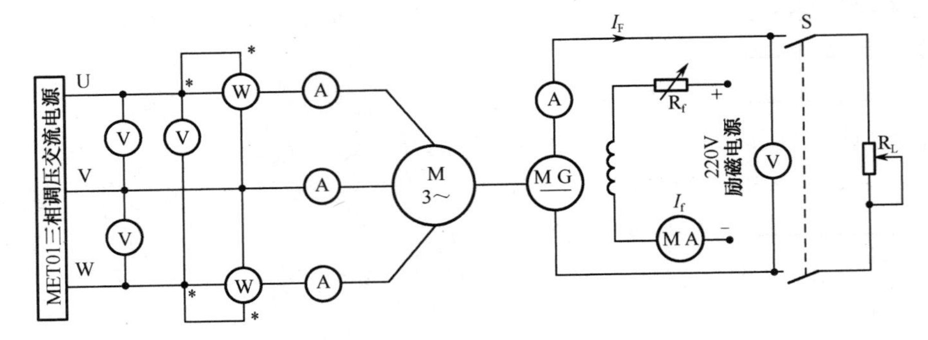

图 2.6.5 三相异步电动机实训电路图

4. 实训步骤

（1）按三相异步电动机实训电路图接线。同轴连接负载电机。图中 R_f 的阻值调至 1800Ω，R_L 的阻值调至 2250Ω。

（2）合上交流电源，调节调压器使之逐渐升压至额定电压并保持不变。

（3）合上校正过的直流电动机的励磁电源，调节励磁电流至校正值 100mA，并保持不变。

（4）调节 R_L 阻值，使异步电动机的定子电流逐渐上升，直至上升到 1.25 倍额定电流。

（5）从这个负载开始，逐渐减小负载直至空载，在这个范围内读取异步电动机定子电流、输入功率、转速、直流电机的负载电流 I_F 等数据。

（6）并录数据 4～5 组记录在表 2.6.2 中。

（7）由负载数据计算电动机工作特性，并填入表 2.6.3 中。

表 2.6.2　$U_{1\varphi}= U_{1N}$=220V(Δ)　　I_f=______mA

序号	I_{1L}（A）				P_1（W）			I_F	T_2	n
	I_A	I_B	I_C	I_{1L}	P_1	P_2	P_0	（A）	（N·m）	(r/min)
1										
2										
3										
4										
5										

表 2.6.3　U_1=220V(Δ)　　I_f=______mA

序号	电动机输入		电动机输出		计算值			
	I_F（A）	P_1（W）	T_2（N·m）	n(r/min)	P_2（W）	S（%）	η（%）	$\cos\varphi_1$
1								
2								
3								
4								
5								

任务验收

	序号	验收项目	验收结果		不合格原因分析
			合格	不合格	
老师评价	1	安全防护			
	2	工具准备			
	3	线路安装步骤			
	4	调试步骤			
	5	测量步骤			
	6	测量结果			
	7	计算结果			
	8	5s 执行			
自我评价	1	完成本次任务的步骤			
	2	完成本次任务的难点			
	3	完成结果记录			

自测与思考

1．三相异步电动机的启动电流很大，为什么启动转矩并不大？

2．有什么办法可以提高三相绕组式异步电动机的启动转矩？

3．增加三相异步电动机转子电阻对电动机的机械特性有什么影响？

4．三相异步电动机的电源电压波动过大对电动机有什么影响？

5．某台三相异步电动机 $T_N = 70.2\text{N}\cdot\text{m}$，堵转转矩倍数 1.8，负载转矩 $T_L = T_N$，问电源电压降到额定电压的 80%时，电动机能否启动？

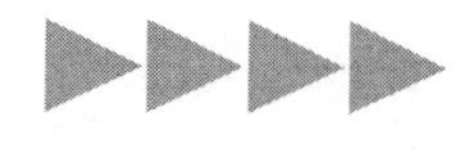

单相交流异步电动机

任务一　认识单相交流异步电动机

任务描述

现有一台单相交流异步电动机，为彻底弄清其结构组成及维修的需要，请进行正确的拆卸与安装。

学习目标

1．掌握单相交流异步电动机的基本结构。
2．掌握单相交流异步电动机的工作原理。
3．了解单相交流异步电动机的种类和用途。
4．理解单相交流异步电动机的铭牌和额定值。
5．懂得单相交流异步电动机的绕组。
6．学会单相交流异步电动机的拆装。

知识平台

一、单相交流异步电动机的分类、结构与用途

单相交流异步电动机是利用单相交流电源供电的一种电动机。

分类：一般根据获得启动转矩的方法的不同，主要分为罩极式电动机和分相式（又可分为阻抗分相式、电容分相式）电动机两大类。

结构：主要由启动装置、机座、轴承、定子和转子等部分组成。

1. 罩极式电动机

罩极式电动机是小型单相感应电动机中最简单且在日常生活中常见的一种。按磁极形式的不同，可分为凸极式和隐极式两种，其中凸极式结构较为常见。

特点：系列型号为YJ，主要优点是结构简单、制造方便、成本低、运行时噪声小、维护方便；主要缺点是启动性能及运行性能较差、效率和功率因数都较低、方向不能改变。

用途：罩极式电动机功率小，通常为几瓦到几十瓦，主要用于空载启动的场合，如计算机后面的散热风扇、各种仪表风扇、电唱机、电冰箱传热风扇等方面。

结构：主要包括机座、轴承、定子、转子、启动装置等。

（1）机座

机座采用铸铁、铸铝或钢板制成，其结构形式主要取决于电动机的使用场合及冷却方式，一般有开启式、防护式、封闭式等几种。

① 开启式：定子铁芯和绕组外露，由周围空气流动自然冷却。

② 防护式：在电动机的通风路径上开有一些必要的通风孔道，而电动机的铁芯和绕组则被机座遮盖着。

③ 封闭式：整个电动机采用密闭方式，电动机的内部和外部隔绝，防止外界的浸蚀与污染，电动机主要通过机座散热，当散热能力不足时，外部再加风扇冷却。

有些专用单相异步电动机可以不用机座，直接把电动机与整机装成一体，如电钻、电锤等手提电动工具等。

（2）轴承

轴承一般采用含油滑动轴承或滚动轴承。

（3）定子部分

定子部分主要由定子铁芯和定子绕组组成。

① 定子铁芯。定子铁芯多用铁损小、导磁性能好，厚度一般为0.35~0.5mm的硅钢片冲槽叠压而成，定、转子冲片上都均匀冲槽。由于单相异步电动机定、转子之间气隙比较小，一般在0.2~0.4mm，为减小开槽所引起的电磁噪声和齿谐波附加转矩等的影响，定子槽口多采用半闭口形状；转子槽为闭口或半闭口，并且常采用转子斜槽来降低定子齿谐波的影响。集中式绕组罩极单相电动机的定子铁芯则采用凸极形状，也用硅钢片冲制叠压而成，如图3.1.1所示。

② 定子绕组。定子绕组由绝缘的高强度漆包线绕制而成，较小容量的定子为凸极，每个极的磁场绕组（工作绕组）集中绕在凸极周围，在磁极面1/3～1/2处开一小槽，用一只闭合的短路环把部分磁极罩住，如图3.1.1（a）所示。功率较大的定子多采用分布磁场，其结构与一般电动机相似，工作主绕组也分布于各槽中，罩极不用短路环，而用

较粗的绝缘导线嵌于槽中做启动绕组（也称副绕组），并串联成交替的极性，将头、尾短接自成闭路，联接法必须保证使其产生的极性按 N、S、N、S 顺序排列。各启动绕组的极性与工作绕组的极性相同，一般启动绕组只有一匝到几匝，如图 3.1.1（b）所示。

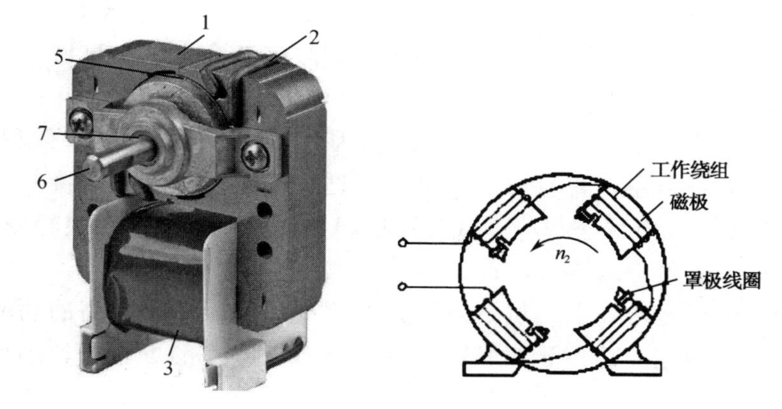

(a) 短路铜环式

(b) 分布磁场式

1—定子铁芯；2—短路铜环；3—定子绕组；4—机壳；5—转子；6—转轴；7—轴承

图 3.1.1　罩极式电动机

（4）转子部分

转子主要由转轴、铁芯、绕组三部分组成。

① 转轴。转轴用含碳轴钢车制而成，两端安置用于转动的轴承。

② 铁芯。转子铁芯是先用与定子铁芯相同的硅钢片冲制，将冲有齿槽的转子铁芯叠装后压入转轴。

③ 绕组。罩极式电动机一般为笼型转子绕组，采用铝或者铝合金一次铸造而成。

（5）启动装置

利用凸极磁极面小槽内把部分磁极罩住的一只闭合短路环作为启动装置。

2. 分相式电动机

用途： 分相式电动机容量一般为几十瓦到几百瓦，广泛运用于各行各业和日常生活。

（1）电容启动式电动机

具有较高启动转矩，一般达到满载转矩的 3～5 倍，故能适用于满载启动的场合，如电冰箱、水泵、小型空气压缩机及其他需要满载启动的电器和机械。

（2）电容运转式电动机

电容运转式电动机启动转矩较低，但功率因数和效率均比较高，体积小、重量轻、运行平稳、振动与噪声小、可反转、能调速，适用于直接与负载联接的场合，如电风扇、通风机、录音机及各种空载或轻载启动的机械，但不适于空载或轻载运行的负载。

（3）单相电容启动与运转式电动机

单相电容启动与运转式电动机具有较好的启动性能，以及较高的功率因数、效率和过载能力，可以调速，适用于带负载启动和要求低噪声的场合，如小型机床、泵、家用电器等。

（4）阻抗分相式电动机

阻抗分相式电动机具有中等启动转矩和过载能力，适用于低惯量负载、不经常启动、负载可变而要求转速基本不变的场合，如小型车床、鼓风机、电冰箱压缩机、医疗器械等。

结构： 主要包括机壳、轴承、定子、转子或端盖、启动装置等，如图 3.1.2 所示。

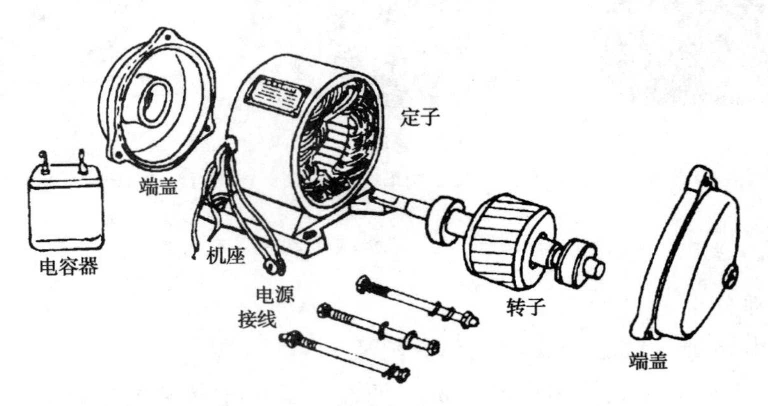

图 3.1.2　分相式电动机结构图

① 机壳。参照罩极式。

② 轴承。参照罩极式。

③ 定子部分。定子主要由定子铁芯、定子绕组组成，如图 3.1.3 所示。

分相式电动机的定子包括两组绕组。一组是工作绕组（或称主绕组），长期接通电

源工作；另一组是启动绕组（或称为副绕组、辅助绕组），以产生启动转矩和固定电动机转向，两组绕组的空间位置相差 90° 电角度。定子绕组的引出线一般为三根。一根为运行绕组和启动绕组的一个头接在一起称作公共端，常用 C 表示；一根是运行绕组的引出线，常用 M（或 R）表示；一根是启动绕组的引出线，常用 S 表示。

根据启动方式的不同，可分为电阻启动和电容启动（或运行）异步电动机。

一般阻抗分相式主绕组使用较粗的导线绕制，启动用的副绕组用较细的导线绕制，或在辅助绕组回路中串联电阻，即形成电阻分相式。

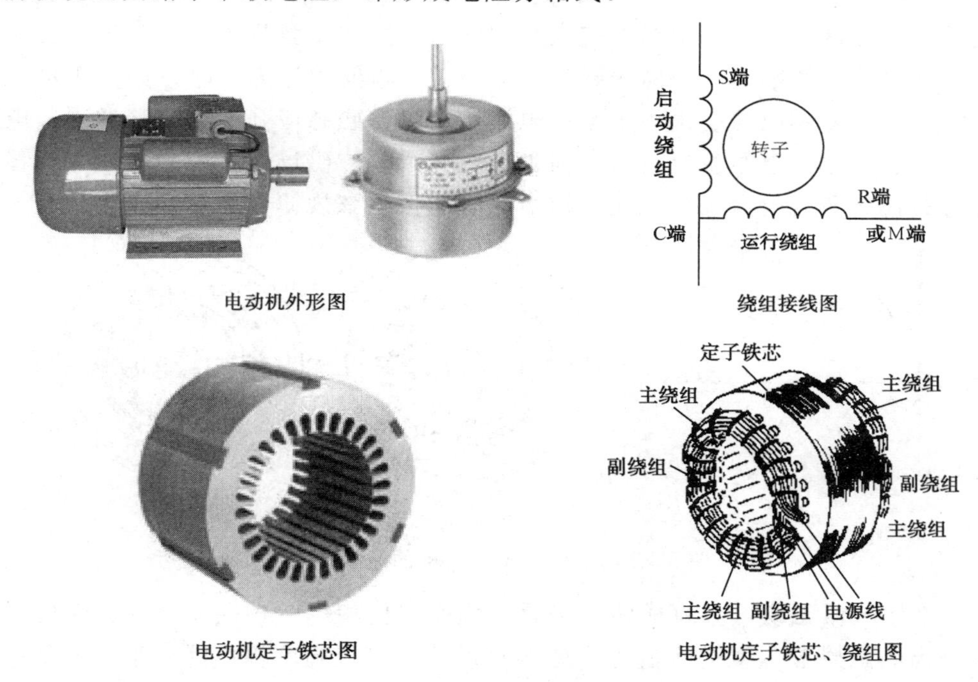

图 3.1.3　单相分相式电动机图形

④ 转子部分。转子部分与罩极式相同，也有转轴、铁芯、绕组三部分，如图 3.1.4 所示。

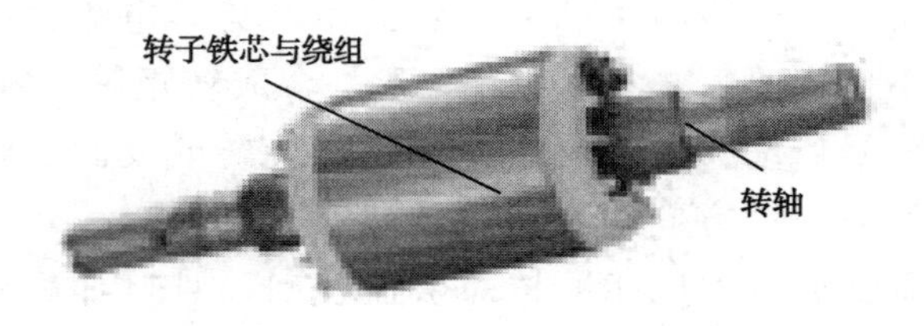

图 3.1.4　分相式电动机转子

⑤ 启动装置。除电容运转式电动机和罩极式电动机外，一般单相异步电动机在启

动结束后辅助绕组都必须脱离电源，以免烧坏。因此，为保证单相异步电动机的正常启动和安全运行，就需配有相应的启动装置。启动装置主要有离心开关和启动继电器两大类。详见“任务二 单相交流异步电动机的启动”。

二、单相异步电动机工作原理

单相交流感应式异步电动机的定子槽内嵌有主、副两个绕组，它在内空间互成90° 电角度，当这两个绕组中通入完全相同的随时间按正弦规律变化的单相交流电流后各自所产生的磁场都是一个脉振磁场。即当某一瞬间电流为零时，如图 3.1.5 所示，电动机气隙中的磁感应强度也等于零；电流增大时，磁感应强度也随着增强；电流方向相反时，磁场方向也跟着反过来。但是在任何时刻，磁场在空间的轴线并不移动，只是磁场的强弱和方向像正弦电流一样，随时间按正弦规律作周期性变化。

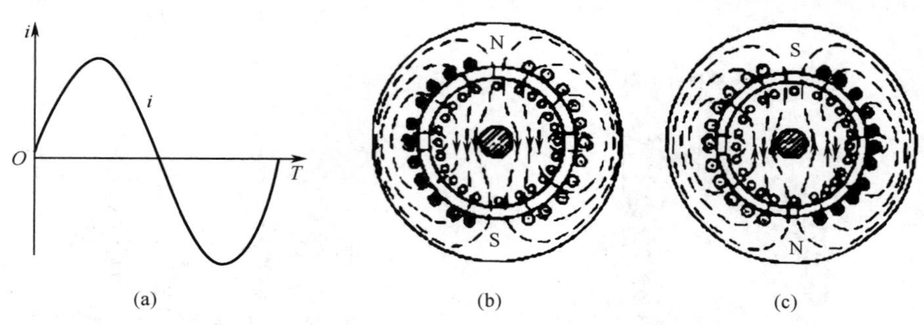

图 3.1.5 单相异步电动机的脉振磁场

这个单相脉振磁场可分解成两个磁感应强度幅值相等、转向相反的旋转磁场，每个旋转磁场的磁感应强度的幅值等于脉振磁场的磁感应强度幅值的一半；但是在任何时刻，磁场在空间的轴线并不移动，只是磁场的强弱和方向像正弦电流一样，随时间按正弦规律作周期性变化。从而使单相异步电动机的电磁转矩是分别由这两个旋转磁场所产生的转矩合成的结果。当电动机静止时，由于两个旋转磁场的磁感应强度大小相等、转向相反，因而在转子绕组中感应产生的电动势和电流大小相等、方向相反。故两个电磁转矩的大小也相等、方向也相反，于是合成转矩等于零，电动机不能启动。但是，如果用外力使转子启动一下，则不论朝正向旋转或反向旋转，电磁转矩都将逐渐增加，电动机将按外力作用方向达到稳定转速。

但是实际应用中都要求电动机能够按照所需转向，且自行启动。如果能像三相电动机那样产生可控方向的旋转磁场，则单相电动机也可按要求自行启动。

1. 分相式电动机的运转原理

（1）旋转磁场的产生

以副绕组中的电流 $i_{副}$ 超前于主绕组中电流 π/2 电角度为例来分析。设两相绕组的电流随时间变化的函数关系分别为：

$$i_{主}=I_A\sin\omega t$$

$$i_{副}=I_B\sin(\omega t+\pi/2)$$

对应的 i-t 图像如图 3.1.6 所示。

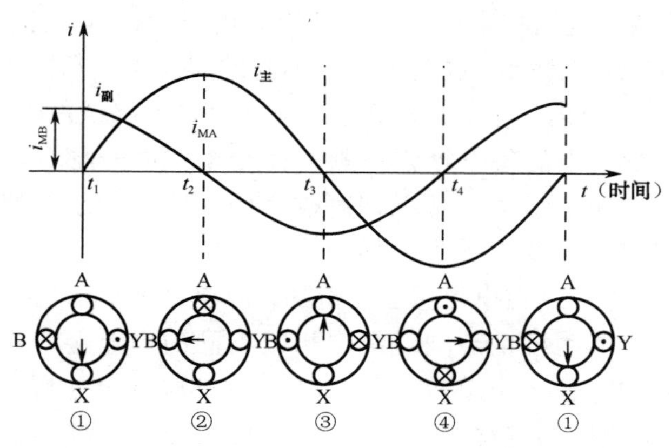

图 3.1.6　主、副绕组电流变化与旋转磁场的产生

设 A-X 为主绕组线圈；B-Y 为副绕组线圈。两绕组的中轴线在空间相互垂直。并规定：电流从首端 A 或 B 流入，从末端 X 或 Y 流出时为正；反之电流为负。且电流流入绕组时用⊗表示，流出则用⊙表示。

在 t_1=0（开始计时）的瞬间，主绕组电流为 0，而副绕组电流达到正的最大值 $i_{副}=I_B$，此时电流应从 B 端流入，从 Y 端流出，用右手螺旋定则可知此时磁场的方向向下。

经过 $t_2=T/4$ 周期，副绕组电流为 0，而主绕组电流达到最大值 $i_{主}=I_A$，此时主绕组中的电流从 A 端流入，从 X 端流出，由右手螺旋定则知，这时磁场的方向向左，即比开始计时时旋转了 π/2 角度。

到 $t_3=T/2$ 周期时，主绕组电流又变为 0，而副绕组电流达到负的最大值 $i_{副}=I_B$，此时副绕组中的电流从 Y 端流入，B 端流出，磁场的方向向上，即又旋转了 π/2 角度。

同理，可以判断出在 $t_4=3/4\ T$ 周期、$t=T$ 周期时的磁场方向分别为向右和向下。

可见，当主、副绕组中通入相位相差 π/2 的两个不同电流后，它们的合成磁场会旋转。

对于电动机绕组形成一对磁极（一个 N 极，一个 S 极，即二极电动机）时，电流变化一个周期，磁场正好旋转一周；若电动机绕组为两对磁极时（四极电动机），电流变化一个周期，磁场只旋转半周。因此，这种电动机的定子磁场的转速 n_1（称为电机的同步转速）与电流频率 f 及定子磁极对数 p 的关系与三相电动机同为：

$$n = \frac{60f}{p} \text{r/min}$$

在实际应用中，常采用的分相方式有两种：电容分相和电阻（又称阻杭）分相，且使启动绕组中的电流超前于运行绕组。详见“任务二 单相交流异步电动机的启动”。

（2）运转原理

当实际电动机的两个绕组接上同一个正弦交流电压后，由于分相元件的作用，使启动绕组中的电流超前于运行绕组，这两个相位不同的交流电流所产生的磁场合成的结果会在定子铁芯的气隙内旋转，这时，转子便处于这一定子绕组产生的旋转磁场之中。

由于转子的笼形绕组中的每一根铝条都是闭合电路的一部分，当磁场旋转时，每一根铝条对磁场都存在相对运动，都在切割磁力线，所以转子绕组中便会产生感应电流，则通电的转子绕组在磁场中受到磁场力作用使转子运转。

因为转子绕组中的电流是由电磁感应产生的，所以这种电动机又称为感应式电动机。

由以上分析可知，电动机主、副绕组中相位不同的电流会产生旋转磁场。而转子铝条必须有切割磁力线运动，电动机才能运转，所以这种电动机转子的转速 n 与旋转磁场的转速 n_1（同步转速）必然存在差值才能切割磁力线，即 $n<n_1$，它的转子的运转与旋转磁场不同步，故称“异步电动机”。转差率为：$s = \frac{n_1 - n}{n_1}$。

2. 罩极式电动机的运转原理

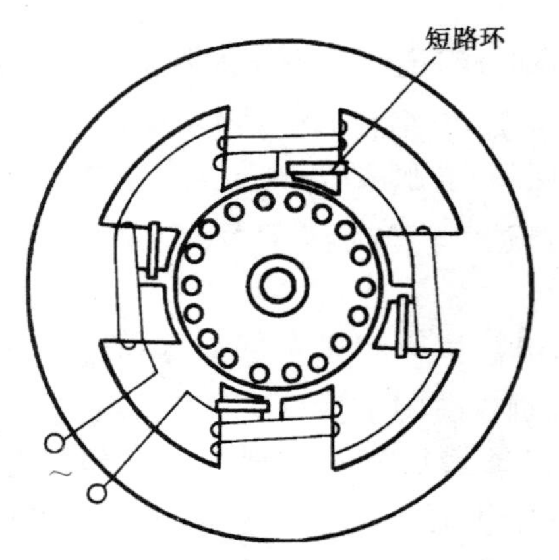

图 3.1.7 单相罩极电动机分相示意图

如图 3.1.7 所示，罩极式电动机的主绕组绕于定子上凸出的磁极上，在磁极表面约 1/3 处开有一个凹槽，将磁极分为大小两部分，在磁极小的部分套着的短路铜环将磁极的一部分罩了起来，称为罩极，它相当于一个副绕组；未罩部分为主绕组。

当定子绕组中接入单相交流电源后，磁极中将产生交变磁通，穿过短路铜环的磁通，在铜环内产生一个相位上滞后的感应电流。由于这个感应电流的作用，磁极被罩部分的磁通不但在数量上和未罩部分不同，而且在相位上也滞后于未罩部分的磁通。这两个在空间位置上不一致，而在时间上又有一定相位差的交变磁通，就在电动机气隙中使整个磁极的磁场中心线偏离几何中心线而构成脉动变化近似的旋转磁场，如图 3.1.8 所示。这个旋转磁场切割转子后，就使转子绕组中产生感应电流。载有电流的转子绕组在定子旋转磁场中受到磁场力作用，得到启动转矩，从而使转子由磁极未罩部分向被罩部分的方向旋转。

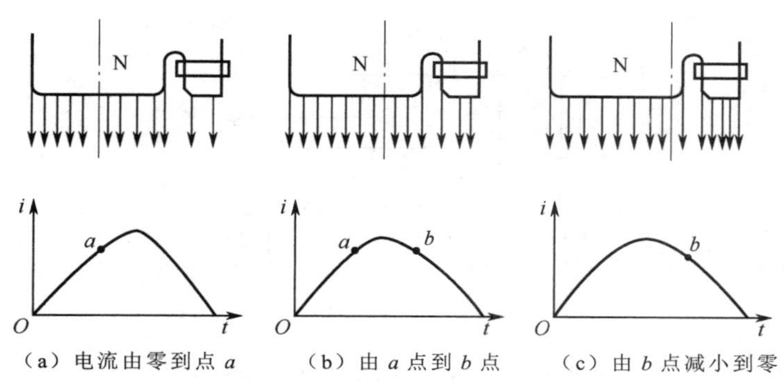

（a）电流由零到点 a　（b）由 a 点到 b 点　（c）由 b 点减小到零

图 3.1.8　罩极式电机旋转磁场的形成

综上所述，单相异步电动机的工作原理归纳为：定子主、副绕组通入有相位差的电流→两绕组产生旋转磁场→转子绕组切割磁力线产生感生电流→转子绕组受到磁场力而旋转。

三、单相异步电动机铭牌

单相异步电动机的机座上铭牌标出该电动机的型号、额定值和有关的技术数据。按铭牌上所规定的额定值和工作条件运行，叫作额定运行方式。如图 3.1.9 所示的一台单相异步电动机铭牌。

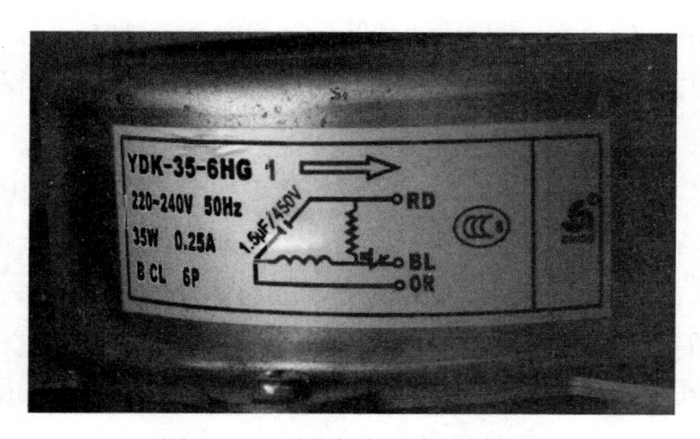

图 3.1.9　异步电动机的铭牌

1. 单相异步电动机的型号

单相交流异步电动机用汉语拼音大写字母、国际通用符号和阿拉伯数字组成产品型号，由系列代号、设计代号、机座代号、特征代号和特殊环境代号组成，排列顺序如下：

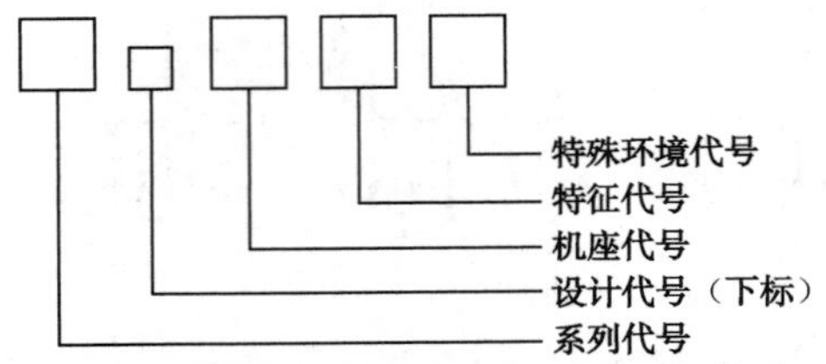

（1）系列代号　用字母表示单相交流异步电动机的基本系列，其新老代号的表示方法见表 3.1.1。

表 3.1.1　新老系列代号表示方法表

基本系列产品名称	新代号	老代号
单相电阻启动交流异步电动机	YU	JZ、BO
单相电容启动交流异步电动机	YC	JY、CO
单相电容运转交流异步电动机	YY	JX、DO
单相电容启动和运转交流异步电动机	YL	E
单相罩极式交流异步电动机	YJ	F

（2）设计代号　在系列代号的右下脚，用数字表示设计代号，无设计代号的为第一次的设计产品。

（3）机座代号　用两位数字表示电动机转轴的中心高度。标准中心高度尺寸有 45mm、50mm、56mm、63mm、71mm、80mm、90mm、100mm。

（4）特征代号　用两位数字分别表示电动机定子的铁芯长度和极数。常见电动机的极数有 2 极、4 极、6 极等。

（5）特殊环境代号　表示该产品适应的环境，普通环境下使用的电动机无此代号。

例如，CO_2 8022 表示单相电容启动交流异步电动机，下标 2 表示是 CO 系列第二次的设计产品；80 表示转轴的中心高度为 80mm；22 表示是 2 号铁芯和 2 极电动机。

2. 异步电动机的额定值

额定值是制造厂根据国家标准，对电动机每一电量或机械量所规定的数值。

（1）额定电压　额定电压是指电动机正常运行时的工作电压，即外加电源电压，一般均采用标准系列值，主要有 12V、24V、36V、42V、220V。

（2）额定频率 额定频率是指电动机的工作电源频率，电动机是按此频率设计的。我国规定的额定频率一般为 50Hz，而国外有的为 60Hz。

（3）额定转速 额定转速是指电动机在额定电压、额定频率、额定负载下转轴的转动速度，单位是转/分钟（r/min）。

（4）额定功率 额定功率是指电动机在额定电压、额定频率和额定转速的情况下，转轴上可输出的机械功率。标准系列值有 0.4W、0.6W、1.0W、1.6W、2.5W、4W、6W、10W、16W、25W、40W、60W、90W、120W、180W、250W、370W、550W、750W 等。

（5）额定电流 额定电流是指电动机在额定电压、额定功率和额定转速的情况下，定子绕组的电流值。在此电流下，电动机可以长期正常工作。

（6）额定温升 额定温升是指电动机满载运行 4h 后，绕组和铁芯温度高于环境温度的值。我国规定标准环境温度为 40℃，对于 E 级绝缘材料，电动机的温升不应超过 75℃。

3．异步电动机铭牌上的其他内容

异步电动机铭牌上的其他内容包括绝缘等级、定额等。其中定额又称工作方式，是指电动机允许持续运行的时间，通常分为三种。

（1）连续定额 按额定运行可长时间持续使用。

（2）短时定额 只允许在规定的时间内按额定条件运行使用，标准的持续时间限值分为 10min、30min、60min、90min 四种。

（3）断续定额 间歇运行，但可按一定周期重复运行，每周期包括一个额定负载时间和一个停止时间。额定负载时间与一个周期之比称为负载持续率，用百分数表示，标准的负载持续率为 15%、25%、40%、60%，每个周期为 10min。

一、单相电动机拆卸工具的认识

详见表 2.1.2 所示。

二、单相异步电动机的拆装

1．拆卸前的准备

（1）切断电源，拆开电动机与电源连接线，并做好与电源线相对应的标记，以免恢复时搞错相序，并把电源线的线头做绝缘处理。

（2）备齐拆卸工具，特别是拉具、套筒等专用工具。

（3）熟悉被拆电动机的结构特点及拆装要领。

（4）标记分相式电动机的定子绕组名称。

单相电动机结构形式多样复杂，拆装工序也不尽相同。这里只以其一为例介绍普通单相电动机的拆装要点。

2. 单相电动机拆卸工序要点

（1）拆开电动机外部连接件，要随拆随标出主、辅绕组引出线端头和辅绕组所串接的启动元件，如电容器，做好记录，然后将电动机地脚螺栓松开。

（2）将连接件上的销钉、紧固螺钉等拆下来，然后用专用工具（二脚扒具）将电动机的连接件（带轮、联轴器或齿轮等）松开。

（3）拆卸未装离心开关或其他启动元件端的端盖，松开端盖螺钉，可把带有离心开关的端盖连同离心开关和转子一起抽出来。抽出前，要将启动绕组和离心开关的接线标清楚。在抽出转子时，需防止撞伤定子绕组。

（4）拆卸滚动轴承时，采用专用工具将轴承从转轴上扒下来。

3. 单相电动机装配工序要点

单相电动机的装配与拆卸工序相反，装配前要将各零部件清洗干净，用压缩空气吹净电动机内部杂质，检查转子是否有赃物并清理干净。另外，要检查轴承是否清洗干净，并加入适量润滑剂。

（1）由于小功率电动机零部件小，结构刚性低，易变形，因此，在装配操作受力不当时会使其失去原来精度，影响电动机装配质量，所以，在装配时要合理使用工具，用力适当。

（2）在装配过程中尽量少用修理工具修理，如刮、锉等操作，因为这些工具会将屑末带入电动机内部，影响电动机零部件的原有精度。

（3）转子要做动平衡试验，保证电动机运行寿命长、噪声低、振动小。

（4）要注意电刷压力的调整，保证电刷与滑动体的磨合精度并使接触电阻要小。

（5）要保证转子的同轴度和端盖安装的垂直度。

（6）装配环境要清洁，以防轴承润滑剂中混入磨料性尘埃。有些高精度的产品，要求有一定温度和湿度的装配车间，以及有空调和净化措施（一般要求温度25℃左右，相对湿度小于75%）。

说明：有些单相电动机的拆装方法可参考“三相电动机的拆装”。

任务验收

	序号	验收项目	验收结果		不合格原因分析
			合格	不合格	
老师评价	1	安全防护			
	2	工具准备			
	3	拆卸步骤			
	4	安装步骤			
	5	运行效果			
	6	5s 执行			
自我评价	1	完成本次任务的步骤			
	2	完成本次任务的难点			
	3	完成结果记录			

自测与思考

1．单相笼型异步电动机主要由哪些部分组成?各部分的作用如何?
2．罩极式电动机的定子绕组的组成有哪些?
3．分相式电动机的定子绕组的组成有哪些?
4．简述单相异步电动机的工作原理。单相异步电动机如何产生旋转磁场?
5．查资料说明电动机绝缘等级的含义。
6．简单叙述单相异步电动机拆卸方法和步骤。
7．装配维修后的电动机时要注意哪些问题?

任务二　单相交流异步电动机的启动

任务描述

现有罩极式、电阻启动式、电容启动式、电容运转式、双值电容式单相电动机各一台，要求正确启动每一台电动机。

学习目标

1．了解单相交流异步电动机的启动特点。

2．掌握单相交流异步电动机的启动方法。

3．学会单相交流异步电动机的启动电路安装。

知识平台

由项目三、任务一中讲述的单相异步电动机的工作原理可知，必须在两组绕组中通入相位不同的电流，使它们的合成磁场会在定子铁芯的气隙内旋转产生旋转磁场，这样电动机才能自行启动并运行。

一、单相异步电动机的启动装置

除电容运转式电动机和罩极式电动机外，一般单相异步电动机在启动结束后，辅助绕组都必须脱离电源，以免烧坏。因此，为保证单相异步电动机的正常启动和安全运行，就需配有相应的启动装置，启动装置主要分为离心开关和启动继电器两大类。

1．离心开关

如图 3.2.1 所示为离心开关的结构示意图。包括旋转部分和固定部分，旋转部分装在转轴上，固定部分装在前端盖内。当电动机转子达到额定转速的 70%～80%时，随转轴一起转动的部件——离心块的离心力大于弹簧对动触点的压力，使动触点与静触点脱开，从而切断辅助绕组的电源，让电动机的主绕组单独留在电源上正常运行。

离心块结构较为复杂，容易发生故障，甚至烧毁辅助绕组，而且开关又整个安装在电动机内部，出了问题检修也不方便。目前已较少使用。

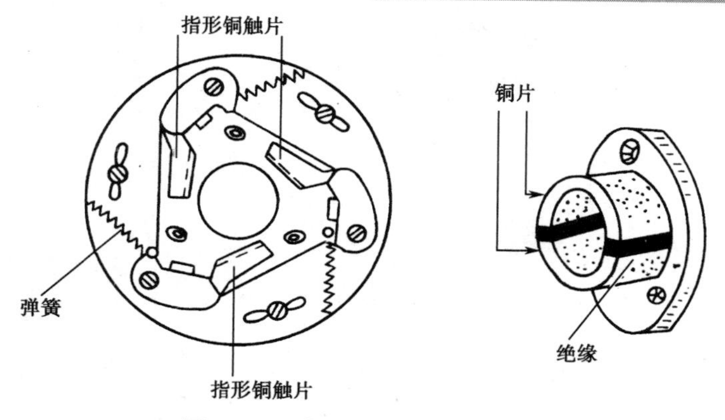

图 3.2.1　离心开关结构示意图

2. 启动继电器

启动继电器一般装在电动机机壳上面，维修、检查方便，应用广泛。常用的继电器有电压型、电流型、差动型、PTC 启动继电器等。

（1）电压型启动继电器

接线：如图 3.2.2 所示，继电器的电压线圈与电动机的辅助绕组并联，常闭触点串联接在辅助绕组的电路中。

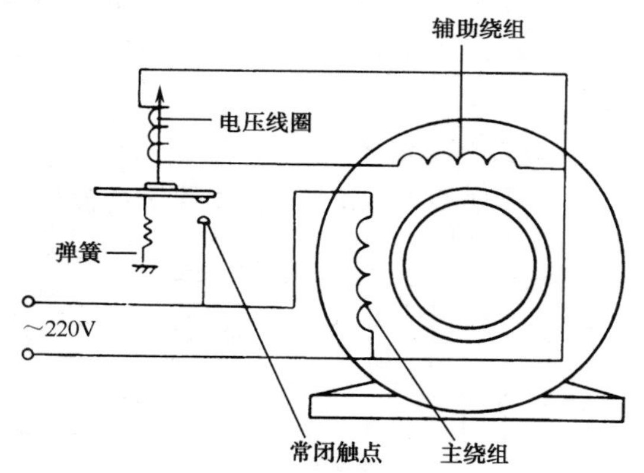

图 3.2.2　电压型启动继电器原理接线图

工作原理：接通电源后，主、辅助绕组中都有电流流过，电动机开始启动。由于并联在辅助绕组上的电压线圈阻抗比辅助绕组大，故电动机在低速时，流过电压线圈中的电流很小。随着转速升高，辅助绕组中的感生电动势逐渐增大，使得电压线圈中的电流也逐渐增大，当达到一定数值时，电压线圈产生的电磁力克服弹簧的拉力使常闭触点断开，切除了辅助绕组与电源的联接。由于启动用辅助绕组内的感应电动势，使电压线圈中仍有电流流过，故保持触点在断开位置，从而保证电动机在正常运行时辅助绕组不会接入电源。

（2）电流型启动继电器电流型启动

接线：如图 3.2.3 所示，继电器的电流线圈与电动机主绕组串联，常开触点与电动机辅助绕组串联。

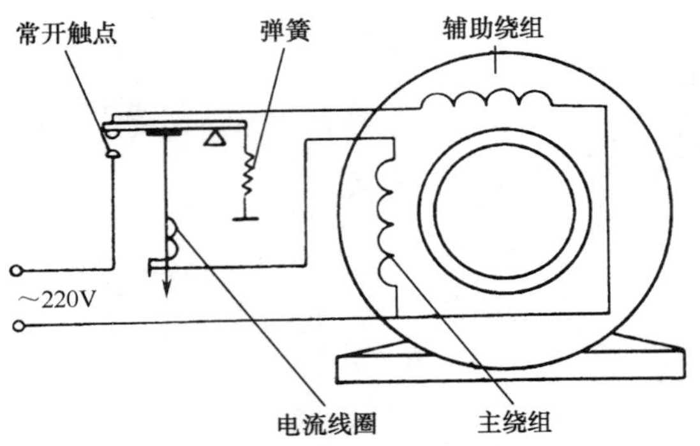

图 3.2.3　电流型启动继电器原理接线图

工作原理：电动机未接通电源时，常开触点在弹簧压力的作用下处于断开状态，当电动机启动时，比额定电流大几倍的启动电流流经继电器线圈，使继电器的铁芯产生足够的电磁力，使常开触点闭合，使辅助绕组的电源接通，电动机启动；随着转速上升，电流减小，当转速达到额定值的 70%～80%时，主绕组内电流减小，电磁力小于弹簧压力，常开触点又被断开，辅助绕组的电源被切断，启动完毕。

（3）差动型启动继电器

接线：如图 3.2.4 所示差动式继电器有电流和电压两个线圈，电流线圈与电动机的主绕组串联，电压线圈经过常闭触点与电动机的辅助绕组并联。

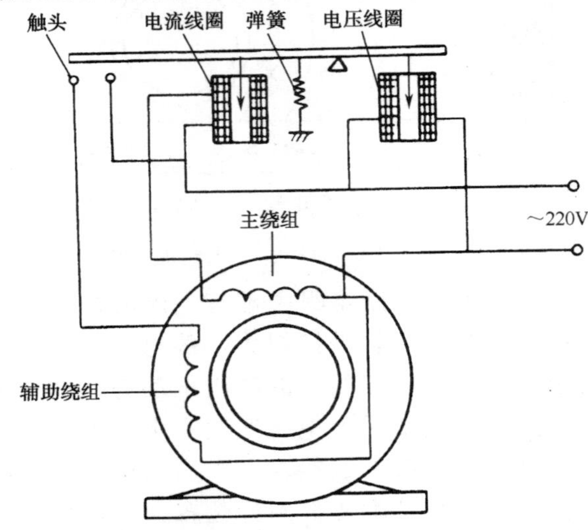

图 3.2.4　差动式启动继电器原理接线图

工作原理：当电动机接通电源时，主绕组和电流线圈中的启动电流很大，使电流线圈产生的电磁力足以保证触点能可靠闭合，启动以后电流逐步减小，电流线圈产生的电磁力也随之减小，于是电压线圈的电磁力使触点断开，切除了辅助绕组的电源。

（4）PTC 启动继电器

PTC 是正温度系数热敏电阻（Positive Temperature Coefficient）的简称。外形及结构如图 3.2.5 所示。

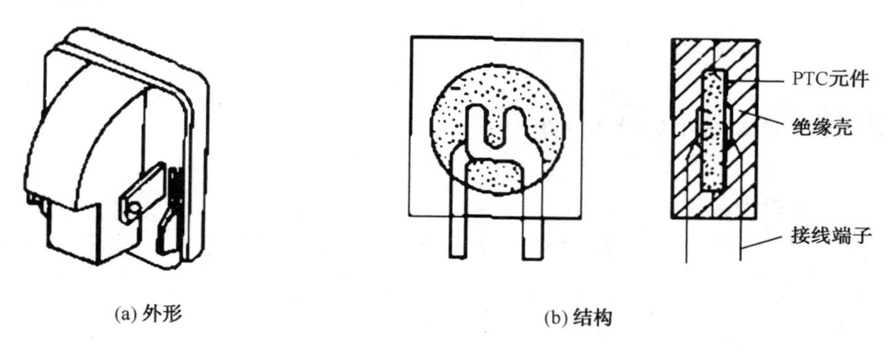

图 3.2.5 PTC 启动继电器外形及结构图

PTC 温度特性：特性曲线如图 3.2.6 所示。在常温下，PTC 器件的阻值很小（10～20Ω）。温度升高到超过转折温度 T_C（称为居里温度，或居里点），则 PTC 器件的电阻突然增大，可达到常温下阻值的 10^5 倍。利用 PTC 器件这一特性，可以作为一个无触点开关，用于单相电动机的启动控制。

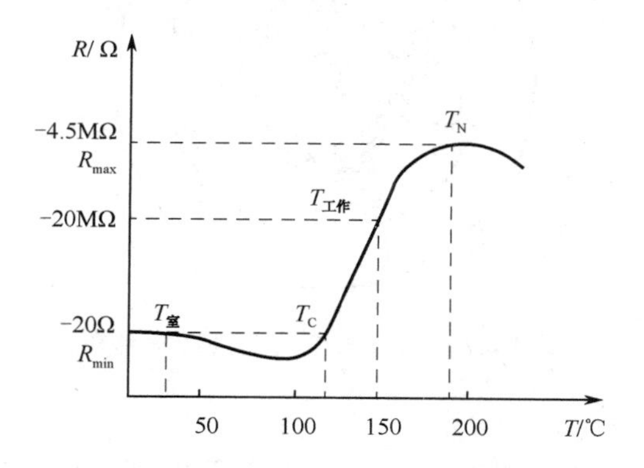

图 3.2.6 PTC 器件的电阻－温度特性曲线图

接线：将 PTC 启动继电器与启动绕组串联后再与主绕组并联即可。

工作原理：当通电时，PTC 器件的阻值很小，启动绕组得到接近 220V 的全电压，电机启动并运转；同时因启动时的瞬时大电流流过 PTC 器件，使其迅速升温，当电动

机的转速接近于额定转速时，PTC 器件的温度已上升到居里点以上，阻值剧增分压，启动绕组分压极小，相当于将其断开，此后的小电流（约十几毫安）使 PTC 器件的温度维持在居里点以上，保持高阻状态。

特性：PTC 启动继电器具有结构简单，无运动部件，无噪声，可靠性好，电路连接方便，与电动机的匹配范围广、对电压波动的适应性强、启动时间短等很多优点，是一种用途很广的新型启动控制器件。但因为在断电后，PTC 器件的温度降到居里点以下需要 3～5min 的断电后再启动的延时时间。

二、单相异步电动机的启动方法

1. 罩极式电动机

罩极式电动机利用一个短路铜环，将磁极的一部分罩起来，相当于一个副绕组，未罩部分为主绕组，当定子绕组通电后产生旋转磁场，转子绕组中产生感应电流并受到磁场力作用从而使转子由磁极未罩部分向被罩部分的方向旋转。

特性：效率低、启动转矩小、反转困难等。

接线：只需给定子绕组首尾两端通相线、零线即可，如图 3.2.7 所示。

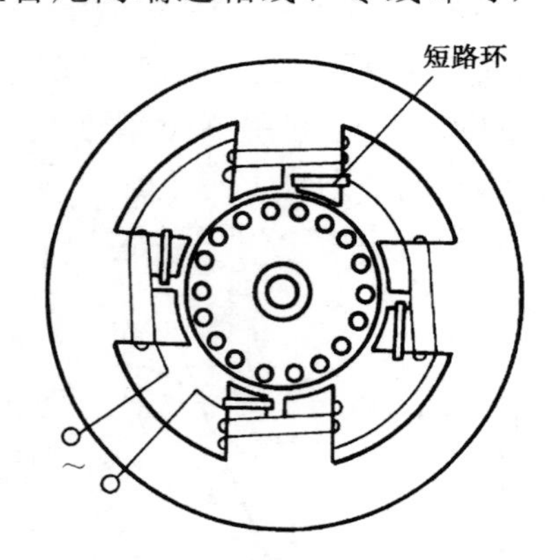

图 3.2.7　罩极式电动机接线示意图

2. 分相式电动机

（1）阻抗分相式电动机（又称为电阻分相式异步电动机）（图 3.2.8）

启动特性：节约了启动电容，启动时工作绕组、启动绕组同时工作，当转速达到额定值的 70%～80%时，启动开关断开，启动绕组从电源上切断，它具有中等启动转矩（一般为额定转矩的 1.2～2.2 倍），但启动电流较大。

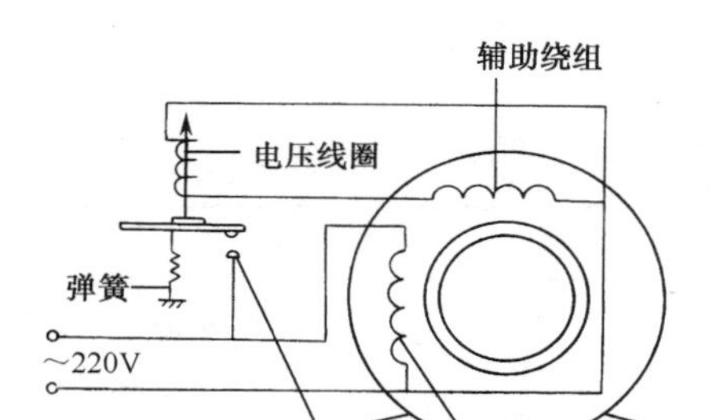

(a) 电压型启动继电器接线图

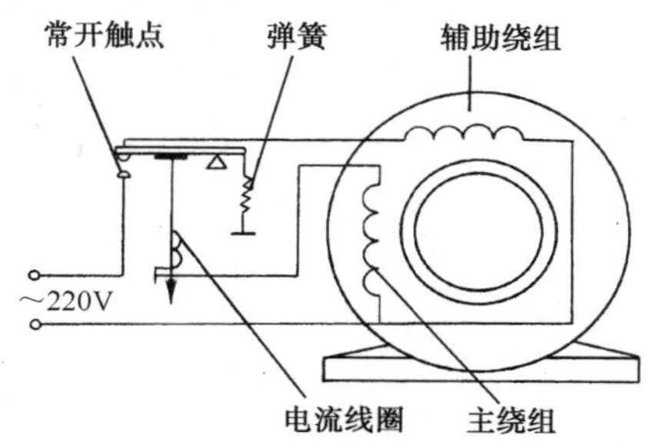

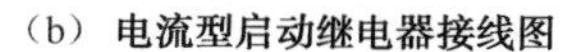

(b) 电流型启动继电器接线图

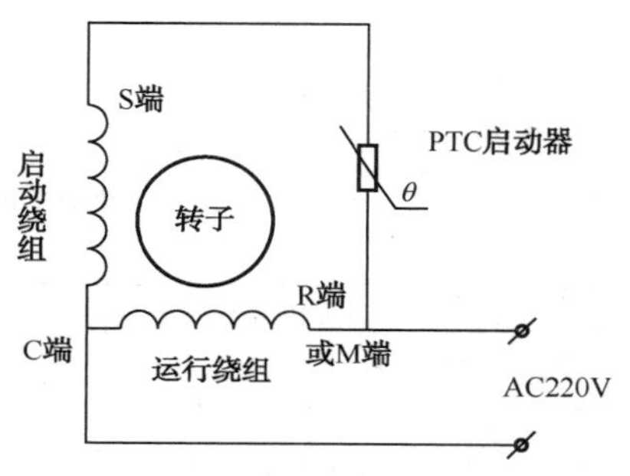

(c) PTC启动继电器接线图

图 3.2.8 阻抗分相式电动机接线图

（2）电容启动式电动机（表 3.2.1）

表 3.2.1 电容启动式电动机

型号系列	YC
电路图	S端 开关K 启动绕组 转子 启动电容器 C端 运行绕组 R端 AC220V
结构特点	单相电容启动异步电动机的结构与单相电容运行异步电动机相类似，但电容启动异步电动机的启动绕组中将串联一个开关 K（离心开关等）
启动特点	当转子静止或转速较低时，启动开关 K 处于接通位置，两绕组一起接在单相电源上，获得启动转矩。当转速达到额定转速的 80%左右时，启动开关 S 断开，启动绕组从电源上切断，单靠工作绕组驱动负载运行
运行特点	具有较大启动转矩（一般为额定转矩的 1.5～3.5 倍），但启动电流相应增大，适用于重载启动的机械。例如，小型空压机、洗衣机、空调器等

（3）电容运转式电动机（表 3.2.2）

表 3.2.2 电容运转式电动机

型号系列	YY
电路图	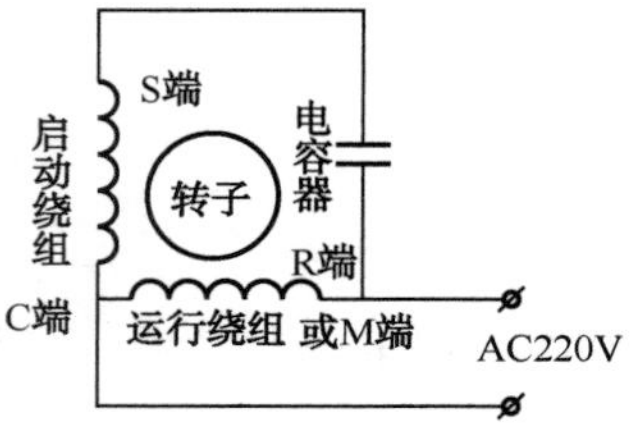
结构特点	定子铁芯上嵌放两套绕组，绕组的结构基本相同，空间位置上互差 90° 电角度，运行绕组接近纯电感负载，其电流相位落后电压接近 90°，启动绕组串联电容器
启动特点	空间上有两个相差 90° 电角度的绕组，通入两绕组的电流在相位上相差 90°，两绕组产生的磁动势相等
运行特点	单相电容运行电动机结构简单，使用维护方便，堵转电流小，有较高的效率和功率因数；但启动转矩较小，多用于电风扇、吸尘器等

（4）电容启动与运转式电动机（又叫双值电容单相异步电动机）（表 3.2.3）

表 3.2.3 电容启动与运转式电动机

型号系列	YL
电路图	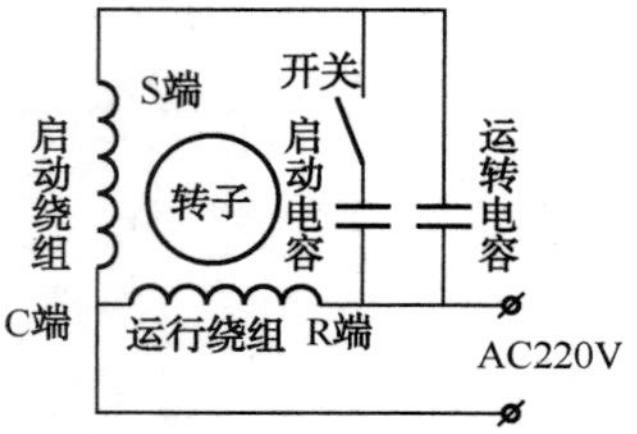
结构特点	一个为启动电容，容量较大；另一个为工作电容，容量较小，两个电容器并联后与启动绕组串联
启动特点	启动时两个电容器都工作，电动机有较大启动转矩，转速约上升到额定转速的 80%后，启动开关将启动电容断开，启动绕组上只串联工作电容，电容量减少
运行特点	双值电容电动机既有较大的启动转矩（额定转矩的 2～2.5 倍），又有较高的效率和功率因数，广泛应用于小型机床设备

说明：常见单相电动机的电容选配见表 3.2.4。

表 3.2.4　常见单相电动机的电容选配

电容启动式	电动机（W）	120	180	250	370	550	750	1100	1500
	电容（uF）	75	75	100	100	150	200	300	400
电容运转式	电动机（W）	16	25	40	60	90	120	180	250
	电容（uF）	2	2	2	4	4	4	6	8
双值电容式	电动机（W）	250	375	550	750	1100	1500	2200	
	启动电容（uF）	75	75	75	75	100	200	300	
	运转电容（uF）	12	16	16	20	30	35	40	

任务实施

（1）设备、工具与材料的准备。

电动机：罩极式、电阻启动式、电容启动式、电容运转式、双值电容式单相电动机按小组各一台。

工具：螺丝刀（一字、十字）、剥线钳、万用表、兆欧表等。

耗材：绝缘胶布、电容器（多种容量）、导线（多种规格）等。

（2）分别选择合适的器材及对应的电动机，对下列启动方式的单相电动机进行接线，反复检查无误并在老师指导下通电试运行。

①罩极式；②电阻启动式；③电容启动式；④电容运转式；⑤双值电容式单相电动机分别进行接线并试运行。

注意：通电之前必须进行电路的电路测试和漏电检测。

任务验收

	序号	验收项目	验收结果		不合格原因分析
			合格	不合格	
老师评价	1	安全防护			
	2	工具准备			
	3	接线步骤			
	4	运行效果			
	5	5s 执行			

续表

<table>
<tr><th rowspan="2"></th><th rowspan="2">序号</th><th rowspan="2">验收项目</th><th colspan="2">验收结果</th><th rowspan="2">不合格原因分析</th></tr>
<tr><th>合格</th><th>不合格</th></tr>
<tr><td rowspan="3">自我评价</td><td>1</td><td colspan="4">完成本次任务的步骤</td></tr>
<tr><td>2</td><td colspan="4">完成本次任务的难点</td></tr>
<tr><td>3</td><td colspan="4">完成结果记录</td></tr>
</table>

自测与思考

1．什么叫脉动磁场?

2．单相异步电动机怎样产生旋转磁场?

3．为什么直接给单相异步电动机的两相绕组通电，电动机不能自动运转?

4．常用的单相异步电动机的启动装置有哪些？

5．比较单相电容运行式、单相电容启动式、单相电阻启动、单相电容运转式异步电动机的电路接线、运行特点及使用场合。

任务三　单相交流异步电动机的反转与调速

任务描述

1．正确连接洗衣机电动机线路，并通过双掷开关控制其正、反转。

2．正确连接吊扇电动机线路，并通过调速开关控制其转速。

学习目标

1．懂得单相交流异步电动机正、反转的原理和控制方法。

2．掌握单相交流异步电动机调速的原理与方法。

3．学会单相交流异步电动机正、反转控制电路及调速电路的安装。

知识平台

一、单相异步电动机的反转

单相电动机的反转主要用于分相式电机，而罩极电动机的旋转磁场是根据主磁极和罩极的相对位置决定的，不能随意控制反转，所以它一般用于不需改变转向的场合。

单相异步电动机的反转，可通过改变旋转磁场的方向来实现，常用方法有以下两种。

1．改变接线

改变接线即把工作绕组或启动绕组中的一组首端和末端与电源的接线对调。因为异步电动机的转向是从电流相位超前的绕组向电流相位落后的绕组旋转的，如果把其中的一个绕组反接，等于把这个绕组的电流相位改变了 180°，若原来这个绕组是超前 90°，则改接后就变成了滞后 90°，旋转磁场的方向也随之改变，即可实现反转。

说明：在实际应用中采取变换接线实现反转的电动机，通常不进行正、反转交替工作，单相分相式电动机均可。

2．改变电容器的连接

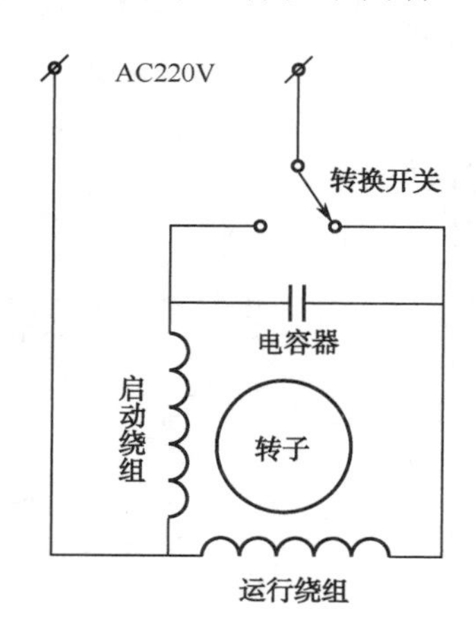

图 3.3.1　电容运转式电机正、反控制

改变电容器的连接即利用一根电源线通过改变电容器两极板的接法改变电动机转向的。例如，洗衣机需经常正、反转交替运行，如图 3.3.1 所示。当转换开关处于图中所示

位置时，电容器串联在副绕组上，副绕组电流超前于主绕组相位约 90°，经过一定时间后，转换开关接到主绕组上，则主绕组电流超前副绕组约 90°，则电动机反转。

说明：这种单相异步电动机的运行绕组与启动绕组可以互换，所以两者的线圈匝数、粗细、占槽数都应相同，一般为电容运转式电动机。

二、单相异步电动机的调速

单相异步电动机和三相异步电动机一样，恒转矩负载的转速调节是较困难的，在风机型负载情况下，调速方法一般有串联电抗器调速、绕组内部抽头调速和晶闸管调速三种。其电路、原理特点见表 3.3.1。

近年来，随着微电子技术及绝缘栅双极晶体管（IGBT）的迅速发展，作为交流电动机主要调速方式的变频调速技术也获得了前所未有的发展，单相变频调速已在家用电器上广泛应用，如变频空调器等，它是交流调速控制的发展方向。

表 3.3.1 单相异步电动机的调速

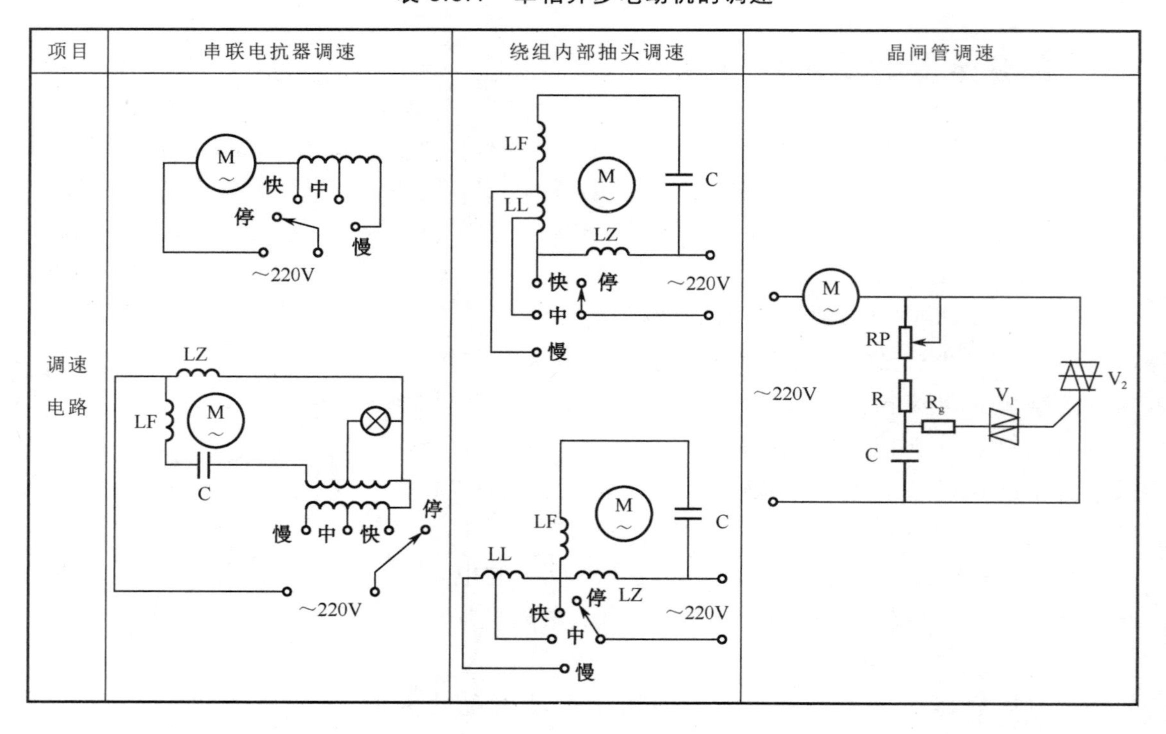

续表

项目	串联电抗器调速	绕组内部抽头调速	晶闸管调速
调速原理	将电抗器与电动机定子绕组串联，利用电抗器上产生的电压，使加到电动机定子绕组上的电压下降，从而将电动机转速由额定转速往下调	电动机定子铁芯嵌放有工作绕组 LZ、启动绕组 LF 和中间绕组 LL，通过开关改变中间绕组与工作绕组及启动绕组的接法，从而改变电动机内部气隙磁场的大小，使电动机的输出转矩也随之改变，在一定的负载转矩下，电动机的转速也会变化	利用改变晶闸管的导通角来改变加在单相异步电动机上的交流电电压，从而调节电动机的转速
调速特点	这种调速方法简单，操作方便，但只能有级调速，且电抗器上消耗电能，目前已基本不再使用	这种调速方法不需电抗器，材料省、耗电少，但绕组嵌线和接线复杂，电动机和调速开关接线较多，且是有级调速	这种调速方法可以做到无级调速，节能效果好，但会产生一些电磁干扰，大量用于风扇调速

任务实施

任务 1：单相电动机正、反转接线

（1）设备、工具与材料的准备。

电动机：电容运转式电动机两台。

工具：螺丝刀（一字、十字）、剥线钳、万用表、兆欧表等。

耗材：手动开关、双掷开关、绝缘胶布、电容器（多种容量）、导线（多种规格）等。

（2）选择合适的器材分别对两台电动机进行正、反转接线，并反复检查无误后在老师指导下通电试运行。

① 采用改变接线方法使电动机反转。

② 采用电容器接线方法使电动机反转。

注意：通电之前必须进行电路的电路测试和漏电检测。

任务 2：单相电动机调速接线

（1）设备、工具与材料的准备。

电动机：单相分相式电动机三台。

工具：螺丝刀（一字、十字）、剥线钳、万用表、兆欧表等。

耗材：手动开关、双掷开关、绝缘胶布、电容器（多种容量）、导线（多种规格）、调速电阻、晶闸管等。

（2）选择合适的器材分别对三台电动机，进行调速接线，并反复检查无误后在老师指导下通电试运行。

① 采用串联电阻接线方法实现电动机调速。

② 采用抽头接线方法实现电动机调速。

③ 采用晶闸管接线方法实现电动机调速。

注意：通电之前必须进行电路的电路测试和漏电检测。

任务验收

	序号	验收项目	验收结果		不合格原因分析
			合格	不合格	
老师评价	1	安全防护			
	2	工具准备			
	3	接线步骤			
	4	运行效果			
	5	5s 执行			
自我评价	1	完成本次任务的步骤			
	2	完成本次任务的难点			
	3	完成结果记录			

自测与思考

1．单相分相式异步电动机的反转方法有哪两种？各应用于哪些场合？

2．单相异步电动机的调速方法有哪几种？各有哪些优缺点？

3．画出单相电容启动式电动机的三种调速电路图。

4．为什么单相罩极式电动机的转向不可改变？

任务四　单相交流异步电动机的故障与排除

任务描述

1．教室有一台吊扇，安装好之后通电运转，出现转速很慢，请找出故障原因。

2．讲台上的一台电容运行台式风扇，通电时只有轻微振动，用手拨动风扇叶则可以转动，请检查并排除故障。

学习目标

1．弄清楚单相电动机检查故障的一般方法。

2．学会单相电动机常见故障的原因与排除方法。

知识平台

单相异步电动机的常见故障可通过听、看、闻、摸等手段随时观察电动机的运行状态，注意转速是否异常，温度是否过高，有无杂音和振动，有无焦臭味等，通过一定的检查方法，找出和分析故障原因并确定故障点，以便排除，本课题将介绍单相电动机的常见故障，根据故障症状推断故障可能部位。参考表 3.4.1。

表 3.4.1　单相异步电动机的常见故障分析与排除

故障现象	故障可能原因	排除方法
1.电动机不能启动	①电源开路	使外电源正常供电
	②电压过低	对电源稳压
	③离心开关触点碳化或变形使启动绕组断路	修理或更换离心开关
	④电容器开路	更换同规格电容器
	⑤主绕组或副绕组开路	重新绕制两绕组
	⑥严重抱轴	更换轴承
	⑦电动机严重过载	重新匹配合适电动机
2.在空载或外力下能启动，但启动缓慢且转速低	①离心开关触头断路或接触不良	修理或更换离心开关
	②副绕组开路	重新绕制两绕组
	③电容器容量过小或开路	更换同规格电容器
	④电源电压偏低	对电源稳压

续表

故障现象	故障可能原因	排除方法
3.电动机转速低于正常转速	①电源电压偏低	对电源稳压
	②绕组部分匝间短路，使电动机气隙磁场减弱	重新绕制两绕组
	③离心开关触头粘连，启动绕组未切断，其磁场干扰工作绕组磁场	修理或更换离心开关
	④电容运转式电动机的电容器容量变小	更换同规格电容器
	⑤电动机负载过重	重新匹配合适电机
4.启动后电动机发热严重	①电源电压过高	对电源稳压
	②工作绕组或电容运行电动机的启动绕组匝间短路或接地	重新绕制两绕组
	③电阻启动或电容启动式电动机启动后离心开关触头粘连，副绕组通电时间过长而发热	修理或更换离心开关
	④主、副绕组互调接错	更正接线
	⑤电动机负载过重	重新匹配合适电动机
	⑥润滑不良导致抱轴	重新润滑或更换轴承
5.电动机振动或噪声过大	①转轴不平衡或轴伸出端弯曲	修正转轴
	②离心开关损坏	更换离心开关
	③轴承损坏或轴向间隙过大	更换轴承
	④电动机的风扇风叶变形不平衡	更换叶片
	⑤定子与转子空隙中有杂物	清理杂物
	⑥电动机固定不良或负载不平衡	重新紧固或修正平衡
6.轴承过热	①轴承损坏	更换轴承
	②轴承内、外圈配合不当	更换轴承
	③润滑油过多、过少或油质太差，或混有杂物	调整润滑油量或更换
	④传动带过紧或联轴器装得不正	修正传动带或联轴器
7.通电后熔丝熔断	①熔丝很快熔断，则是绕组短路或接地	做好绕组的绝缘
	②经一小段时间才熔断，则可能是绕组之间或绕组与地之间绝缘性降低	重新绕制两绕组

任务实施

1．设备、工具与材料的准备

电动机：按组配一台有故障的单相电动机。

工具：螺丝刀（一字、十字）、万用表、兆欧表、三爪等。

耗材：绝缘胶布、电容器（多种容量）、导线（多种规格）等。

2. 以小组为单位对给定的电动机进行故障分析，确诊故障原因，并进行故障排除，填写表 3.4.2。

注意：

（1）通电之前必须进行电路的电路测试和漏电检测。

（2）需要带电检查故障时必须注意安全。

表 3.4.2　电动机故障维修记录表

故障现象	
检测工具仪表	
诊断故障结论	
诊断故障依据	
故障部位	
维修过程	
维修效果	

任务验收

	序号	验收项目	验收结果		不合格原因分析
			合格	不合格	
老师评价	1	安全防护			
	2	工具使用			
	3	分析与确诊			
	4	故障维修			
	5	维修效果			
	6	5s 执行			

续表

	序号	验收项目	验收结果		不合格原因分析
			合格	不合格	
自我评价	1	完成本次任务的步骤			
	2	完成本次任务的难点			
	3	完成结果记录			

自测与思考

1．安装好之后的转叶式鸿运扇，通电时转速很慢，可能是何种故障？

2．一台电容运转式台扇，通电时只有轻微振动声且不转动；若用手拨动扇叶则可以转动，但转速慢，这是什么故障?应采取什么措施？

3．一台吊扇久用之后，运转速度慢，启动困难，可能是何种原因？

同步电动机

任务一　认识同步电机

任务描述

现有一台小型同步发电机需在其轴承处加黄油保养，以保证其良好的使用性能，并在保养后组装电动机。

学习目标

1．同步电机的种类及应用。
2．同步电动机的结构。
3．同步电动机的工作原理。
4．同步电动机的功角和矩角特性。

知识平台

同步电机就是转子转速与旋转磁场转速（$n_1 = \frac{60f}{p}$ r/min）相同的电机。

一、同步电机的种类

根据功率转换关系，同步电机分为同步发电机、同步电动机和同步补偿机三类。

二、同步电机的用途

应用1：同步发电机　在同步电机中，应用最为广泛的是同步发电机，它是发电厂的主体设备。目前世界上各发电厂发出的三相正弦交流电，都是用三相同步发电机产生的。

应用 2：同步电动机　应用主要为容量较大的电动机，如自来水厂与抽水泵配套的电动机、工矿企业中用的空气压缩机、大鼓风机等多采用同步电动机。另外，需要恒速运行的设备也采用同步电动机。

应用 3：同步补偿机　专门用来产生或吸收电网的无功功率，以改善电网的功率因数，多用于变电站或较大工矿企业，以就近向用户提供感性无功功率，使线路上的感性无功电流大大减少，从而达到降低电网线路损耗的目的。

三、三相同步电机的结构

（1）按电枢或磁极旋转方式分有旋转电枢式和旋转磁极式两种。

同步电机的结构有两种形式：一种是旋转电枢式，即三相绕组装在转子上，磁极装在定子上。另一种是旋转磁极式，它与前者正相反，把磁极装在转子上，三相绕组装在定子上，这种结构形式被认为是同步电机的基本结构形式。因为这种结构形式有如下优点。①励磁电流比电枢电流小得多，励磁电压比电枢电压低得多，所以电刷与集电环的负荷较小，减少了故障的出现，提高了工作可靠性。②同步电机的容量较大，尤其是同步发电机，当其容量在几十万千瓦以上时，电枢电流大，电压高，导线粗，要求绝缘要好，装在定子上，便于嵌装，便于提高绝缘性，便于通风散热，当强大的电流向负载输出时，不需要经过电刷和集电环，避免电刷与集电环间产生火花或接触不良等故障。

在旋转磁极式同步电机中，按照磁极的形式又可分为隐极式和凸极式两种。隐极式的转子上没有明显凸出的磁极，其气隙均匀，转子呈圆柱形，如图 4.1.1（a）所示。凸极式的转子上有明显凸出的磁极、气隙不均匀，极弧下气隙较小，极间部分气隙较大，如图 4.1.1（b）所示。

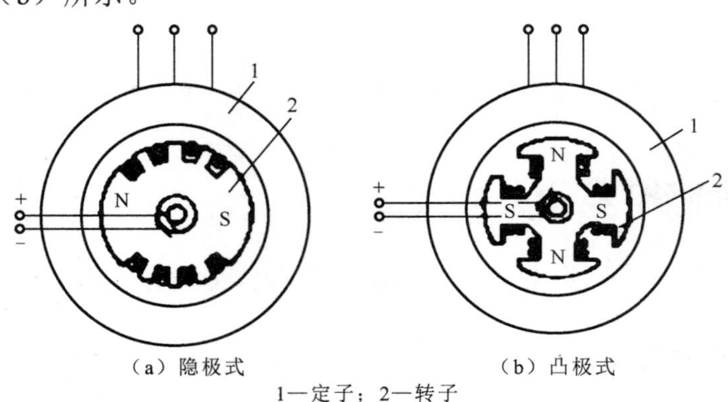

（a）隐极式　　（b）凸极式

1—定子；2—转子

图 4.1.1　同步电机结构示意图

（2）按原动机来分可分为水轮发电机、汽轮发电机、内燃机发电机、风力发电机、太阳能发电机等。汽轮发电机和水轮发电机应用最广。

图 4.1.2 为汽轮发电机的转子。无论是水轮发电机，还是汽轮发电机，与异步电动机相比，其定子绕组基本相同，但转子各不一样。

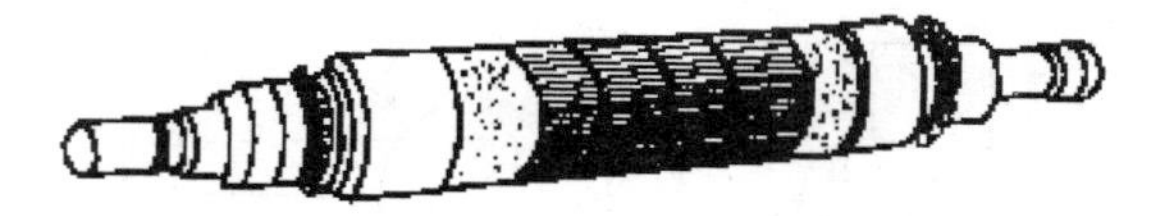

图 4.1.2　汽轮发电机的转子

汽轮机的转速一般都比较高，目前普遍采用的是 3000r/min。高转速带来的主要问题是离心力过大，因此，转子都做成隐极式的，它的直径较小，长度较长，像个细长的圆柱体。但也不宜太长，否则运转中会因弯曲变形而产生振动。在运行过程中，若负载突然减小，将产生强大的离心力作用。因此，汽轮发电机转子采用整块的，采用导磁性能良好的高强度合金钢锻造而成，转子的两极下铣有凹槽，励磁绕组就嵌于槽内，不开槽的部分形成一个大齿，大齿就是主磁极部分。

水轮发电机转子的转速较低，在 1250r/min 以下，通常采用凸极式转子，如图 4.1.3 所示。由于转速较低，所以水轮发电机的极数较多，凸极式同步电机转子的直径较大而长度较小，整个转子形成一个扁盘形。转子上的磁极因为是用直流电流励磁，不会产生涡流和磁滞损耗，所以可用 1～1.5 mm 厚的钢片冲制后叠压而成，也可用整块铸钢或锻钢做成，极芯上套装励磁绕组后，固定在转轴圆周上。

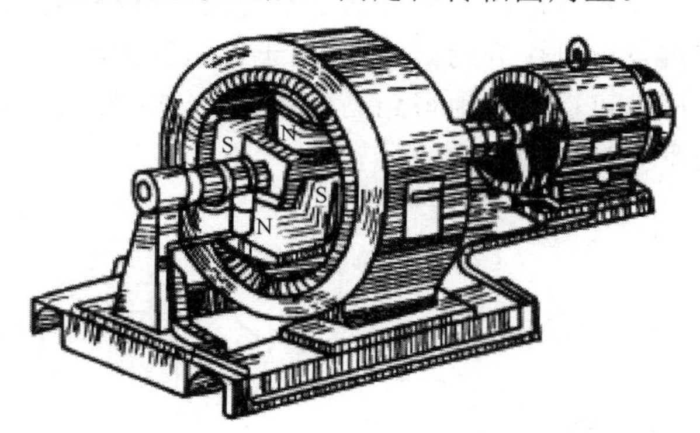

图 4.1.3　凸极式同步电机

四、同步电机的励磁方式

同步发电机运行时，必须在励磁绕组中通入直流电流来励磁，其励磁方式主要有两种。一种是采用直流发电机励磁，其原理线路如图 4.1.4 所示，直流发电机励磁原理线路作为励磁机来供给励磁电流，称为直流发电机励磁系统；另一种是采用晶闸管整流装置，将交流电流变成直流电流，然后送入同步发电机的励磁绕组中，称为半导体励磁系统。

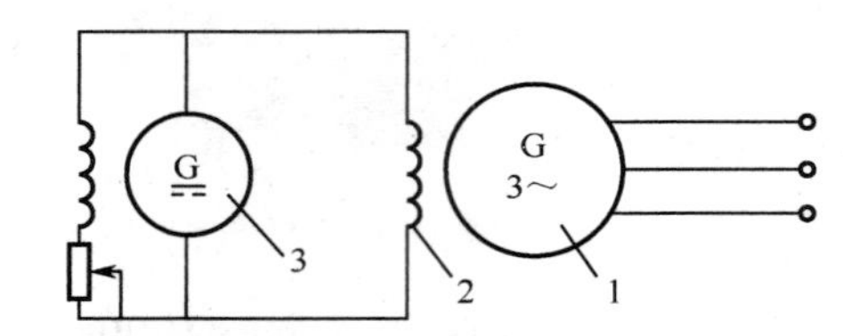

1—三相交流发电机；2—发电机励磁绕组；3—直流发电机

图 4.1.4　直流发电机励磁原理线路

1. *直流发电机励磁*

如图 4.1.4 所示是直流发电机励磁系统的原理线路图。从图中可看出：直流发电机所发出的直流电，直接供给同步发电机的励磁绕组，当改变并励直流发电机的励磁电流时，直流发电机的端电压就会改变。这种励磁方式的原理较简单，但直流励磁机的工艺复杂、成本高、维护困难，所以随着同步发电机单机容量的增大，大容量的同步发电机正逐步采用半导体励磁系统。

2. *半导体励磁系统*

如图 4.1.5 所示，晶闸管整流励磁的方法是把交流发电机发出的三相交流电流通过晶闸管整流后供给交流发电机作为励磁电流。由于晶闸管的输出电压是很容易调整的，所以交流发电机的电压也可以方便地得到调整。这种方法的优点是不需要小型同轴发电机；缺点是需要使用一对电刷。

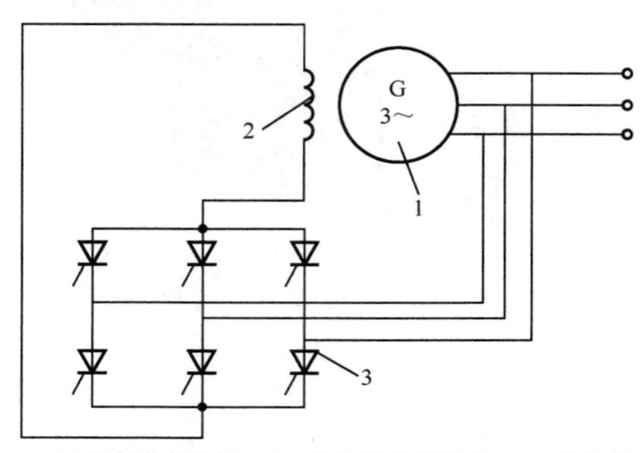

1—三相交流发电机；2—发电机励磁绕组；3—晶闸管

图 4.1.5　晶闸管励磁系统原理图

五、同步电动机的工作原理

同步电动机的构造与同步发电机相同。使用时，不仅要给定子的三相绕组通以三相交流电流，还要给转子通以直流电流。它的工作原理是：三相交流电流通过定子三相绕组时，产生旋转磁场；转子绕组中通直流电流后产生极性固定不变的磁场，磁极的对数必须与旋转磁场的磁极对数相等。当转子上的 N 极与旋转磁场的 S 极对齐时（转子的 S 极则与旋转磁场的 N 极对齐），靠异性磁极之间的互相吸引，转子就跟着旋转磁场转动了，如图 4.1.6（a）所示，这是电动机理想空载时的情况。电动机空载时，转子的轴承和转子在空气中总要受到一定的阻力。实际上，转子上的磁极总是要比旋转磁场的磁极落后一个小角度θ（电枢磁场磁极轴线和转子磁极轴线之间的夹角），如图 4.1.6（b）所示。可以假想为磁力线被拉长了少许。

当电动机加上轻载时，转子磁极落后于旋转磁极的角度要比以前增大，如图 4.1.6（c）所示。也就是说，磁力线又被继续拉长，但转子转速仍是不变的。如果电动机负载再增大，则转子磁极落后的角度还要加大，落后一定角度之后，又以同步速度跟随旋转磁场转动。

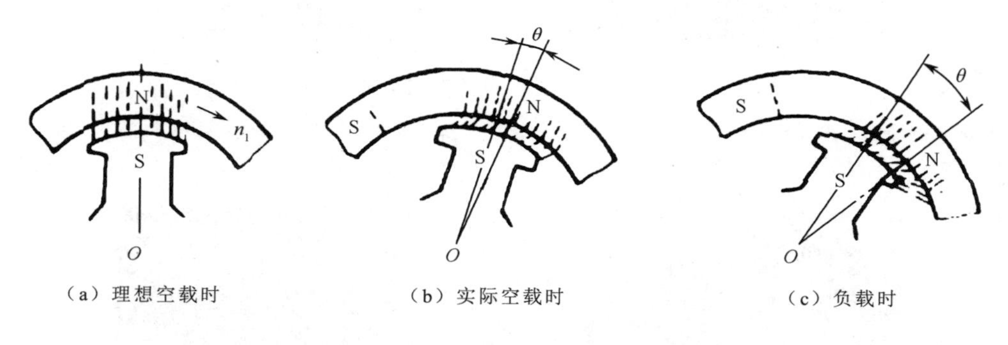

图 4.1.6　同步电动机工作原理示意图

说明：“失步”现象，如果负载太大了，磁力线就要被拉“断”，这就是说，旋转磁场已经再不能把转子磁极吸着转动了，这时电动机就停止转动了。这种现象称为同步电动机的“失步”现象。产生这一现象时，通过定子绕组的电流将很大，这时应尽快切断电源，以免电动机因过热而损坏。

在相反情况下，如果负载是逐渐减小的，则转子磁极位置的变化就与前述过程正好相反。

可见，同步电动机的转速，除了负载增加或减小的一瞬间有少许突然变化以外，转子的转速总是与旋转磁场的转速相同。负载在一定范围内变化时，电动机的转速不变，这个特性是同步电动机的特点，也是优点。因此，同步电动机适用于不需要调速的场合，例如，拖动大型空气压缩机、水泵等。

六、单相爪极式永磁同步电机

1. 单相爪极式永磁同步电机的结构

单相爪极式永磁同步电机的外形如图 4.1.7 所示。主要包括机壳、爪极、减速齿轮、定子线圈、爪极、永磁转子、机盖等，其结构如图 4.1.8 所示。

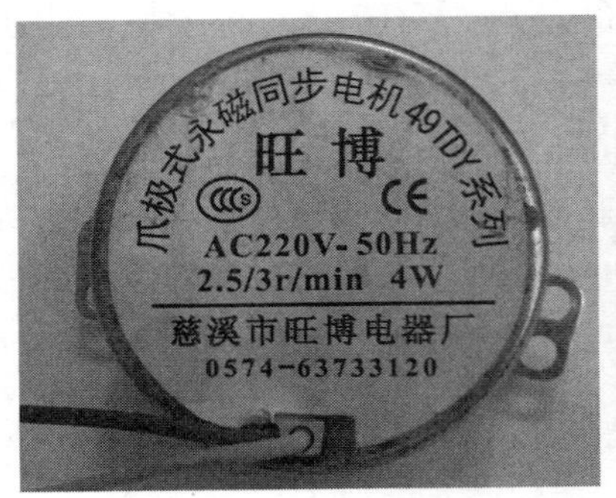

图 4.1.7 爪极式同步电机外形图

图 4.1.8 爪极式同步电机结构图

2. 单相爪极式永磁同步电机的工作原理

爪极永磁同步电机由于结构简单、运行可靠和价格低廉，已广泛应用于各类家用电器、办公设备、仪器仪表及工业自动化等领域。

爪极永磁同步电机采用单相交流供电方式，按电网频率和电机磁极对数确定的同步转速运行。电机定子内有带环形绕组的爪极和使辅助磁场移相的短路环，主辅磁场合成为一个椭圆旋转磁场；转子则是一个极对数为6～8的多极永磁体，形成恒定磁场；定子旋转磁场和转子恒定磁场相互作用产生转矩。在同步运行时，定子椭圆旋转磁场的逆向分量引起两倍于电源频率的振荡转矩，叠加在同步转矩上。电机本身不存在异步转矩，所以，在异步状态时有一个使电机总转矩减少的制动转矩。

说明：在给定电压时，电机的电流与负载无关，仅取决于绕组电阻值，并与端电压大致成正比关系。随着绕组发热，绕组电阻值增大，电流值略有下降。

七、同步电动机的功角特性和矩角特性

1. 同步电动机的功角特性

同步电动机的功角特性是指在外加电源电压和励磁电流不变的条件下电磁功率 P_{em} 和功角 θ 之间的关系曲线，即 $P_{em}=f(\theta)$。

一般同步电动机的容量大，效率高，可忽略定子的铜损 p_{Cu}，则有：

$$\begin{aligned}P_{em} &\approx P_1 = 3U_1I_1\cos(\psi-\theta)\\ &= 3U_1I_1\cos\psi\cos\theta + 3U_1I_1\sin\psi\sin\theta\\ &= 3U_1I_q\cos\theta + 3U_1I_d\sin\theta\end{aligned}$$

由相量图可推出：

$$\left.\begin{aligned}I_q &= \frac{U_1\sin\theta}{x_q}\\ I_d &= \frac{E_0-U_1\cos\theta}{x_d}\end{aligned}\right\}$$

$$\begin{aligned}P_{em} &= \frac{3U_1E_0}{x_d}\sin\theta + \frac{3U_1^2}{2}\left(\frac{1}{x_q}-\frac{1}{x_d}\right)\sin 2\theta\\ &= P_{em1}+P_{em2}\end{aligned}$$

上式为凸极同步电动机功角特性表达式，从上式中可见，电磁功率分两部分：一部分是与励磁电流 I_f 产生的电势 E_0 成正比，称为励磁电磁功率（或称基本电磁功率），可表示为：

$$P_{em1} = \frac{3U_1E_0}{x_d}\sin\theta$$

当 U_1=常数，改变励磁电流 I_f 可改变 E_0 的大小，即可改变 P_{em1} 的大小，P_{em1} 与功角之间的关系如图 4.1.9 曲线 1 所示；另一部分与励磁电流大小无关，称为凸极电磁功

率（或称附加电磁功率），可表示为：

$$P_{em2}=\frac{3U_1^2}{2}\left(\frac{1}{x_q}-\frac{1}{x_d}\right)\sin 2\theta$$

可见，对于气隙均匀的隐极转子同步电抗为 $x_c=x_d=x_q$，所以 $P_{em2}=0$。凸极电磁功率 P_{em2} 与功角之间的关系如图 4.1.9 曲线 2 所示。图中曲线 3 是凸极同步电动机的功角特性，它是曲线 1 和曲线 2 的合成，隐极同步电动机功角特性表达式为：

$$P_{em}=\frac{3U_1E_0}{x_C}\sin\theta$$

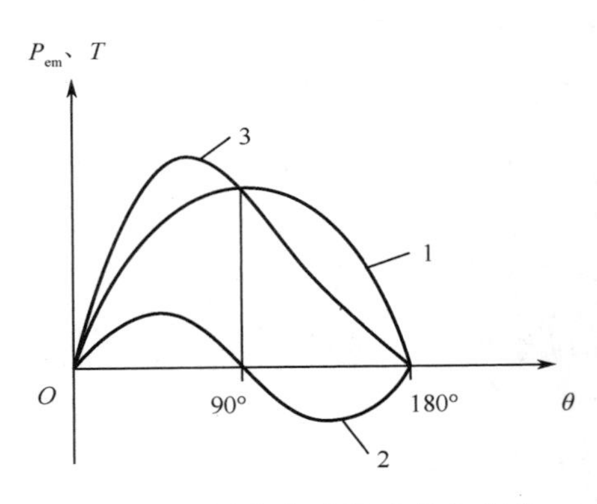

图 4.1.9　同步电动机功角与矩角特性曲线图

隐极同步电动机功角特性曲线如图 4.1.9 曲线 1 所示。

2. 同步电动机的矩角特性

同步电动机的矩角特性是指在外加电源电压和励磁电流不变的条件下电磁转矩 T 和功角 θ 之间的关系曲线，即 $T=f(\theta)$。

将功角特性表达式两边同除以同步角速度 Ω_1 可得凸极同步电动机矩角特性：

$$T=\frac{3U_1E_0}{x_d\Omega_1}\sin\theta+\frac{3U_1^2}{2\Omega_1}\left(\frac{1}{x_q}-\frac{1}{x_d}\right)\sin 2\theta$$

同理，隐极同步电动机矩角特性为：

$$T=\frac{3U_1E_0}{x_c\Omega_1}\sin\theta$$

可见，隐极同步电动机功角特性曲线如图 4.1.9 曲线 1 所示。

任务实施

小型同步发电机的拆解、组装。

一、准备工作

（1）分组并各自选出组长、记录员。

（2）抄铭牌，理解铭牌数据含义。

（3）抄接线图，理解各电机之间的关系。

发电机整机如图 4.1.10 所示，铭牌如图 4.1.11 所示，电枢如图 4.1.13 所示，励磁绕组如图 4.1.12 所示。

图 4.1.10　发电机整机

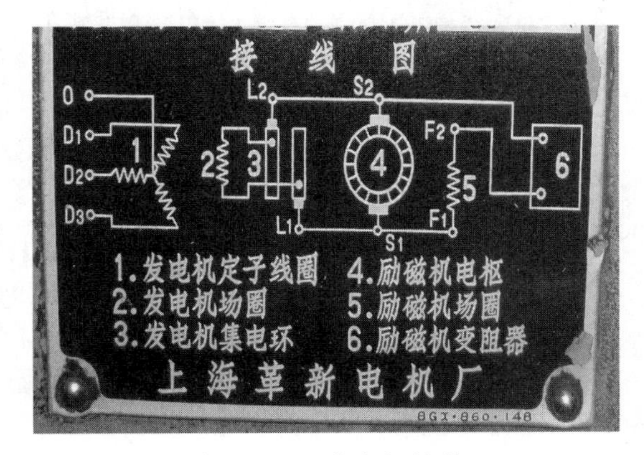

图 4.1.11　发电机铭牌

图 4.1.12　励磁绕组（转子绕组）

二、同步发电机的拆卸

（1）停电拆线。

（2）拆联轴器护罩。

图 4.1.13 电枢绕组（定子绕组）

（3）拆励磁机皮带轮护罩。

（4）拆皮带，手不要放在转动方向皮带内侧。

（5）拆下励磁机。

（6）拆地角螺丝，拔出销钉。

（7）拆联轴器。

（8）拆下同步发电机。

三、同步发电机的解体

（1）用拉子拆下皮带轮，取下键。

（2）拆轴承小盖。

（3）拆下通风罩。

（4）拆下电刷线，拔出电刷。

（5）拆下大端盖，拆下电刷架。

（6）拆联轴器侧大端盖螺丝，将机座转动 90°，抽出转子，注意定、转子不要相擦。

四、同步发电机的组装

（1）将转子穿入定子膛内,安装电刷架、电刷和引线。

（2）上好联轴器侧大端盖螺丝，注意端盖通风孔向下。

（3）装好皮带轮侧大端盖，上好螺丝。
（4）上好皮带轮侧小盖，注意与外盖与内盖安装好。
（5）装好键。
（6）借助套筒装皮带轮，注意皮带轮的槽与键对齐。
（7）把发电机安放在底座上，垫好垫片用直尺找正，水平高低左右对齐。
（8）穿上联轴器螺丝，注意不要上紧。
（9）安装励磁机，皮带轮侧要垂直找正。
（10）上好三角带，注意手不要放在皮带内侧。
（11）上好通风窗、联轴器护罩与皮带轮护罩。

任务验收

	序号	验收项目	验收结果		不合格原因分析
			合格	不合格	
老师评价	1	安全防护			
	2	工具准备			
	3	拆卸步骤			
	4	安装步骤			
	5	5s 执行			
自我评价	1	完成本次任务的步骤			
	2	完成本次任务的难点			
	3	完成结果记录			

自测与思考

1. 同步电机有哪些类型？
2. 同步电机的应用如何？
3. 同步电机是怎样工作的？
4. 简单叙述小型同步发电机拆卸方法和步骤。

任务二　同步电机的运行

任务描述

实训台上的是一台同步电动机，请采用异步启动的方式启动这台同步电动机。有办法吗？

学习目标

1．懂得同步电动机的启动方法。

2．理解同步电动机的调速。

知识平台

一、同步电动机的启动方法

同步电动机启动时，定子上立即建立起以同步转速 n_1 旋转的旋转磁场，而转子因惯性的作用不可能立即以同步转速旋转，因此主极磁场与电枢旋转磁场就不能保持同步状态，从而产生“失步”现象。所以同步电动机在启动时，没有启动力矩，如果不采取其他措施是不能自行启动的。

启动方法有辅助电动机启动法、调频启动法、异步启动法等，各种启动方法见表 4.2.1 所示。

表 4.2.1　同步电动机的启动方法

启动方法	启动过程和原理	特　点
辅助电动机启动法	选用与同步电动机极数相同的异步电动机（容量为同步电动机的 5%～15%）作为辅助电动机，启动时先由异步电动机拖动同步电动机启动，接近同步转速时，切断异步电动机的电源；同时接通同步电动机的励磁电源，将同步电动机接入电网，完成启动	只能用于空载启动，由于设备多，操作复杂，已基本不用
调频启动法	启动时将定子交流电源的频率降到很低的程度，定子旋转磁场的同步转速因而很低，转子励磁后产生的转矩即可使转子启动，并很容易进入同步运行。逐渐增加交流电源频率，使定子旋转磁场的转速和转子旋转同步上升，直到额定值	性能虽好，但变频电源比较复杂，目前采用不多。随变频技术的发展，调频启动法将更趋完善
异步启动法	依靠转子极靴上安装的类似于异步电动机的笼型绕组的启动绕组产生异步电磁转矩，把同步电动机当作异步电动机启动	目前同步电动机最常用的启动方法

异步启动法的启动电路图如图 4.2.1 所示。

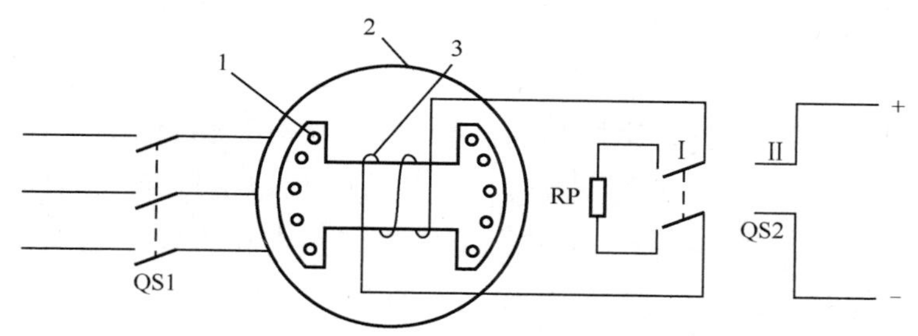

1—笼型启动绕组；2—同步电动机；3—同步电动机励磁绕组

图 4.2.1　同步电动机异步启动电路图

先合上开关 QS2 在 I 的位置，在同步电动机励磁回路串接一个约 10 倍于励磁绕组电阻的附加电阻 RP，将励磁绕组回路闭合，然后合上开关 QS1，给定子绕组通三相交流电，则同步电动机将在启动绕组作用下，异步启动。当转速上升到接近于同步转速（约 $0.95n_1$）时，迅速将开关 QS2 由 I 位合至Ⅱ位，给转子通直流电流励磁，依靠定子旋转磁场与转子磁极之间的吸引力，将同步电动机牵入同步速度运行。转子到达同步转速以后，转子笼型启动绕组导体与电枢磁场之间就处于相对静止状态，笼型绕组中的导体中因没有感应电流而失去作用，启动过程随之结束。

注意： 同步电动机异步启动时，同步电动机的励磁绕组切忌开路。因为刚启动时，定子旋转磁场相对于转子的转速很大，而励磁绕组的匝数又很多，因此会在励磁绕组中产生很高的感应电动势，可能会破坏励磁绕组的绝缘，造成人身和设备安全事故。但也不能将励磁绕组直接短接，否则会使同步电动机的转速无法上升到接近同步转速，使同步电动机不能正常启动。

二、同步电动机的调速

同步电动机的转速只能由供电频率决定，若要调整，只能改变供电频率（可使用变频器）。

同步机调速系统的类型如下所示。

类型 1：他控变频调速系统，即用独立的变压变频装置给同步电动机供电的系统。

类型 2：自控变频调速系统，即用电动机本身轴上所带转子位置检测器或电动机反电动势波形提供的转子位置信号来控制变压变频装置换相时刻的系统。

1. 他控变频同步电动机调速系统

与异步电动机变压变频调速一样，用独立的变压变频装置给同步电动机供电的系统称作他控变频调速系统。该类型可分为三种方式。

方式 1：转速开环恒压频比控制的同步电动机群调速系统。

方式 2：交-直-交电流型负载换流变压变频器供电的同步电动机调速系统。

方式 3：交-交变压变频器供电的大型低速同步电动机调速系统。

（1）转速开环恒压频比控制的同步电动机群调速系统

转速开环恒压频比控制的同步电动机群调速系统是一种最简单的他控变频调速系统，多用于化纺工业小容量多电动机拖动系统中。

系统组成：如图 4.2.2 所示。

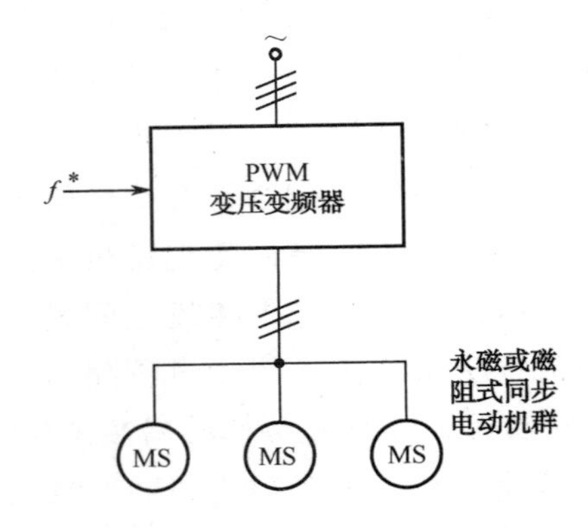

图 4.2.2　多台同步电动机的恒压频比控制调速系统

系统控制：多台永磁或磁阻同步电动机并联接在公共的电压源型 PWM（脉冲宽度调制）变压变频器上，由统一的频率给定信号 f^*同时调节各台电动机的转速。

带定子压降补偿的恒压频比控制保证了同步电动机气隙磁通恒定，缓慢地调节频率给定 f^*可以逐渐地同时改变各台电机的转速。

（2）交-直-交电流型负载换流变压变频器供电的同步电动机调速系统

对于经常在高速运行的机械设备，定子常用交-直-交电流型变压变频器供电，其电机侧变换器（即逆变器）比给异步电动机供电时更简单，可以省去强迫换流电路，而利用同步电动机定子中的感应电动势实现换相。这样的逆变器称作负载换流逆变器（Load-commutated Inverter，LCI）。

系统组成如图 4.2.3 所示。

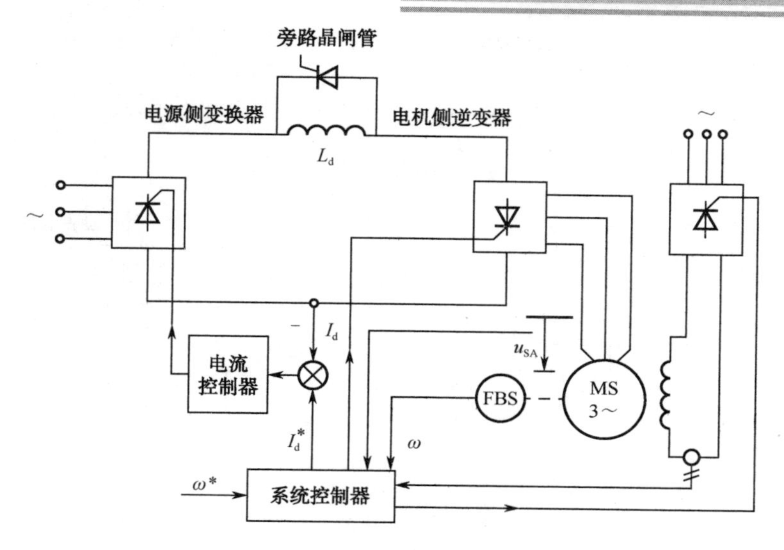

图 4.2.3　交-直-交电流型负载换流变压变频器供电的同步电动机调速系统

系统控制：系统控制器的程序包括转速调节、负载换流控制和励磁电流控制，FBS 是测速反馈环节，由于变压变频装置是电流型的，从而还单独画出了电流控制器。

说明：LCI 同步调速系统在启动和低速时存在换流问题。

低速时同步电动机感应电动势不够大，不足以保证可靠换流，当电机静止时，感应电动势为零，根本就无法换流。

换流问题解决方案：当低速时，需采用“直流侧电流断续”的特殊方法，使中间直流环节电抗器的旁路晶闸管导通，让电抗器放电，同时切断直流电流，允许逆变器换相，换相后再关断旁路晶闸管，使电流恢复正常。用这种换流方式可使电动机转速升到额定值的 3%~5%，然后再切换到负载电动势换流。

（3）交-交变压变频器供电的大型低速同步电动机调速系统

大型同步电动机变压变频调速系统用于低速的电力拖动，如无齿轮传动的可逆轧机、矿井提升机、水泥转窑等。

该系统由交-交变压变频器供电，其输出频率为 20~25Hz（当电网频率为 50Hz 时），对于一台 20 极的同步电动机，同步转速为 120~150r/min，直接用来拖动轧钢机等设备是很合适的，可以省去庞大的齿轮传动装置。

系统组成：如图 4.2.4 所示。

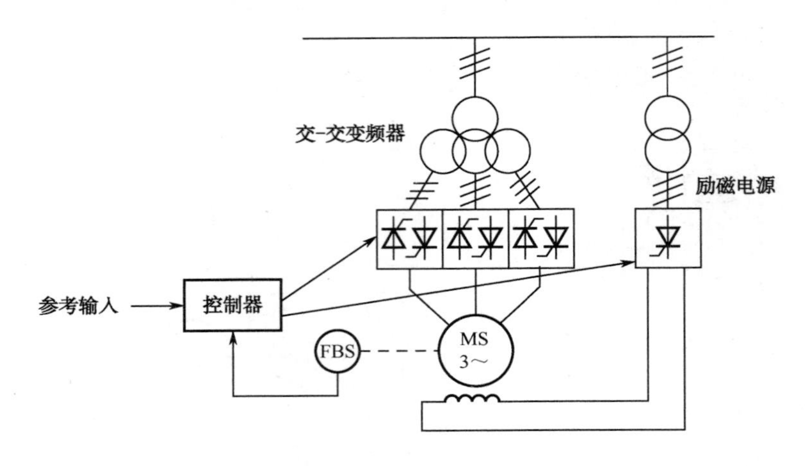

图 4.2.4 交-交变压变频器供电的大型低速同步电动机调速系统

2. 自控变频同步电动机调速系统

基本结构与原理：

（1）在电动机轴端装有一台转子位置检测器 BQ，由它发出的信号控制变压变频装置的逆变器 UI 换流，从而改变同步电动机的供电频率，保证转子转速与供电频率同步。系统结构原理图如图 4.2.5 所示。

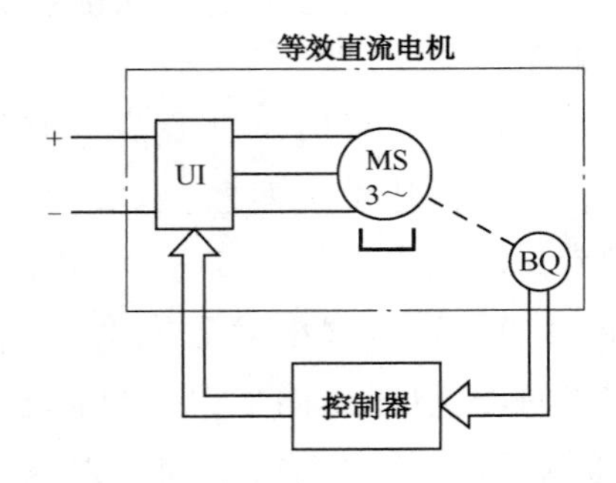

图 4.2.5 自控变频同步电动机调速系统结构原理图

（2）从电动机本身看，它是一台同步电动机，但是如果把它和逆变器 UI、转子位置检测器 BQ 合起来看，就像是一台直流电动机。直流电动机电枢里面的电流本来就是交变的，只是经过换向器和电刷才在外部电路表现为直流，这时，换向器相当于机械式的逆变器，电刷相当于磁极位置检测器。这里，则采用电力电子逆变器和转子位置检测器替代机械式换向器和电刷。

自控变频同步电动机的分类：自控变频同步电动机在其开发与发展的过程中，曾采用多种名称，有的至今仍习惯性地使用着，它们是无换向器电动机（多用于带直流励磁绕组的同步电机）、三相永磁同步电动机（输入正弦波电流时）和无刷直流电动机（采用方波电流时）。

永磁同步电机和无刷直流电机都具有定子三相分布绕组和永磁转子，定子电流与转子永磁磁通互相独立，转矩恒定性好，脉动小，可以获得很宽的调速范围，适用于要求高性能的数控机床、机器人等场合。目前已广泛应用于各种领域，如医疗仪器、过程控制、机床工业、纺织工业和轻工机械等。

无刷直流电动机实质上是一种特定类型的同步电动机，调速时只在表面上控制了输入电压，实际上也自动地控制了频率，仍属于同步电动机的变压变频调速。

永磁无刷直流电动机的转子磁极采用瓦形磁钢，经专门的磁路设计，可获得梯形波的气隙磁场，定子采用集中整距绕组，因而感应的电动势也是梯形波的。由逆变器提供与电动势严格同相的方波电流，则梯形波永磁同步电动机同一相（如 A 相）的电动势 e_A 和电流波 i_A 波形图如图 4.2.6 所示。

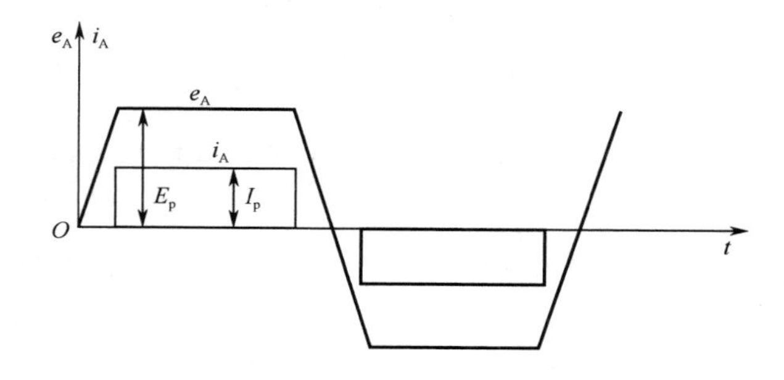

图 4.2.6 梯形波永磁同步电动机的电动势与电流波形图

由于各相电流都是方波，逆变器的电压只需按直流 PWM 的方法进行控制，所以梯形波永磁同步电动机的自控变频调速系统比各种交流 PWM 控制都要简单得多，但由于绕组电感的作用，换相时电流波形不可能突跳，其波形实际上只能是近似梯形的，因而通过气隙传送到转子的电磁功率也是梯形波。

实际的转矩波形每隔 60° 都出现一个缺口，而用 PWM 调压调速又使平顶部分出现纹波，这样的转矩脉动使梯形波永磁同步电动机的调速性能低于正弦波的永磁同步电动机。

由于梯形波永磁同步电动机（即无刷直流电动机）的转矩与电流成正比，和一般的直流电动机相当，其控制系统也和直流调速系统一样，要求不高时，可采用开环调速，对于动态性能要求较高的负载，可采用双闭环控制系统。

无论是开环还是闭环系统，都必须具备转子位置检测、发出换相信号、调速时对直流电压的 PWM 控制等功能，现已生产出专用的集成化芯片，比如 MC33033、MC33035 等。

梯形波永磁同步电机的等效电路与逆变器电路原理如图 4.2.7 所示。

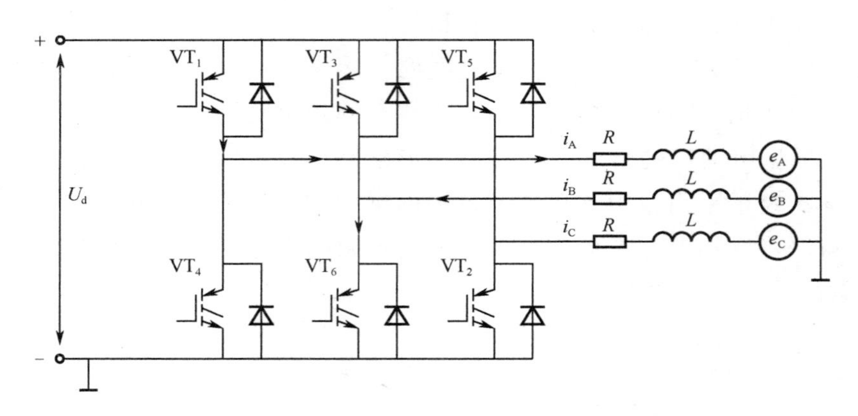

图 4.2.7　梯形波永磁同步电动机的等效电路及逆变器主电路原理图

任务实施

（1）设备、工具与材料的准备。

电动机：小型同步发电机、微型同步电动机各一台。

工具：螺丝刀（一字、十字）、剥线钳、万用表、兆欧表等。

耗材：绝缘胶布、导线（多种规格）等。

（2）选择合适的器材对同步电机进行接线，反复检查无误并请老师指导。

（3）选择合适的器材对微型同步电动机进行调速接线，并反复检查无误后在老师指导下通电试运行。

注意： 通电之前必须进行电路的电路测试和漏电检测。

任务验收

	序号	验收项目	验收结果		不合格原因分析
			合格	不合格	
老师评价	1	安全防护			
	2	工具准备			
	3	接线步骤			
	4	启动效果			
	5	调速效果			
	6	5s 执行			
自我评价	1	完成本次任务的步骤			
	2	完成本次任务的难点			
	3	完成结果记录			

自测与思考

1．同步电动机为什么不能自行启动？一般采用什么方法启动？
2．异步启动法启动同步电动机时，为什么其励磁绕组要通过电阻短路？
3．同步电机的应用如何？
4．同步电机如何实现调速？

交流发电机

任务一　认识交流发电机

教室里使用的电源是如何得来的？我们实训台的这台设备是一种发电机组，今天的任务就是进行拆卸与安装发电机组。

学习目标

1．掌握常用交流发电机组的种类。

2．掌握常用交流发电机组的工作原理。

3．学会小型发电机组的拆装。

一、常用交流发电机组的种类

汽车所用的发电机可分为直流发电机和交流发电机，由于交流发电机在许多方面优于直流发电机，从而直流发电机已被淘汰，目前所有汽车均采用交流发电机。交流发电机按照不同的分类方法分为以下几类。

1．按总体结构分

（1）普通交流发电机（使用时需要配装电压调节器的发电机）　例如，JF132 发动机（EQ140 用）。

（2）整体式交流发电机（发电机和调节器制成一个整体的发电机）　例如，别克轿车的发动机上装配的是 CS 型发电机（包括 CS—121、CS—130 和 CS—144 三种不同

的型号）。

（3）带泵交流发电机（和汽车制动系统用真空助力泵安装在一起的发电机）例如，JFZB292 发电机。

（4）无刷交流发电机（不需要电刷的发电机）例如，JFW1913。

（5）永磁交流发电机（磁极为永磁铁制成的发电机）。

2. 按整流器结构分

（1）六管交流发电机 例如，JF1522（东风汽车用）。

（2）八管交流发电机 例如，JFZ1542（天津夏利汽车用）。

（3）九管交流发电机 例如，（日本日立、三凌、马自达汽车用）。

（4）十一管交流发电机 例如，JFZ1913Z（奥迪、桑塔纳汽车用）。

3. 按磁场绕组搭铁形式分

（1）内搭铁型交流发电机 磁场绕组的一端（负极）直接搭铁（和壳体相联）。

（2）外搭铁型交流发电机 磁场绕组的一端（负极）接入调节器，通过调节器后再搭铁。

二、常用交流发电机组的工作原理

1. 水轮发电机原理

水轮发电机是由水轮机驱动的发电机。由于水电站自然条件的不同，水轮发电机组的容量和转速的变化范围很大。通常小型水轮发电机和冲击式水轮机驱动的高速水轮发电机多采用卧式结构，而大、中型代速发电机多采用立式结构。由于水电站多数处在远离城市的地方，通常需要经过较长输电线路向负载供电，因此，电力系统对水轮发电机的运行稳定性提出了较高的要求：电机参数需要仔细选择；对转子的转动惯量要求较大。所以，水轮发电机的外型与汽轮发电机不同，它的转子直径大而长度短。水轮发电机组启动、并网所需时间较短，运行调度灵活，它除了一般发电以外，特别适宜于作为调峰机组和事故备用机组。水轮发电机组的最大容量已达 70 万千瓦。

柴油发电机是由内燃机驱动的发电机。它启动迅速，操作方便。但内燃机发电成本较高，所以柴油发电机组主要用作应急备用电源，或在流动电站和一些大电网还没有到达的地区使用。柴油发电机转速通常在 1000r/min 以下，容量在几千瓦到几千千瓦之间，尤以 200 千瓦以下的机组应用较多。它制造比较简单。柴油机轴上输出的转矩呈周期性脉动，所以发电机是在剧烈振动的条件下工作。因此，柴油发电机的结构部件，特别是转轴要有足够的强度和刚度，以防止这些部件因振动而断裂。此外，为防止因转矩脉动而引起发电机旋转角速度不均匀，造成电压波动，引起灯光闪烁，柴油发电机的转子也要求有较大的转动惯量，而且应使轴系的固有扭振频率与柴油机的转矩脉动中任一交变分量的频率相差20%以上，以免发生共振，造成断轴事故。

柴油发电机组主要由柴油机、发电机和控制系统组成。柴油机和发电机有两种连接方式，一为柔性连接，即用连轴器把两部分对接起来；二为刚性连接，用高强度螺栓将发电机钢性连接片和柴油机飞轮盘连接而成，目前使用刚性连接比较多一些，柴油机和发电机连接好后安装在公共底架上，然后配上各种传感器，如水温传感器，通过这些传感器，把柴油机的运行状态显示给操作员，而且有了这些传感器，就可以设定一个上限，当达到或超过这个限定值时，控制系统会预先报警，这个时候如果操作员没有采取措施，控制系统会自动将机组停掉，柴油发电机组就是采取这种方式起自我保护作用的。传感器起接收和反馈各种信息的作用，真正显示这些数据和执行保护功能的是机组本身的控制系统。

2. 风力发电机原理

风力发电机是将风能转换为机械功的动力机械，又称风车。广义地说，它是一种以太阳为热源，以大气为工作介质的热能利用发动机。风力发电利用的是自然能源，相对柴油发电要好得多。但是若应急来用的话，还是不如柴油发电机。风力发电不可视为备用电源，但是却可以长期利用。

风力发电的原理是利用风力带动风车叶片旋转，再透过增速机将旋转的速度提升来促使发电机发电。依据目前的风车技术，大约是每秒三米的微风速度（微风的程度）便可以开始发电。

风力发电正在世界上形成一股热潮，因为风力发电没有燃料问题，也不会产生辐射或空气污染。风力发电在芬兰、丹麦等国家很流行，我国也在西部地区大力提倡。小型风力发电系统效率很高，但它不是只由一个发电机头组成的，而是一个有一定科技含量的小系统：风力发电机、充电器和数字逆变器。风力发电机由机头、转体、尾翼、叶片组成。每一部分都很重要，各部分功能为：叶片用来接受风力并通过机头转为电能；尾翼使叶片始终对着来风的方向从而获得最大的风能；转体能使机头灵活地转动以实现尾翼调整方向的功能；机头的转子是永磁体，定子绕组切割磁力线产生电能。

风力发电机因风量不稳定，故其输出的是13～25V变化的交流电，需经充电器整流，再对蓄电瓶充电，使风力发电机产生的电能变成化学能。然后用有保护电路的逆变电源，把电瓶里的化学能转变成交流220V市电，才能保证稳定使用。

通常人们认为，风力发电的功率完全由风力发电机的功率决定，总想选购大一点的风力发电机，而这是不正确的。目前的风力发电机只是给电瓶充电，而由电瓶把电能贮存起来，人们最终使用电功率的大小与电瓶大小有更密切的关系。功率的大小更主要取决于风量的大小，而不仅是机头功率的大小。在内地，小的风力发电机会比大的更合适。因为它更容易被小风量带动而发电，持续不断的小风会比一时狂风更能供给较大的能量。当无风时，人们还可以正常使用风力带来的电能，也就是说一台 200W 风力发电机也可以通过大电瓶与逆变器的配合使用，获得 500W 甚至 1000W 乃至更大的功率。

使用风力发电机，就是源源不断地把风能变成我们家庭使用的标准市电，其节约的程度是明显的，一个家庭一年的用电只需 20 元电瓶液的代价。而现在的风力发电机比几年前的性能有很大改进，以前只是在少数边远地区使用，风力发电机接一个 15W 的灯泡直接用电，一明一暗并会经常损坏灯泡。而现在由于技术进步，采用先进的充电器、逆变器，风力发电成为有一定科技含量的小系统，并能在一定条件下代替正常的市电。山区可以借此系统做一个常年不花钱的路灯；高速公路可用它做夜晚的路标灯；山区的孩子可以在日光灯下晚自习；城市小高层楼顶也可用风力电机，这不但节约，而且还是真正的绿色电源。家庭用风力发电机，不但可以防止停电，而且还能增加生活情趣。在旅游景区、边防、学校、部队乃至落后的山区，风力发电机正在成为人们的采购热点。无线电爱好者可用自己的技术在风力发电方面为山区人民服务，使人们看电视及照明用电与城市同步，也能使自己劳动致富。

3. 柴油发电机原理

柴油机驱动发电机运转，将柴油的能量转化为电能。在柴油机汽缸内，经过空气滤清器过滤后的洁净空气与喷油嘴喷射出的高压雾化柴油充分混合，在活塞上行的挤压下，体积缩小，温度迅速升高，达到柴油的燃点。柴油被点燃，混合气体剧烈燃烧，体积迅速膨胀，推动活塞下行，称为“作功”。各汽缸按一定顺序依次作功，作用在活塞上的推力经过连杆变成了推动曲轴转动的力量，从而带动曲轴旋转。将无刷同步交流发电机与柴油机曲轴同轴安装，就可以利用柴油机的旋转带动发电机的转子，利用“电磁感应”原理，发电机就会输出感应电动势，经闭合的负载回路就能产生电流。

这里只描述发电机组最基本的工作原理。要想得到可使用的、稳定的电力输出，还需要一系列的柴油机和发电机控制、保护器件和回路。柴油发电机组是一种独立的发电设备，系指以柴油等为燃料，以柴油机为原动机带动发电机发电的动力机械。整套机组一般由柴油机、发电机、控制箱、燃油箱、启动和控制用蓄电瓶、保护装置、应急柜等部件组成。整体可以固定在基础上，定位使用，亦可装在拖车上，供移动使用。柴油发电机组属非连续运行发电设备，若连续运行超过 12 小时，其输出功率将低于额定功率约 90%。尽管柴油发电机组的功率较低，但由于其体积小、灵活、轻便、配套齐全，便于操作和维护，所以广泛应用于矿山、铁路、野外工地、道路交通维护，以及工厂、企业、医院等部门，作为备用电源或临时电源。同时这种小型的发电机组也可以作为小型的移动电站使用，成为很多企业的后备电源。

任务实施

一、发电机拆卸工具的认识

参见表 2.1.2 所示。

二、小型汽油发电机的拆装

1. 小型汽油发电机的拆卸

（1）拆汽油发电机组件

① 拆下气缸盖定螺钉，注意螺钉应从两端向中间交叉旋松，并且分 3 次才卸下螺钉。

② 抬下气缸盖。

③ 取下气缸垫，注意气缸垫的安装朝向。

④ 旋松油底壳 20 的放油螺钉，放出油底壳内机油。

⑤ 翻转发动机，拆卸油底壳固定螺钉（注意螺钉也应从两端向中间旋松）。拆下油底壳和油底壳密封垫。

⑥ 旋松机油滤清器的固定螺钉，拆卸机油滤清器、机油泵链轮和机油泵。

（2）拆卸发动机活塞连杆组件

① 转动曲轴，使发动机 1、4 缸活塞处于下止点。

② 分别拆卸 1、4 缸的连杆的紧固螺母，取下连杆轴承盖，注意连杆配对记号，并按顺序放好。

③ 用橡胶锤或锤子木柄分别推出 1、4 缸的活塞连杆组件，用手在气缸出口接住并取出活塞连杆组件，注意活塞安装方向。

④ 将连杆轴承盖、连杆螺栓、螺母按原位置装回，不同缸的连杆不能互相调换。

⑤ 用同样方法拆卸 2、3 缸的活塞连杆组。

（3）拆卸发动机曲轴飞轮组

① 旋松飞轮紧固螺钉，拆卸飞轮，飞轮比较重，拆卸时注意安全。

② 拆卸曲轴前端和后端密封凸缘及油封。

③ 按书本要求所示从两端到中间旋松曲轴主轴承盖紧固螺钉，并注意主轴承盖的装配记号与朝向，不同缸的主轴承盖及轴瓦不能互相调换。

④ 抬下曲轴，再将主轴承盖及垫片按原位装回，并将固定螺钉拧入少许。注意曲轴推力轴承的定位及开口的安装方向。

（4）发动机零部件清洗

① 清除发动机零部件的所有油泥和污垢，刮除气缸、气缸盖及活塞积炭。

② 在专用油池中清洗发动机零部件，尤其是活塞连杆组件和曲轴飞轮组件。

2．小型汽油发电机的安装

（1）按照发动机拆卸的相反顺序安装所有零部件。

（2）安装注意事项如下。

① 安装活塞连杆组件和曲轴飞轮组件时，应该特别注意互相配合运动表面的高度清洁，并于装配时在相互配合的运动表面上涂抹机油。

② 各配对的零部件不能相互调换，安装方向也应该正确。

③ 各零部件应按规定力矩和方法拧紧，并且按两到三次拧紧。

④ 活塞连杆组件装入气缸前，应使用专用工具将活塞环夹紧，再用锤子木柄将活塞组件推入气缸。

⑤ 安装正时齿轮带时，应注意使曲轴正时齿形带轮位置与机体记号对齐并与凸轮轴正时齿形带轮的位置配合正确。

任务验收

	序号	验收项目	验收结果		不合格原因分析
			合格	不合格	
老师评价	1	安全防护			
	2	工具准备			
	3	拆卸步骤			
	4	安装步骤			
	5	运行效果			
	6	5s 执行			
自我评价	1	完成本次任务的步骤			
	2	完成本次任务的难点			
	3	完成结果记录			

自测与思考

1．交流发电机组有哪些类型？

2．简述柴油发电机组的工作原理。

3．如何进行小型汽油发电机组的拆装？

任务二　小型单相汽油发电机组的应用

任务描述

今天实习车间停电了，为了能够正常学习，我们需要对这台小型汽油发电机进行使用操作，并进行维护保养。

学习目标

1. 理解小型单相汽油发电机组的结构及工作原理。
2. 掌握小型单相汽油发电机组的使用。
3. 掌握小型单相汽油发电机组的维护保养。

知识平台

一、小型单相汽油发电机组的结构及工作原理

汽油发电机组是利用汽油机的动力，带动发电机转子旋转产生感应电动势，从而输出交流电能的机电系统。小型汽油发电机外形如图 5.2.1 所示。

图 5.2.1　汽油发电机外形图

汽油机和发电机是汽油发电机组最主要的组成部分，是机械部分的主体。汽油机是汽油发动机的简称，汽油发电机组中的发电机一般情况下是交流同步发电机。

汽油发动机是以汽油为燃料的内燃机。所谓内燃机，就是把燃料在气缸内燃烧产生的热能转化为机械能的机器。图 5.2.2 是汽油发动机的结构示意图。它的工作原理是：当汽油和空气的混合气体进入气缸时，被上行的活塞压缩到燃烧室中用电火花点燃，迅速燃烧的混合气使气缸内的压力骤然膨胀，压迫活塞做下行运动，经过连杆的传递给曲轴转变成旋转运动。由于惯性作用，曲轴继续旋转，带动活塞做上行运动，排出废气，之后又重新压缩进入气缸的混合气，如此循环往复，产生动力。

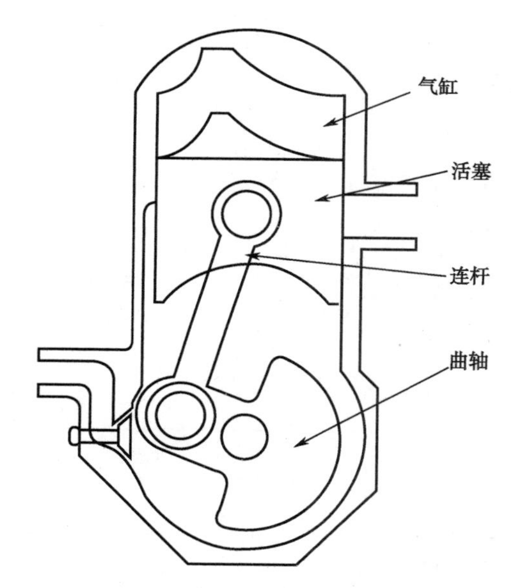

图 5.2.2　汽油发动机结构示意图

发动机每经过进气、压缩、膨胀和排气四个过程，叫做完成一个工作循环。凡是活塞在气缸内上下运动共四次，曲轴旋转两周完成一个工作循环的发动机，叫四冲程发动机。而活塞上下运动两次，曲轴旋转一周完成一个工作循环则叫二冲程发动机。

燃烧过程是汽油机工作循环中最重要的一个环节，在混合气进入气缸以后，汽油机利用火花塞放电产生的高压电火花点燃混合气，混合气燃烧放热，使气缸内的压力骤然升高，将活塞从上止点推动到下止点，从而产生动力。燃烧过程中燃料的化学能先转化为热能，然后又转化成机械能。燃烧的效率将直接影响到汽油机工作的性能，燃料燃烧的越充分，释放的热量就越多，转化的机械能也就越多。

对燃烧过程的要求主要有两个。一是燃烧的速率，燃烧越快，燃烧就越及时，压力上升就越快，有利于热功转换；二是燃烧时机，一般要求燃烧放热的过程在活塞接近上止点时进行。

二、小型单相汽油发电机组的使用

小型汽油发电机组结构紧凑，使用方便，工作可靠稳定。在购置前，应先计算出总用电负荷的大小，然后选择稍大于用电负荷的发电机。现以 1kW 的小型汽油发电机组为例，介绍其线路安装及使用方法。其线路图如图 5.2.3 所示。

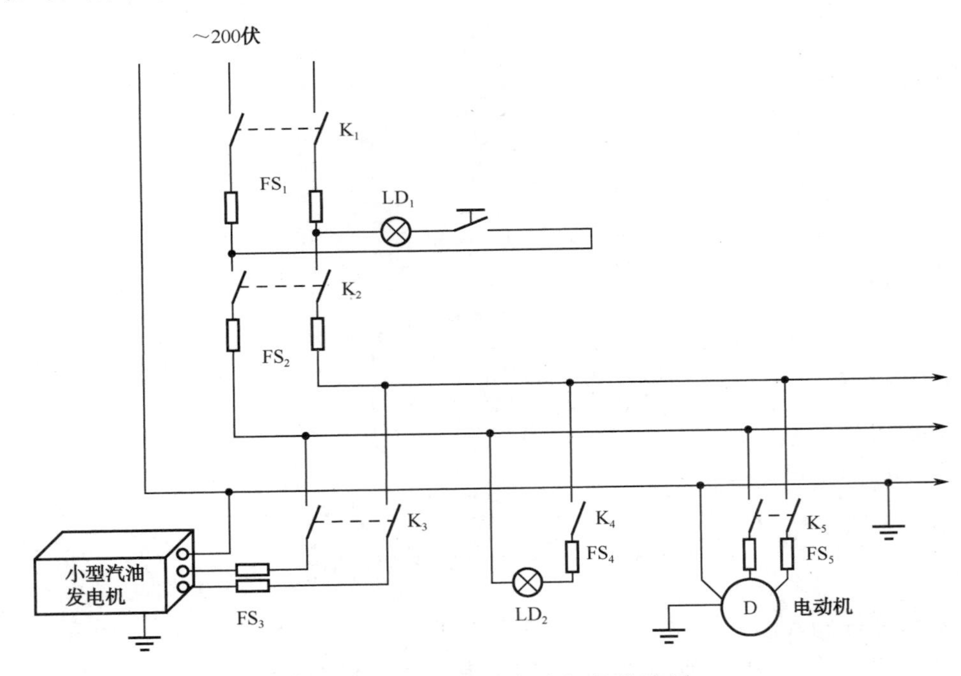

图 5.2.3　小型汽油发电机组线路图

在使用时，必须先断开供电部分的开关，然后才能把装满汽油的发电机油门打开，将风门调到适当位置，再拉发动拴，使发电机工作。这种发电机开始工作后，能迅速将交流电压自动稳定在 220V 左右，并且使频率自动调整到 50Hz，但使用时应注意下面几点。

（1）使用时打开风挡和进油阀，不用时关闭进油阀。

（2）使用发电机时，机壳应有保护地线，并使发电机的地线与电源设备的保护地线连接在一起。

（3）发电时应严格按规程操作，确保人身和电气设备安全。应在外来电源（供电部门电源）断开后才能投人自发电源，并要安装外来电源的供电指示灯（如图 5.2.3 中的 LD_1）。待外来电源送电时，应首先断开电源闸刀 K_3，合上外来电源闸刀 K_1，以防反送电。汽油发电机接线电线应选用耐压在 250V 以上，额定电流应大于发电机输出电源的额定值，接地导线应选用多股钢丝绝缘线，其截面积应大于 $4mm^2$ 。

任务实施

小型单相汽油发电机组的维护保养。

说明：由于各项目现多使用科勒（KOHLER）汽油发电机，故在本小节以该型号发电机为例进行说明。

第一部分　日常维护

在每次使用发电机前应做下列检查，以确保发电机安全正常使用。

（1）检查油箱中的汽油是否充足。

（2）检查燃油阀和输油管路是否有漏油渗油现象。

（3）检查机油油面是否处于上限与下限之间。

（4）检查机油油质，确定是否需要更换。

（5）检查启动电池电压是否在 12V 以上，并观察电池外观是否有破损漏液现象。

（6）若发电机长时间不用（一个月以上），启动电池会因自放电而亏电，应用外接充电器给电池充电。

第二部分　定期保养

1. 更换机油和机滤

若天气寒冷，应启动发电机，运转一分钟。停机后先将机油放出，再用机滤专用扳手，逆时针旋转将机滤卸下。清洁机滤接口，在新机滤密封圈上涂抹适量新机油。用手将新机滤轻轻拧入至无法转动后，再用机滤专用板手拧紧（1/2 圈左右）。检查放油阀和机滤接口处有无渗漏油现象。

（1）发电机在初次使用 20 小时后，应立即更换机油和机滤。

（2）每使用 100 小时后，必须更换机油和机滤。恶劣环境下需增加次数，采用黏度为 SAE10W30，API 等级为 SG、SH、SJ 或更高的清洁机油。

2. 空气滤芯的更换和保养

发电机每使用 100 小时需清理空气滤芯，每 200 小时必须更换。恶劣环境下需增加清洁次数，必要时更换。

（1）将空气滤芯盖取下，轻轻地卸下外侧海棉，用温水浸泡洗净，不得拧洗。

（2）取出主滤芯，用毛刷清扫或轻轻磕掉附着的尘土杂质。

（3）当发电机使用满 200 小时后，清洗海棉并更换滤芯。

（4）火花塞的清洗和更换，发电机每使用 100 小时应检查火花塞间隙和清理积炭，每 300 小时更换。

（5）用手拔出高压橡皮帽，用火花塞套筒扳手将火花塞卸下。

（6）检查火花塞是否褪色并清除积炭，其标准颜色为褐色。

（7）检查火花塞间隙，正常为 0.7～0.8mm。

3. 油箱和滤网的清洁、汽油滤芯的更换

发电机每使用 300 小时或一年后，应清洁油箱、燃油阀及其滤网，并更换汽油滤芯。

（1）燃油阀的清洗

① 将燃油阀门杆转至 OFF 位置。

② 使用溶剂进行清洁。

③ 擦干净。

④ 检查密封圈垫圈，若有损坏，应更换。

（2）燃油箱滤网的清洗

① 取下燃油箱盖和过滤器。

② 用溶剂清洁过滤器，若有损坏应更换。

③ 擦干过滤器，将其插入燃油箱。

（3）燃油滤芯的清洗

发电机每使用 300 小时或一年后，应更换汽油滤芯（若所使用汽油杂质过多，则应酌情提前更换），更换时同时检查油管是否有断裂现象，酌情更换。

4. 启动电池的维护

采用的启动电池为全免维护电池，不需要加注蒸馏水，发电机正常运转时，会自动给启动电池充电，若长时间不用，则应采用外接充电器充电。

任务验收

<table>
<tr><th rowspan="2"></th><th rowspan="2">序号</th><th rowspan="2">验收项目</th><th colspan="2">验收结果</th><th rowspan="2">不合格原因分析</th></tr>
<tr><th>合格</th><th>不合格</th></tr>
<tr><td rowspan="5">老师评价</td><td>1</td><td>安全防护</td><td></td><td></td><td></td></tr>
<tr><td>2</td><td>工具准备</td><td></td><td></td><td></td></tr>
<tr><td>3</td><td>保养方法</td><td></td><td></td><td></td></tr>
<tr><td>4</td><td>保养效果</td><td></td><td></td><td></td></tr>
<tr><td>5</td><td>5s 执行</td><td></td><td></td><td></td></tr>
<tr><td rowspan="3">自我评价</td><td>1</td><td colspan="4">完成本次任务的步骤</td></tr>
<tr><td>2</td><td colspan="4">完成本次任务的难点</td></tr>
<tr><td>3</td><td colspan="4">完成结果记录</td></tr>
</table>

自测与思考

1. 简述小型单相汽油发电机组的结构及工作原理。
2. 如何使用小型单相汽油发电机组？
3. 进行小型单相汽油发电机组的日常维护有什么意义？
4. 如何进行小型单相汽油发电机组的保养？

特种电机

任务一 步进电动机的使用与保养

任务描述

1．实现步进电动机的启动、停止、正转、反转控制。

2．实现步进电动机的精确位置控制。

学习目标

1．了解步进电动机的基本结构和分类。

2．了解步进电动机的工作原理。

3．掌握步进电动机的控制和使用方法。

4．了解步进电动机的保养方法。

知识平台

一、步进电动机的基本结构和分类

步进电动机是一种将电脉冲信号转换成角位移或线位移的一种控制电动机。其运行特点是每输入一个电脉冲信号，电动机就转动一个角度或前进一步。如果连续输入脉冲信号，它就一步接一步，转过一个角度又一个角度。因此，步进电动机又称为脉冲电动机。如图 6.1.1 所示为步进电动机的实物图。

图 6.1.1 步进电动机

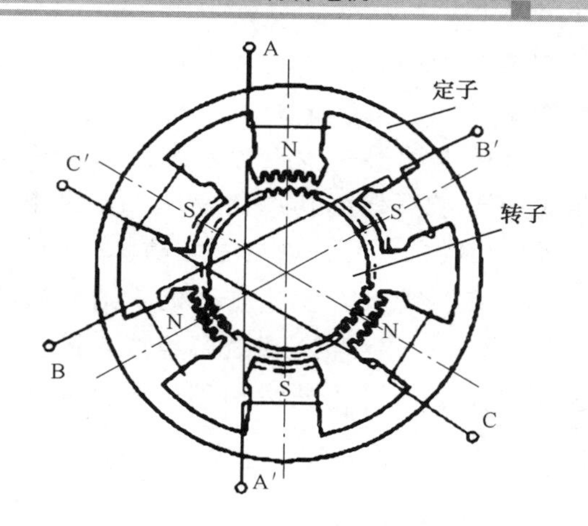

图 6.1.2 反应式步进电动机结构示意图

步进电动机的工作状态相对不易受电源、环境条件及负载波动的影响，它可以工作于步进状态和连续状态，改变脉冲相序和频率可调整步进电动机的转向与转速。它的调速范围较宽且平滑性较好，步距误差无长期累积现象，结构简单，运行稳定可靠，广泛应用于自动控制系统，尤其是在数字控制系统中作为执行元件。随着数字计算技术的发展，步进电动机的应用日益广泛。例如，在数控机床、绘图机、自动记录仪表和数/模转换装置中，都使用了步进电动机。

步进电动机的种类很多，按其工作原理可分为反应式、永磁式和感应子式永磁步进电动机三种。但目前应用较多的是反应式步进电动机。

1. 反应式步进电动机

反应式步进电动机的结构如图 6.2.1 所示，主要由两部分构成：定子和转子，它们均由磁性材料构成。一般定子相数为 2~6 相，每相两个绕组套在一对定子磁极上，称为控制绕组，转子上是无绕组的铁芯，这种结构形式使电动机制造简便，精度易于保证，步距角又可以做得较小，容易得到较高的启动和运行频率。其缺点是：在电动机的直径较小而相数又较多时，沿径向分相较为困难。

2. 永磁式步进电动机

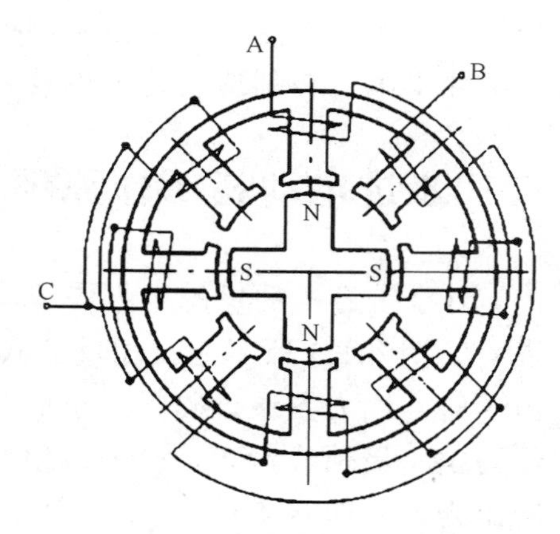

图 6.1.3 永磁式步进电动机的结构示意图

永磁式步进电动机的结构如图 6.1.3 所示，它的定子是凸极式，装设两相或多相绕组；转子是一对极或多对极的星形永久磁钢。转子的极数应与定子每相极数相同。定子为两相集中绕组，每相有 2 对磁极，因此转子也是 2 对极的永磁转子。

这种电动机的步距角较大，启动和运行频率均较低，并且还需要采用正、负脉冲供电。但它消耗的功率比反应式步进电动机小，又具有定位转矩。

3. 感应子式永磁步进电动机

感应子式永磁步进电动机的结构如图 6.1.4 所示。定子磁极的极面上开有一小齿，转子由环形磁钢和两端铁芯组成。两端转子铁芯的外圆周上有均布齿槽，彼此相错 1/2 齿距，定子与转子的齿形和齿距完全相同。

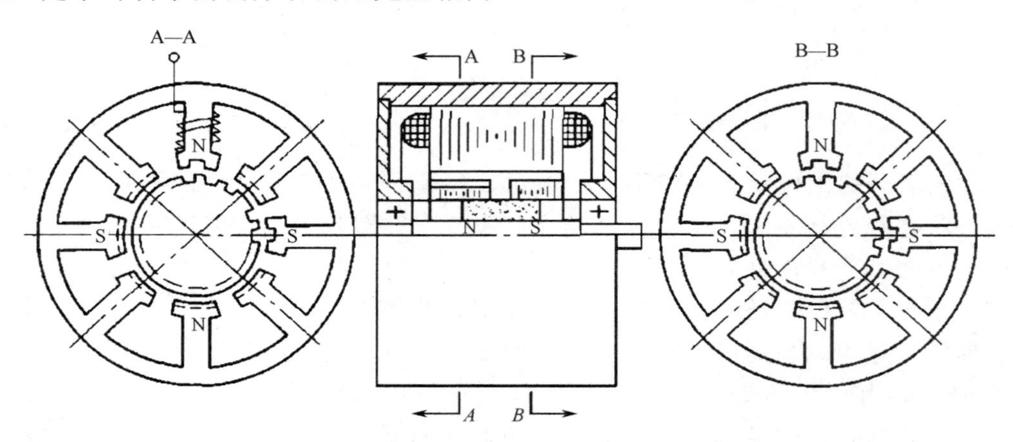

图 6.1.4 感应子式永磁步进电动机的结构

这种电动机可做成较小的步距角，因而也有较高的启动和运行频率，消耗的功率较小，并有定位转矩。它兼有反应式和永磁式步进电动机两者的优点。但它需要由正、负脉冲供电，在制造工艺上也较为复杂。

二、步进电动机工作原理

对于步进电动机的工作原理，就以应用最广泛的三相反应式步进电动机为例进行说明。图 6.1.5 所示是三相反应式步进电动机工作原理示意图，当 A 相绕组通电时，由于磁力线力图通过磁阻最小的路径，转子将受到磁阻转矩作用，必然转到其磁极轴线与定子极轴线对齐，磁力线便通过磁阻最小的路径。此时两轴线间夹角为零，磁阻转矩为零，即转子极 1、3 轴线与 A 相绕组轴线重合，这时转子停止转动，其位置如图 6.1.5（a）所示。当 A 相断电、B 相通电时，根据同样的机理，转子将按逆时针方向转过空间角 30°，使得转子 2、4 磁极轴线与 B 相绕组轴线重合，如图 6.1.5（b）

所示。同样，B 相断电、C 相通电时，转子再按逆时针方向转过空间角 30°，使转子 1、3 磁极轴线与 C 相绕组轴线重合，如图 6.1.5（c）所示。若按 A-B-C 顺序轮流给三相绕组通电，转子就逆时针一步一步地前进（转动）；若按 A-C-B 顺序通电，转子就按顺时针方向一步一步地转动。因此，步进电动机运动的方向取决于控制绕组通电的顺序，而转子转动的速度取决于控制绕组通断电的频率，显然，变换通电状态的频率（即电脉冲的频率）越高，转子转得越快。

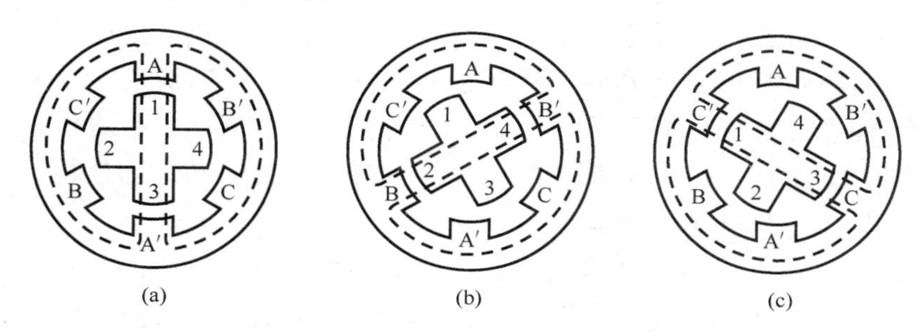

图 6.1.5　三相反应式步进电动机的工作原理

通常把由一种通电状态转换到另一种通电状态叫作一拍，每一拍转子转过的角度叫步距角 θ_s，上述的通电方式称为三相单三拍运行，三相是指定子为三相绕组，单是指每拍只有一相绕组通电，三拍是指经过三次切换绕组的通电状态为一个循环。

三相步进电动机除了单三拍通电方式外，还经常工作在三相单、双六拍通电方式，如图 6.1.6 所示。这时通电顺序为 A-AB-B-BC-C-CA，或是 A-AC-C-CB-B-BA-A。也就是说，先 A 相控制绕组通电，以后 A、B 相控制绕组同时通电，然后断开 A 相绕组，由 B 相控制绕组单独通电，再使 B、C 相控制绕组同时通电，依此进行。在这种通电方式下，定子二相控制绕组需经过 6 次切换通电状态才能完成一个循环，故称为“六拍”，并在通电时，有时是单个控制绕组通电，有时又为两个控制绕组同时通电，因此称为“单、双六拍”。

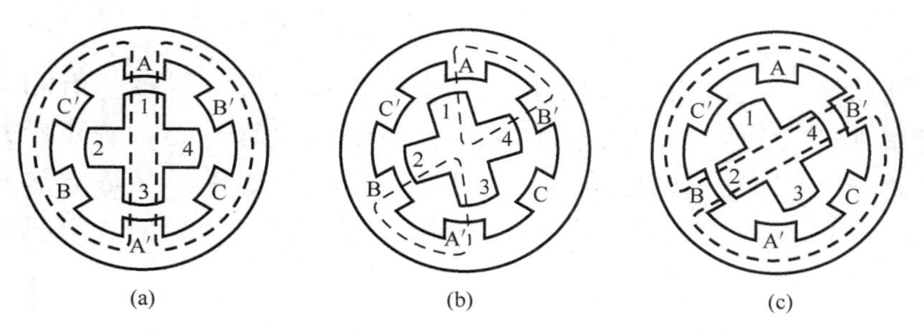

图 6.1.6　单、双六拍运行时的三相反应式步进电动机

在单三拍通电方式中，步进电动机每一拍转过的步距角θ_s为30°。采用单、双六拍通电方式后，步进电动机由A相控制绕组单独通电到B相控制绕组单独通电，中间还要经过A、B两相同时通电这个状态，也就是说要经过二拍转子才转过30°。所以，在这种通电方式下，三相步进电动机的步距角θ_s = 30°/2 =15°。同一台步进电动机，因通电方式不同，运行时的步距角也是不同的。采用单、双六拍通电方式时，步距角要比单拍通电方式时减小1/2。在实际使用中，单双拍通电方式由于在切换时一相控制绕组断电而另一相控制绕组开始通电，容易造成失步。此外，由单一控制绕组通电吸引转子时，也容易使转子在平衡位置附近产生振荡，运行的稳定性较差，所以很少采用。通常将它改为“双二拍”通电方式，即按AB-BC-CA-AC的通电顺序运行。这时每个通电状态均为两相控制绕组同时通电。在双三拍通电方式运行时，它的步距角应和单三拍通电方式时相同，也是30°。

上述中的反应式步进电动机具有较大的步距角，如果使用在控制要求高的数控设备中就会影响到加工精度，因此，需要采用小步距角、特性较好的步进电动机。在实际应用中最常用的是如图6.1.7所示的一种小步距角的三相反应式步进电动机。

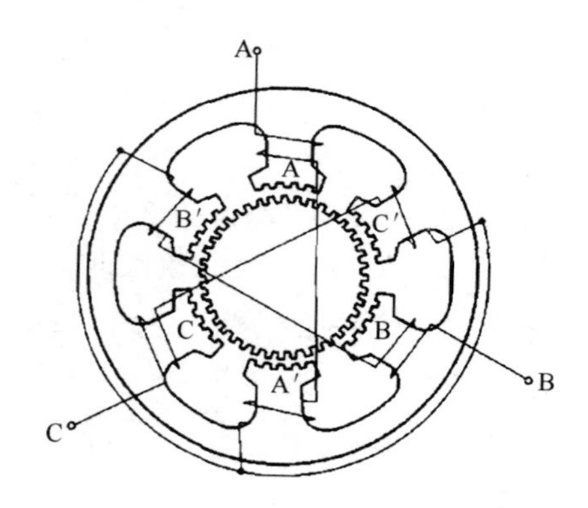

图6.1.7　小步距角的三相反应式步进电动机

步进电动机除了可以做成三相外，也可以做成二相、四相、五相、六相或更多相数。根据前面分析，当电动机的相数和转子齿数越多时，则步距角就越小，在输入脉冲频率一定时，转速也越低。但电动机相数越多，相应电源就越复杂，造价也越高。所以步进电动机一般最多做到六相，只有个别的电动机才做成更多的相数。

三、步进电机的启动特性

1. 启动频率

步进电动机的启动频率是指在一定负载转矩下能够不失步启动脉冲的最高频率，它是步进电动机的一项重要技术指标。影响步进电动机启动频率的有关因素有：

（1）启动频率的大小与电动机的步距角有关。电动机的相数及运行的拍数越多，步距角就越小，进入动稳定区越容易，电动机的启动频率 f_s 也就越高。

（2）电动机的最大静转矩越大，作用于电动机转子上的电磁转矩也越大，使加速度越大，转子达到动稳定区所需时间也就越短，启动频率越高。

（3）电动机转动部分的转动惯量（包括转子本身及负载）越小，同样的电磁转矩下产生的角加速度就越大，越容易进入动稳定区，启动频率也越高。

（4）负载转矩增大时，便作用在转子的加速转矩减小，启动频率将降低。

（5）电路时间常数增大，控制绕组中电流上升速度变慢，将使电磁转矩变小，启动频率也有所降低。

（6）电动机的内部或外部阻尼转矩增大时，相当于负载转矩有所增加，相应使启动频率降低。

2. 启动特性

步进电动机的启动特性和一般电动机不同，它的启动特性是与不失步联系在一起的。

（1）启动矩频特性　当转动惯量为常数时，启动频率 f_{st} 和负载转矩 T_L 之间的关系称为启动矩频特性。

（2）启动惯频特性　当负载转矩 T_L 为常数时，启动频率 f_L 和转动惯量 J（主要是负载转动惯量）之间的关系称为启动惯频特性。

启动惯频特性表明了负载转动惯量的大小对步进电动机的启动频率有很大的影响。这正是在启动特性方面步进电动机与一般电动机相比较为特殊的地方。在实际使用时，为了正确选用步进电动机，必须考虑到负载转动惯量的大小对电动机启动过程的影响。

3. 连续运行频率

步进电动机启动后，当控制脉冲频率连续上升时，能不失步运行的最高频率称为该电动机的连续运行时的矩频特性，如图 6.1.8 中的曲线 2 所示。连续运行时的矩频特性为一条下降的曲线。

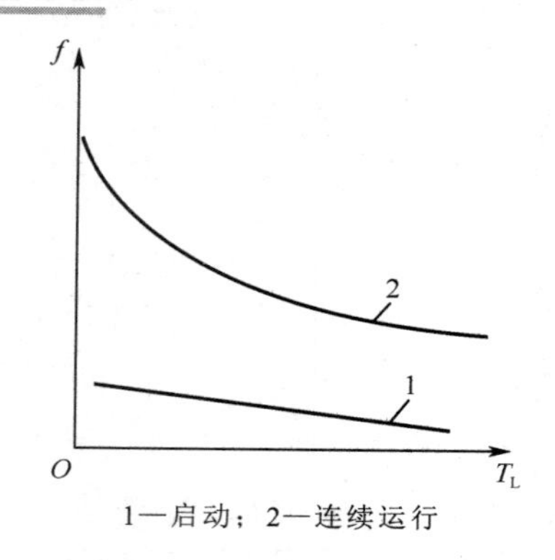

1—启动；2—连续运行

图 6.1.8　步进电动机的矩频特性

在一定的负载转矩下，影响连续运行频率提高的主要因素是控制绕组中电流的减小。为了提高连续运行频率，通常采用以下两种方法：一是在控制绕组电路中串入电阻，并相应提高电源的电压；二是采用高、低压驱动电路。第二种方法是在电压脉冲的起始部分提高电压，能够有效地改善电流波形的前沿，从而使控制绕组电流上升加快，电动机的连续运行频率可以大大提高。

步进电动机的连续运行频率要比启动频率高得多。这是因为步进电动机在启动时除了要克服负载转矩以外，还要满足电动机加速的要求，即要保证一定的加速转矩。在启动时，电动机的角加速度较大，它的负担远比连续运行时重。若启动时脉冲频率稍高，电动机转速就跟不上，会在启动过程中发生失步。而连续运行时，电动机处于稳态情况，随着脉冲频率的升高，电动机的角加速度甚小，它便能随之正常升速。所以步进电动机的连续运行频率要高于启动频率。

四、步进电动机的参数与选用

1. 步进电动机的参数

步进电动机的参数除了相数、相绕组的额定电压及电流外，还包括以下几个。

（1）步距角及步距角误差：步距角为转子每拍转过的空间角。步距角误差反映步距的理论值与实际值的偏差。

（2）最大静转矩：它是静态转角特性上的最大转矩值，在很大程度上影响着电动机的负载能力与运行稳定性。

（3）分配方式：它是规定的电动机通电运行方式，步进电动机产品性能指标一般指规定通电方式下的指标。

（4）极限启动、运行频率：它们分别反映电动机能够不失步地启动和运行时所能施加的最高脉冲频率值。

（5）矩频特性和惯频特性：它们分别反映电动机的转动惯量、转矩与脉冲频率之间的关系，在启动状态和运行状态时，相应的矩频特性和惯频特性都会发生变化。

常用的步进电动机产品中，BF为反应式，BY为永磁式，BYG为感应子式永磁步进电动机，其中BF和BYG应用较多。

2. 步进电动机的选择与使用

选择步进电动机时，应首先结合其不同类型的特点及所驱动负载的要求来进行选择。反应式步进电动机的步距角较小，启动和运行频率较高；但断电时无定位力矩，需带电定位。

永磁式步进电动机步距角较大，启动和运行频率较低，断电后有一定的定位力矩，但需要双极性脉冲励磁。感应子式永磁步进电动机结构较复杂，需双极性脉冲供电，兼有反应式和永磁式步进电动机的优点。

确定所选用的步进电动机类型后需要确定以下5个项目。

（1）步距角。结合每个脉冲负载需要的转角或直线位移及传动比加以考虑。

（2）最大静转矩。考虑步进电动机的带负载运行能力和运行的稳定性，一般选择的最大静转矩不小于负载转矩的2～3倍。

（3）结合负载启动与运行的条件选择步进电动机的启动与运行频率。

（4）确定电动机的电压、电流、机座号与安装方式。

（5）根据所选步进电动机产品型号选择驱动电源。

五、步进电动机使用中的注意事项

步进电动机使用中的注意事项主要有以下几个方面。

（1）电动机启动与运行频率均不能超出对应的极限频率，启动与停车时需要渐进地升降频率，防止失步或滑动制动。

（2）负载应在电动机的负载能力范围之内，电动机运行中尽量使负载均衡，避免由于突变而引起动态误差。

（3）注意电动机静态工作时的情况。步进电动机静态时电流较大，发热也比较严重，应注意避免电动机过热。

（4）步进电动机运行中出现失步现象时，应仔细查找具体故障的原因，负载过大或负载波动，驱动电源不正常、步进电动机自身故障，工作方式不当及工作频率偏高或偏低均有可能导致失步。

六、步进电动机的驱动与使用

步进电动机不能直接接到工频交流或直流电源上工作，而必须使用专用的步进电动机驱动器，如图 6.1.9 所示，控制器是设备中发出命令的中心，产生脉冲信号和方向信号来控制电机的运转速度和方向；步进电动机驱动器主要由脉冲信号分配器和功率放大电路组成，根据接收到的脉冲信号和方向信号，转换为步进电动机各绕组需要的正确的通电顺序，以及电动机所需要的高电压和大电流，驱动步进电动机产生运动，同时提供各种保护措施，如过流、过热等。驱动器与步进电动机直接耦合，也可理解成是步进电动机控制器的功率接口。

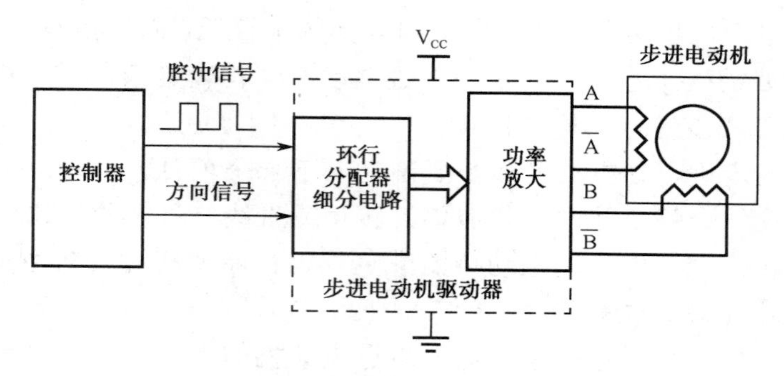

图 6.1.9　步进电动机控制系统

一、任务内容

实现步进电动机的正转、反转、启动、停止及位置控制。

二、目的

了解步进电动机的工作原理，掌握步进电动机运转的控制、调速方法。

三、实验设备

（1）步进电动机控制器。

（2）二相步进电动机驱动器。

（3）二相反应式步进电动机。

（4）示波器。

四、实验内容

（1）正确连接控制器、驱动器、步进电动机三者间的连线，接线连接图如图 6.1.10 所示。

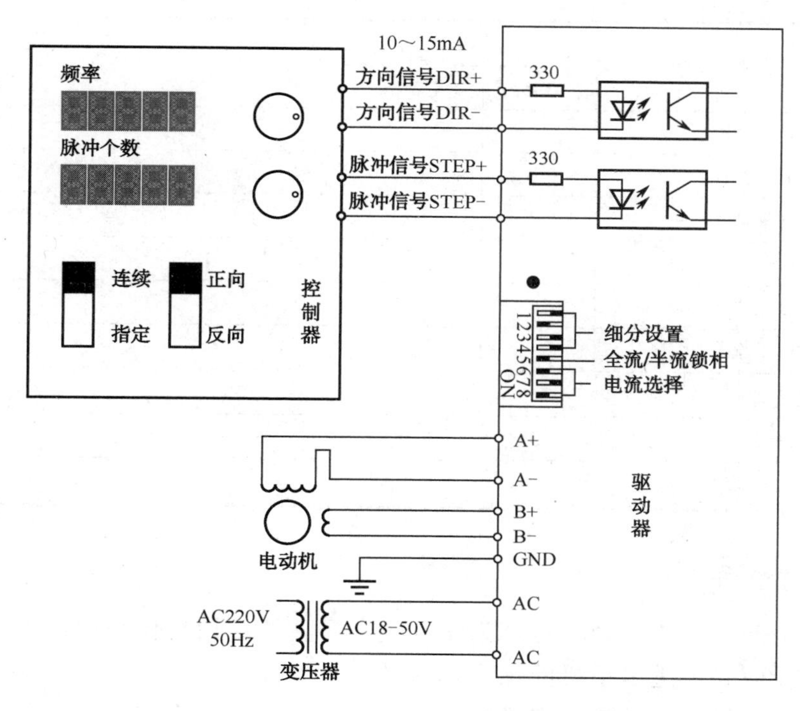

图 6.1.10　步进电动机接线图

（2）设置时电动机驱动器的细分设置为 3000。

（3）实现电动机正转

① 在控制器上选择工作方式为连续，方向为正，设定脉冲频率分别为 1kHz、2kHz、3kHz，按启动，观察步进电动机的运转。

② 在控制器上选择工作方式为指定，方向为正，设定指定的输出的脉冲个数分别为 500、1000、3000，频率为 1kHz，观察步进电动机的转动角度。

（4）实现电动机反转。

① 在控制器上选择工作方式为连续，方向为负，设定脉冲频率分别为 1kHz、2kHz、3kHz，按启动，观察步进电动机的运转。

② 在控制器上选择工作方式为指定，方向为负，设定指定的输出的脉冲个数分别为 500、1000、3000，频率为 1kHz，观察步进电动机的转动角度。

任务验收

	序号	验收项目	验收结果		不合格原因分析
			合格	不合格	
老师评价	1	安全防护			
	2	工具准备			
	3	线路安装			
	4	参数设置步骤			
	5	运行效果			
	6	5S 执行			
自我评价	1	完成本次任务的步骤			
	2	完成本次任务的难点			
	3	完成结果记录			

自测与思考

1．步进电动机按原理分，可分为哪几类，其主要结构有什么特点？

2．三相反应式步进电动机的工作原理是什么？

3．步进电动机的启动特性有哪些？

4．步进电动机在使用中的注意事项有哪些？

5．如何来控制一台步进电动机的正反转与加减速。

任务二　伺服电动机的使用与保养

任务描述

控制伺服电动机实现精确位置控制。

学习目标

1．了解伺服电动机的基本概念。
2．掌握伺服电动机的基本结构及工作原理。
3．掌握伺服电动机的工作特性。
4．掌握伺服电动机的控制方式。

知识平台

1．伺服电动机的基本概念

伺服电动机亦称执行电动机，它具有一种服从控制信号的要求而动作的职能。在信号到来之前，转子静止不动，信号到来之后，转子立即转动，当信号消失，转子能即时自行停转。

伺服电动机的种类较多，用途较广，常用的伺服电动机有两大类，以交流电源工作的称为交流伺服电动机；以直流电源工作的称为直流伺服电动机。如图 6.2.1 所示为交流伺服电动机的实物图。

自动控制系统对伺服电动机的基本要求主要如下所示。

（1）宽广的调速范围。伺服电动机的转速随着控制电压的改变能在宽广的范围内连续调节。

（2）机械特性和调节特性均为线性。伺服电动机的机械特性是指控制电压一定时，转速随转矩的变化关系；调节特性是指电动机的转矩一定时，转速随控制电压的变化关系。线性的机械特性和调节特性有利于提高自动控制系统的动态精度。

（3）无“自转”现象。伺服电动机在控制电压为零时能立即自行停转。

（4）快速响应电动机的机电时间常数要小，相应的伺服电动机有较大的堵转转矩和较小的转动惯量，使电动机的转速能随着控制电压的改变而迅速变化。

此外，还要求伺服电动机的控制功率要小，从而减小放大器的尺寸，在航空上使用的伺服电动机还要求其重量轻，体积小。

2. 直流伺服电动机

（1）结构：直流伺服电动机实质上就是一台他励式直流电动机，按结构可分为永磁式和电磁式两类，目前多采用电磁式。图 6.2.2 为电磁式直流伺服电机的接线图。

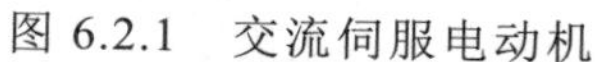

图 6.2.1　交流伺服电动机

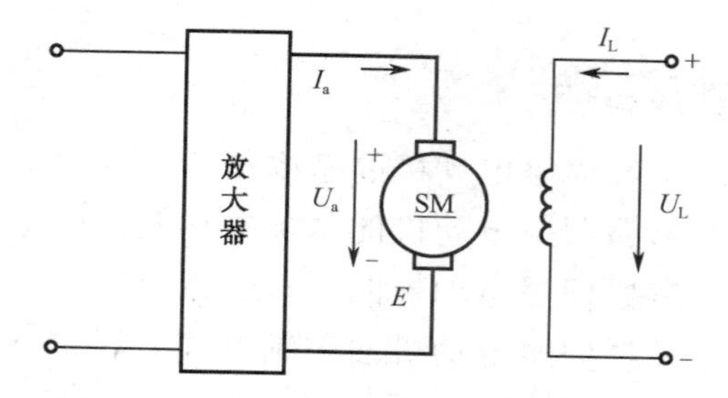

图 6.2.2　电磁式直流伺服电动机接线图

（2）工作原理：直流伺服电动机的工作原理和普通直流电动机相同。只要在其励磁绕组中有电流通过且产生了磁通，当电枢绕组中通过电流时，这个电枢电流与磁通相互作用而产生转矩使伺服电动机投入工作。这两个绕组其中一个断电时，电动机停转。它不像交流伺服电动机那样有“自转”现象，所以直流伺服电动机也是自动控制系统中一种很好的执行元件。

（3）运行特性：直流伺服电动机的运行特性可分为直流伺服电动机的机械特性和调节特性。为了分析方便，现假设：电动机的磁路为不饱和，电刷位于几何中心线，则负载时，电枢反应磁动势的影响便可略去，电动机的每极气隙磁通将保持恒定。

① 机械特性是指控制电压恒定时，电动机的转速随转矩变化的关系，直流伺服电动机的机械特性如图 6.2.3 所示，它们是一组平行的直线。

这些机械特性曲线与纵轴的交点为电磁转矩等于零时电动机的理想空载转速，机械特性曲线与横轴的交点为电动机堵转时的转矩，即电动机的堵转转矩，机械特性曲线斜率的绝对值表示了电动机机械特性的硬度，即电动机的转速随转矩的改变而变化的程度。

随着控制电压增大，电动机的机械特性曲线平行地向转速和转矩增加的方向移动，但其斜率不变。所以电枢控制时直流伺服电动机的机械特性是一组平行的直线。

② 调节特性是指电磁转矩恒定时，电动机的转速随控制电压变化的关系。直流伺

服电动机的调节特性如图 6.2.4 所示，它们是一组平行的直线。

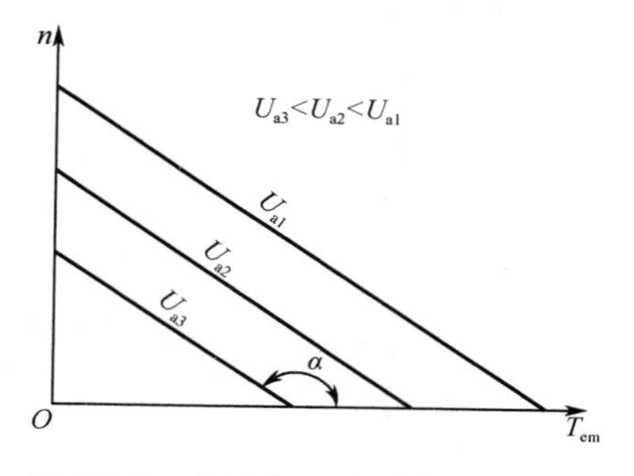

图 6.2.3 直流伺服电动机的机械特性

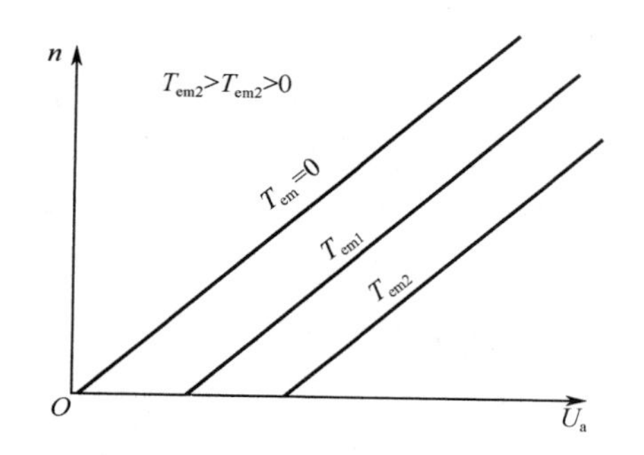

图 6.2.4 直流伺服电动机的调节特性

这些调节特性曲线与横轴的交点，表示在某一电磁转矩（若略去电动机的空载损耗，则为负载转矩）下电动机的启动电压。若转矩一定时，电动机的控制电压大于相应的启动电压，电动机便能启动并达到某一转速；反之则电动机不能启动。所以，在调节特性曲线上从原点到启动电压点的这一段横坐标所示的范围称为在某一电磁转矩值时伺服电动机的失灵区。失灵区的大小与电磁转矩的大小成正比。

由以上分析可知，电枢控制时，直流伺服电动机的机械特性和调节特性都是一组平行的直线，这是直流伺服电动机很可贵的优点。但上述结论是在假设成立的前提下得到的，实际的直流伺服电动机的特性曲线仅是一组接近直线的曲线。

（4）控制方式：由于直流伺服电动机实质上就是一台他励式直流电动机，所以对于他励式直流电动机，当励磁电压 U_f 恒定，又负载转矩一定时，改变电枢电压 U_a，电动机的转速也随之变化；电枢电压的极性改变，电动机的旋转方向也随之改变，因此把电枢电压作为控制信号就可以实现对电动机的转速控制。这种控制方式称为电枢控制，电枢绕组称为控制绕组。

3. 交流伺服电动机

（1）结构：交流伺服电动机的结构主要可分为两部分，即定子部分和转子部分。定子铁芯由硅钢片叠压而成。定子上绕有两个形式相同的绕组，这两相绕组在空间相差 90°，一个绕组由定值交流电压励磁，叫励磁绕组 W_f，一个绕组由伺服放大器供电而进行控制，叫控制绕组 W_k。如图 6.2.5 所示。

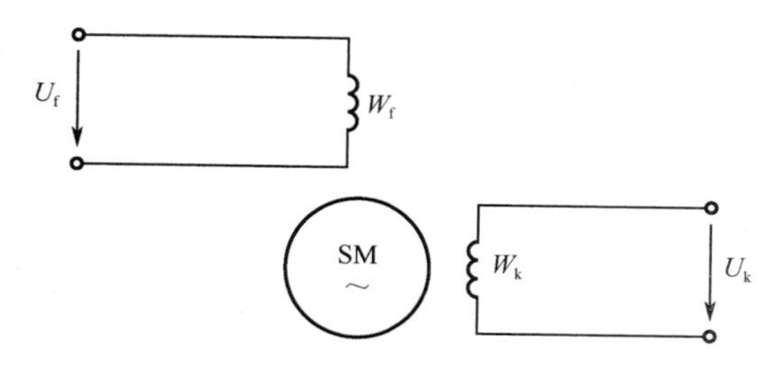

图 6.2.5 交流伺服电动机原理线路图

（2）工作原理：定子的两个绕组中，如果只有励磁绕组供电，这种情况就像一台没有启动绕组的单相感应电动机一样。单相绕组产生的是脉动磁场，不会产生启动转矩，因此转子处于静止状态，电动机不工作。但是，当将控制电压 U_k 施加于控制绕组后，便有电流 I_k 流过控制绕组。如果控制绕组中的电流 I_k 与励磁绕组中的电流 I_f 相位不同，则这两个绕组产生的便是旋转磁场。在这个旋转磁场的作用下，于是转子便转动起来，电动机开始投入工作。

（3）控制方法：根据交流伺服电动机的工作原理，要让它运行，只需励磁绕组固定地接到交流电源上，通过改变控制绕组上的控制电压就可控制转子的转动。

交流伺服电动机的控制方法有以下三种。

① 幅值控制。即保持控制电压的相位不变，仅仅改变其幅值来进行控制。

② 相位控制。即保持控制电压的幅值不变，仅仅改变其相位来进行控制。

③ 幅-相控制。即同时改变幅值和相位来进行控制。

这三种方法的实质和单相异步电动机一样，都是利用改变正转与反转旋转磁通势大小的比例来改变正转和反转电磁转矩的大小，从而达到改变合成电磁转矩和转速的目的。

其具体控制情况如表 6.2.1 所示。

表 6.2.1　交流伺服电动机的控制

控制的类别	控制电压的变化	气隙内磁场的变化	转子转动情况的变化
启动和停止的控制	控制绕组上的控制电压为零	气隙内磁场为脉振磁场，电动机无启动转矩	转子不转
	控制绕组上加上控制电压	气隙内会建立一定大小的旋转磁场	转子就立即旋转
	控制电压等于零	旋转磁场消失	转子停止转动
转速大小和旋转方向的控制	控制电压的相位改变 180°	控制绕组的电流及由该电流所建立的磁通势在时间上的变化也改变了 180°，若控制绕组内的电流原来为超前于励磁电流相位，改变后即变成滞后于励磁电流，由磁场旋转理论可知，旋转磁场的旋转方向改变	转子的旋转方向改变
	控制电压的相位不变而大小改变	气隙内的旋转磁场的幅值大小也会作出相应的改变，从异步电动机的电磁转矩的性质可知，电磁转矩的大小与旋转磁场的幅值成正比	转子的转速改变

（4）“自转”现象的防止：两相异步电动机正常运行时，若转子电阻较小，当控制电压变为零时，电动机便成为单相异步电动机继续运行而不能立即停转，这种现象称为“自转”现象。

伺服电动机在自动控制系统中起执行命令的作用，因此，不仅要求它在静止状态下能服从控制电压的命令而转动，而且要求它在受控启动以后，一旦信号消失，即控制电压移去时，电动机能立即停转。

为了防止“自转”现象的发生，当电动机的转子电阻增大到足够大时，当两相异步电动机的一相断电（即控制电压等于零）时电动机就会停转。

所以为了使转子具有较大的电阻和较小的转动惯量，交流伺服电动机的转子在结构上通常有三种形式：

① 高电阻率导条的笼形转子。

② 非磁性空心转子。

③ 铁磁性空心转子。

（5）交流伺服电动机特点：随着集成电路、电力电子技术和交流可变速驱动技术的发展，交流伺服驱动技术有了突出的发展，已成为当代高性能伺服系统的主要发展方向，使原来的直流伺服面临被淘汰的危机。20 世纪 90 年代以后，世界各国已经商品化了的交流伺服系统是采用全数字控制的正弦波电动机伺服驱动。交流伺服驱动装置在传动领域的发展日新月异，同直流伺服电动机比较，主要优点有：

① 无电刷和换向器，因此工作可靠，对维护和保养要求低。

② 定子绕组散热比较方便。

③ 惯量小，易于提高系统的快速性。

④ 适应于高速大力矩工作状态。

⑤ 同功率下有较小的体积和重量。

4. 伺服电动机使用时的注意事项

在伺服电动机上电运行前要作如下检查：

(1)电源电压是否合适(过压很可能造成驱动模块的损坏);对于直流输入的 +/- 极性一定不能接错，驱动控制器上的电机型号或电流设定值是否合适（开始时不要太大)。

（2）控制信号线接牢靠，工业现场最好要考虑屏蔽问题（如采用双绞线)。

（3）不要开始时就把需要接的线全接上，只连接成最基本的系统，运行良好后，再逐步连接。

（4）一定要搞清楚接地方法是否正确。

（5）开始运行的半小时内要密切观察电动机的状态，如运动是否正常，声音和温升情况，发现问题立即停机调整。

（6）检查熔断器是否合格。

（7）检查传动装置是否有缺陷。

（8）检查电动机环境是否合适，清除易燃品和其他杂物。

5. 伺服电动机的故障与维修分析

（1）加、减速时机械振荡。引发此类故障的常见原因有：

① 脉冲编码器出现故障。此时应检查伺服系统是否稳定，电路板维修检测电流是否稳定，同时，速度检测单元反馈线端子上的电压是否在某几点电压下降，如有下降表明脉冲编码器不良，更换编码器。

② 脉冲编码器十字联轴节可能损坏，导致轴转速与检测到的速度不同步，更换联轴节。

③ 测速发电机出现故障。修复、更换测速机。维修实践中，测速机电刷磨损、卡阻故障较多，此时应拆下测速机的电刷，用纲砂纸打磨几下，同时清扫换向器的污垢，再重新装好。

（2）机械运动异常快速（飞车）。出现这种伺服整机系统故障，应在检查位置控制单元和速度控制单元的同时，还应检查：

① 脉冲编码器接线是否错误。

② 脉冲编码器联轴节是否损坏。

③ 检查测速发电机端子是否接反和励磁信号线是否接错。一般这类现象应由专业的电路板维修技术人员处理，否则可能会造成更严重的后果。

（3）主轴不能定向移动或定向移动不到位。出现这种伺服整机系统故障，应在检查定向控制电路的设置调整、检查定向板、主轴控制印刷电路板调整的同时，还应检查位置检测器（编码器）的输出波形是否正常来判断编码器的好坏（应注意在设备正常时测录编码器的正常输出波形，以便故障时查对）。

知识拓展

1. 直线电动机

直线电动机是一种能直接产生直线运动的特殊电动机。按其工作原理可分为直线感应电动机、直线直流电动机、直线同步电动机、直线步进电动机等。直线电动机由于不需要任何中间转换机构就能产生直线运动，驱动直线运动的生产机械，因此可使系统结构简单、运行可靠、精度和效率高。由于这些优点，直线电动机在工业生产及自动化控制设备中应用非常广泛，其外形如图 6.2.6 所示。

高速磁悬浮列车、高精度数控机床进给系统、直线电机驱动电梯等都是直线

电动机的典型应用。

2. 测速发电机

在自动控制系统中，有时要把机械旋转量变为电信号，以便对系统进行控制。测速发电机就是测量转速的信号元件，它能把转速信号变为相应的电压信号，广泛在速度调节自动控制系统中作为转速反馈元件使用，如图 6.2.7 所示。

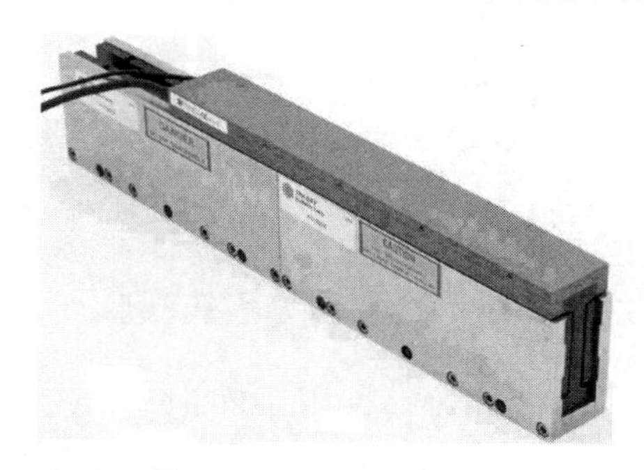

图 6.2.6　直线电动机

图 6.2.7　直流测速发电机

在实际应用中，要求它的输出电压必须与转速成正比。

任务实施

1. 任务内容

（1）实现伺服电动机的启动、停止、正转、反转控制。

（2）实现伺服电动机的精确位置控制。

2. 实验目的

掌握伺服电动机的控制方式。

3. 实验设备

（1）电脑。

（2）三菱 PLC：FX2N-32MT-D。

（3）台达伺服驱动器：ASD-B0721-A。

（4）台达交流伺服电机：ECMA-C30602E。

（5）运动机械平台。

（6）相关参数。

丝杠螺距：1mm；

编码器精度：12 位；周脉冲数：4096。

4. 实验内容

（1）如图 6.2.8、图 6.2.9 所示为本次实验所要用到的伺服电动机与伺服驱动器及移动工作台。

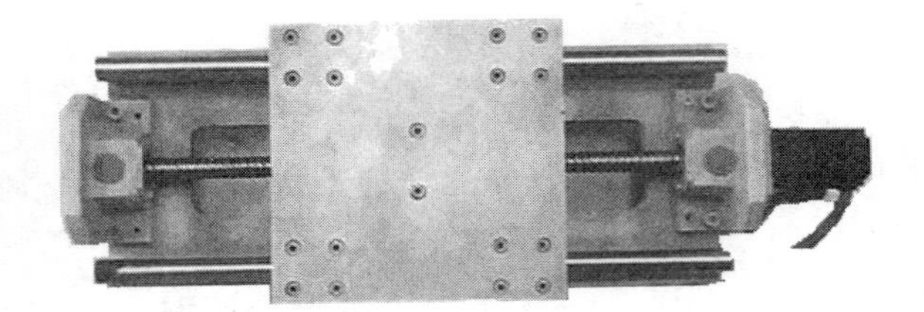

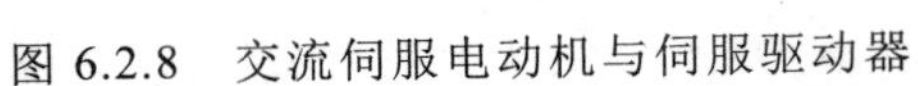
图 6.2.8　交流伺服电动机与伺服驱动器

图 6.2.9　工作平台

（2）按如图 6.2.10 所示进行信号线连接。

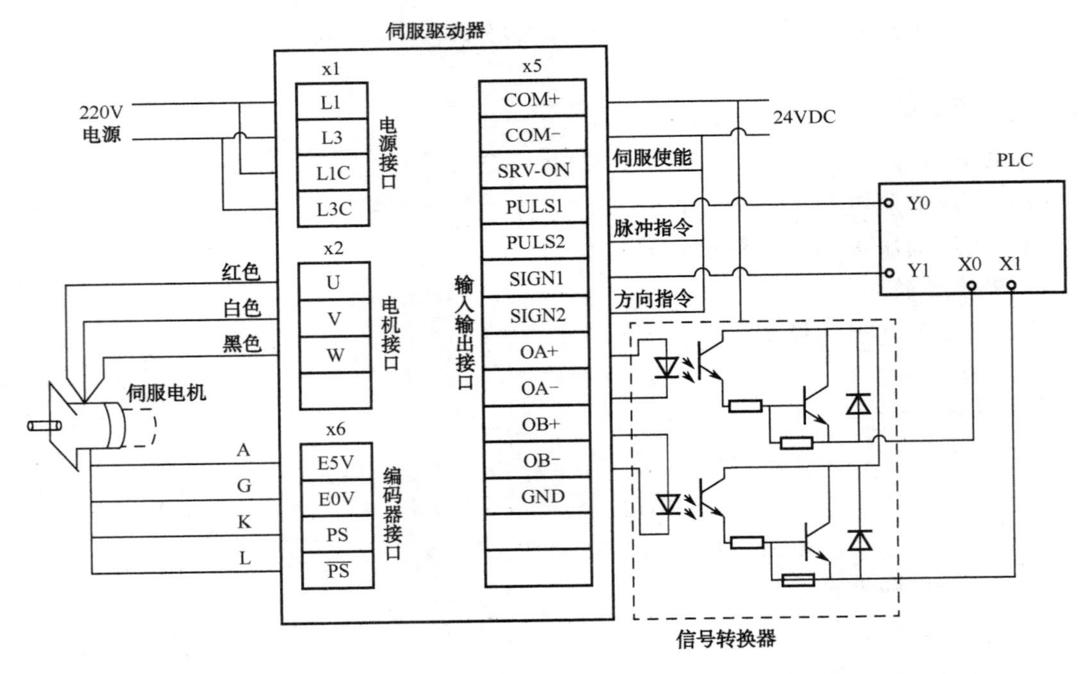

图 6.2.10　PLC、伺服驱动器、伺服电动机之间的连接

（3）打开三菱 PLC 编程软件（GX Developer 8.6），进行程序编写。

（4）控制要求。

① 正转启动控制，限位停止，停止控制。

② 反转启动控制，限位停止，停止控制。

③ 移动距离控制，分别控制实现平台移动 5mm、10mm、12.5mm。

④ 实现启动加速控制与停止减速控制，加减速时间分别为 0.3s、0.5s、1s。

⑤ 启动脉冲频率为 200Hz，最高转速脉冲频率为 8192Hz，也即电机 2r/s。

5. 实验结果

正转启动		反转启动	
正转停止		反转停止	
正转限位		反转限位	
0.3s 加减速		0.3s 加减速	
0.5s 加减速		0.5s 加减速	
1s 加减速		1s 加减速	

任务验收

	序号	验收项目	验收结果		不合格原因分析
			合格	不合格	
老师评价	1	安全防护			
	2	工具准备			
	3	线路安装			
	4	参数设置步骤			
	5	运行效果			
	6	5S 执行			
自我评价	1	完成本次任务的步骤			
	2	完成本次任务的难点			
	3	完成结果记录			

自测与思考

1. 直流伺服驱动器与交流伺服驱动器的区别是什么，有何不同的应用？

2. 伺服电动机的控制为什么要通过伺服驱动器来实现？

3. 伺服电动机的控制有何特点。

变压器的使用

任务一　认识变压器

任务描述

参观工厂配电房，认识电力变压器，了解油浸式变压器和干式变压器的结构，并认识高压输入端、高压套管、低压输出端、低压套管、铁芯、绕组、油箱、散热器等电力变压器的主要组成部分。

学习目标

1．知道变压器的用途和分类。

2．认识变压器各组成部分，并知道各组成部分的作用。

知识平台

一、变压器的分类和用途

现代工农业生产中，广泛采用电能作为能源。电能是由水电站、火力发电站和核电站通过发电机将水势能、热能、核能转化产生的。电能通常要从发电厂输送到几百公里甚至上千公里以外的地区。目前，同步发电机所发出的最高电压为 15.75kV，其中 6.3kV 和 10.5kV 电压最多，采用这样低的电压进行远距离输电是不可能的，电能将大量地消耗在传输线路上。为了提高电能的传输效率，根据实际情况需要，通过变压器将电压升高到 110kV、220kV、330kV、500kV 或 765kV 以上输送出去。高压电能到达供电区后，再把电压降为 6.3kV 或 10.5kV 后，最后把电能直接送到用户区，经过附近的配电变压器降压 0.4kV，以供工厂用电及照明用电。

同时，在各种用电设备中，需要不同电压的电源。例如，我们日常生活中的家用电器及照明用电，电压是 220V；广泛用于工业、农业等机器设备的电动机用电电压是 380V；安全照明用电电压是 36V；有些电子产品的工作电压是 5V 等。这些电压的获得都需要变压器来实现。

为了适用不同的使用目的和工作条件，变压器的种类很多，其常用的分类方法和主要用途见表 7.1.1。

表 7.1.1　变压器常用的分类方法和主要用途

分类方法	名　称	外形图	用　途
按相数分类	单相变压器		常用于单相交流电路中隔离、电压等级的变换、阻抗变换、相位变换或组成三相变压器组
	三相变压器		常用于输配电系统中变换电压和传输电能的电力变压器
按用途分类	仪用互感器		常用于电工测量与自动保护装置的电流和电压的变换
	电炉变压器		常用于冶炼、加热及热处理设备电源

续表

分类方法	名　　称	外　形　图	用　　途
按用途分类	自耦变压器		常用于实验室或工业上输出可调节电压大小的电源上
	电焊变压器		常用于焊接各类钢铁材料的交流电焊机上
按冷却方式分类	油浸式变压器		常用于大、中型电力变压器中
	干式变压器		常用于安全防火要求较高的场合，如地铁、机场及高层建筑等 大、中型电力变压器中
	风冷式变压器		常用于大型电力变压器中
	自冷式变压器	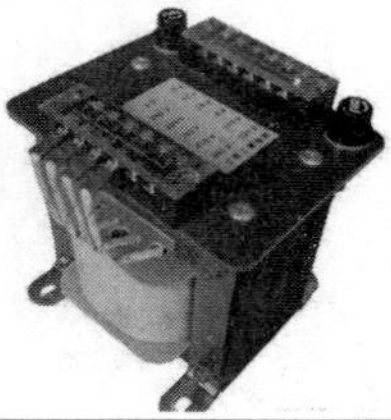	常用于中、小型变压器中

二、变压器的结构

如图 7.1.1 所示，变压器的主要组成部分是铁芯和绕组。为了改善散热条件，将大、中容量的电力变压器的铁芯和绕组浸入盛满变压器油的封闭油箱中，各绕组的出线端，经绝缘套管引出。为了保证变压器安全、可靠地运行，还设有贮油柜、安全气道和气体继电器等附件。图 7.1.2 所示是三相电力变压器的内部剖视图。

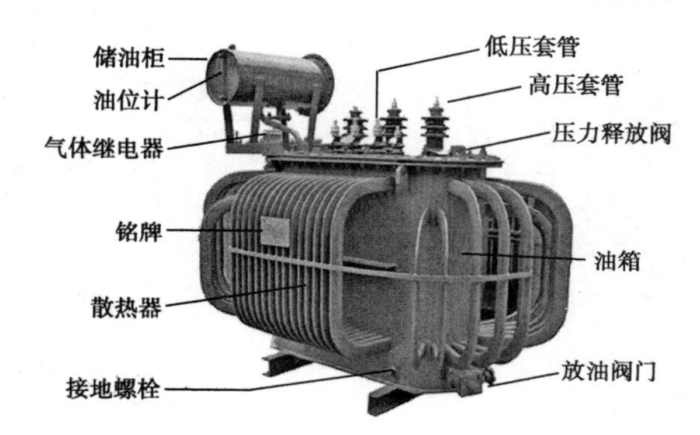

图 7.1.1　油浸式三相电力变压器

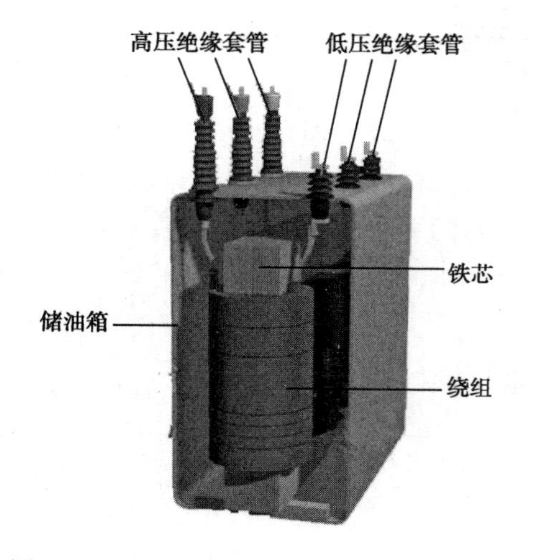

图 7.1.2　三相电力变压器的内部剖视图

1. 变压器的绕组

（1）绕组材料选用。绕组是变压器的电路部分，常用绝缘铜线或铜箔绕制而成，也有用铝线或铝箔绕制的。

（2）绕组命名。接电源的绕组称为一次绕组，接负载的绕组称为二次绕组。按绕组所接电压高、低分为高压绕组和低压绕组。

（3）绕组类型。按绕组绕制的方式不同，绕组可分为同心绕组和交叠绕组两种类型，其特点见表 7.1.2。

表 7.1.2　绕组类型及特点

绕组类型	示意图	绕制特点	应用范围
同心绕组	高压绕组；轭；铁芯柱；轭；低压绕组	将一次、二次侧线圈套在同一铁芯柱的内外层，一般低压绕组在内层，高压绕组在外层，当低压绕组电流较大时，绕组导线较粗，也可放到外层，绕组的层间留有油道，以利绝缘和散热。同心绕组结构简单，绕制方便	大多用于电力变压器中
交叠绕组	低压绕组；高压绕组	将高低压线圈绕成饼状，沿铁芯轴向交叠放置，一般两端靠近铁轭处放置低压绕组，有利于绝缘	大多用于壳式、干式变压器及电炉变压器中

2. 变压器铁芯

铁芯是主磁通的通道，也是安放绕组的骨架。

（1）铁芯材料选用。铁芯材料的质量，直接影响到变压器的性能。高磁导率、低损耗和价格，是选择铁芯材料的关键。为提高铁芯导磁能力，增大变压器容量、减少体积、提高效率，铁芯常用硅钢片叠装而成，而硅钢片可分热轧和冷轧，其性能特点见表 7.1.3。

表 7.1.3　热扎和冷扎硅钢片的性能特点

导磁材料名称	性能和特点	应用范围
热轧硅钢片	导磁性能好而损耗小，厚度有 0.35mm 和 0.5mm 两种，片间涂被绝缘漆，工艺性较好	多用于小型变压器中
冷轧硅钢片	性能比热轧硅钢片更好，但工艺性较差，导磁有方向性且价贵。厚度有 0.27 mm、0.30mm 和 0.35mm 多种（越薄质量越好）	多用于大、中型变压器中，如电力变压器

目前，有的变压器铁芯采用非晶合金材料。非晶合金材料是 20 世纪 70 年代问世的一种新型合金材料，该合金具有优异的导磁性、耐蚀性、耐磨性、高硬度、高强度

等独特性能特点。利用非晶合金制作铁芯而成的变压器，比利用硅钢片制作铁芯变压器的空载损耗下降 75%左右，空载电流下降约 80%，现在越来越多用于安全和防火要求较高场合的大、中型变压器中。

（2）铁芯类型。变压器的铁芯因绕组放置的位置不同，可分为芯式和壳式，见表 7.1.4。

表 7.1.4　铁芯类型及性能和特点

铁芯类型	示意图	性能和特点	应用范围
芯式		线圈包着铁芯，结构简单，装配容易，省导线	适用于大容盆、高电压。电力变压器大多采用三相芯式铁芯
壳式		铁芯包着线圈，易散热，但用线量多，工艺复杂	除小型干式变压器外很少采用

（3）铁芯柱与铁轭的装配工艺。铁芯由铁芯柱与铁轭构成，铁芯柱是铁芯安装绕组的部分，铁轭是连接铁芯柱形成闭合磁路的铁芯部分。铁芯柱与铁轭的装配工艺有对接式、C 字形和叠接式三种，见表 7.1.5。

表 7.1.5　铁芯柱与铁的装配工艺

装配工艺类别	示　意　图	性能和特点	应用范围
对接式	山字形　F字形　口字形	将铁芯和铁轭分别叠装夹紧，然后把它们对接起来，再夹紧。因工艺气隙大，从而增加了磁阻和励磁电流	小型变压器
叠接式	热轧硅钢片叠法 单数层　双数层 冷轧硅钢片叠法	将铁芯柱和铁轭的钢片一层层相互交错、重叠（每层不能多于三片），接缝相互错开。因气隙较小，磁阻也相应减小，从而减少了励磁电流，改善了性能	大型变压器都采用这种方式。小型变压器一般也采用叠接工艺，结构简单，经济实用

续表

装配工艺类别	示 意 图	性能和特点	应用范围
C 字形		由冷轧钢带卷绕而成，铁芯端面加工精确，大大减少了气隙，提高了效率，节省了材料，装配也方便	小功率的此类铁芯变压器在电子线路中应用很广

大中型变压器中采用高导磁、低损耗的冷轧硅钢片。冷轧硅钢片顺碾压方向导磁性好、损耗小，所以冷轧硅钢片铁芯柱与铁轭叠装时要求硅钢片在对接处按 450° 角剪裁，以保证磁力线与碾压方向一致。现在铁芯加工工艺一般不打穿心孔，改用新的夹紧工艺，可以提高铁芯装配质量，减少铁耗。

三、变压器冷却方式

变压器绕组和铁芯在运行中，虽然效率可高达 99%，但还是有部分损耗的电能转化成热能，使变压器的铁芯和绕组的温度升高。温度越高，绝缘老化越快。当绝缘老化到一定程度时，在运行振动和电动力作用下，绝缘容易破裂，易发生电气击穿而造成故障。运行温度直接影响到变压器的输出容量、安全和使用寿命。因此，必须有效地对运行中的变压器铁芯和绕组进行冷却。我国生产的电力变压器多数采用油浸式冷却，根据容量不同，可分为下列 4 种。

1. 三相油浸自冷式（ONAN）

三相油浸自冷式主要有 SJ 系列和 SJL 系列（铝线）。冷却方式为：当变压器运行、油温上升时，根据热油上升、冷油下降原理形成自然对流，流动的油将热量传给油箱体和外侧的散热器，然后依靠空气的对流传导将热量向周围散发，从而达到冷却效果。起冷却作用的散热器可分为管式、扁管式、片式和波纹油箱。为了防止因油温变化和空气进入油箱使油质变差等，三相油浸式变压器还在油箱顶上设计了一只储油柜。

2. 三相油浸风冷式（ONAF）

三相油浸风冷式主要有 SP 系列。冷却方式为：在油浸自冷式的基础上，在油箱壁或散热管上加装风扇，利用吹风机帮助冷却。而且风力可调，以适用于短期过载。加装风冷后可使变压器的容量增加 3000～3500。多应用于容量在 10000kV·A 及以上的变压器。

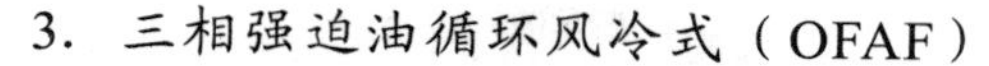

3. 三相强迫油循环风冷式（OFAF）

三相强迫油循环风冷式主要有 SFP 系列。冷却方式为：在油浸自冷式的基础上，利用油泵强迫油循环，并且在散热器外加风扇风冷，以提高散热效果。

4. 三相强迫油循环水冷式（OFWF）

三相强迫油循环水冷式主要有 SSP 系列。冷却方式为：在油浸自冷式的基础上，利用油泵强迫油循环，并且利用循环水作冷却介质，以提高散热效果。

变压器冷却方式随容量增大而有所不同。变压器越大，变压器冷却方式要求越高。

四、变压器的主要附件

1. 气体继电器（瓦斯继电器）

气体继电器装在油箱与储油柜之间的管道中，当变压器发生故障时，器身就会过热使油分解产生气体。气体进入继电器内，使其中一个水银开关接通（即上浮筒动作），发出报警信号，此时应立即将继电器中气体放出检查，若系无色、不可燃的气体，变压器可继续运行；若系有色、有焦味、可燃气体，则应立即停电检查。当事故严重时，变压器油膨胀，冲击继电器内的挡板，使另一个水银开关接通跳闸回路（即下浮筒动作），切断电源，避免故障扩大。为了提高继电器的可靠性，现在多采用挡板式气体继电器，当继电器中气体达到一定容积后，开口杯下沉，上磁铁使上干簧闭合，接通信号；当油流冲击挡板后，下磁铁使下干簧闭合，接通跳闸回路（通常 630kV·A 以上变压器采用）。外形如图 7.1.3 所示。

图 7.1.3　气体继电器

2. 分接开关

变压器的输出电压可能因负载和一次侧电压的变化而变化，想要控制输出电压在允许范围内变动，可通过分接开关。分接开关一般装在一次侧（高压边），通过改变一次侧线圈匝数来调节输出电压。

分接开关又分无励磁调压和有载调压两种。无励磁调压是指变压器一次侧脱离电源后调压，常用的无励磁调压分接开关调节范围为额定输出电压的±5%，如图 7.1.4 所示。有载调压是指变压器二次侧接着负载时调压，有载调压的分接开关因为要切换电流，所以较复杂，如图 7.1.5 所示，它有复合式和组合式两类，组合式调节范围可达±15%。有载调压开关的动触头由主触头和辅助触头组成，每次调节主触头尚未脱开时，辅助触头已与下一挡的静触头接触了，然后主触头才脱离原来的静触头，而且辅助触头上有限流阻抗，可以大大减少电弧，使供电不会间断，改善供电质量。有载调压不用停电调压，对变压器也有利，因为变压器每次拉闸和合闸都会对变压器造成不利的电压和电流冲击。因调节的方法不同，分接开关又有手动、电动两种，小型变压器多用手动调压，大型变压器多用电动调压，中型变压器手动、电动两种都可用。

图 7.1.4　无励磁调压分接开关

图 7.1.5　有载调压分接开关

3. 绝缘套管

绝缘套管穿过油箱盖，将油箱中变压器绕组的输入、输出线从箱内引到箱外与电网相接。绝缘套管由外部的瓷套和中间的导电杆组成，对它的要求主要是绝缘性能和密封性能要好，如图 7.1.6 所示。根据运行电压的不同，将其分为充气式和充油式两种，后者为高电压用（60kV 用充油式）。当用于更高电压时（110kV 以上）还在充油式绝缘套管中包有多层绝缘层和铝箔层，使电场均匀分布，增强绝缘性能。根据运行环境的不同，又可将其分为户内式和户外式。

4. 安全气道和压力释放阀

安全气道又称防爆管，装在油箱顶盖上，它是一个长钢筒，出口处有一块厚度约 2mm 的密封玻璃板（防爆膜），玻璃上划有几道缝。当变压器内部发生严重故障而产生大量气体，内部压力超过 50kPa 时，油和气体会冲破防爆玻璃喷出，从而避免了油箱爆炸引起的更大危害。现在这种防爆管已被淘汰了，改用压力释放阀，如图 7.1.7 所示，尤其在全密封变压器中，都广泛采用压力释放阀做保护，它的动作压力为 53.9kPa±4.9kPa，关闭压力为29.4kPa，动作时间不大于2ms。动作时，膜盘被顶开释放压力，平时膜盘靠弹簧拉力紧贴阀座（密封圈），起密封作用。

图 7.1.6　绝缘套管

图 7.1.7　压力释放阀

5. 测温装置

测温装置就是热保护装置。变压器的寿命取决于变压器的运行温度，因此油温和绕组的温度监测是很重要的。通常用三种温度计监测，箱盖上设置酒精温度计，其特点是计量精确，但观察不便，变压器上装有信号温度计，便于观察。箱盖上装有电阻式温度计，其特点是为了远距离监测。

任务实施

1. 安全准备

（1）在进行实训前，应仔细了解进入配电房安全规程，按照规程要求进行参观。

（2）穿戴好防护用品，做好安全防护工作。

2. 实训设备准备

实训设备准备见表7.1.6。

表 7.1.6　实训设备

序　号	名　称	型号与规格	数　量	备　注
1	安全帽		1	
2	数码照相机		1	
3	记录本		1	
4	手电筒		1	

3. 实训步骤

（1）分组：每5人一组，轮流由配电房工作人员带入参观。

（2）观察变压器的外形结构，找出高压输入端的电源线、高压套管 、低压输出端电源线、低压套管、铁芯、绕组、油箱、散热器、气体继电器等变压器主要构成部件，并拍照。

（3）将所拍照片标注名称。

任务验收

	序号	验收项目	验收结果		不合格原因分析
			合格	不合格	
老师评价	1	安全防护			
	2	工具准备			
	3	观察步骤			
	4	记录结果			
	5	5s 执行情况			
自我评价	1	完成本次任务的步骤			
	2	完成本次任务的难点			
	3	完成结果记录			
备注		5s 是指在生产现场中对人员、机器、材料、方法等生产要素进行有效管理，包括整理、整顿、清扫、清洁、素养五个项目，简称 5s			

自测与思考

1．变压器按相数可分为哪两种？它们的用途分别是什么？

2．变压器按冷却方式可分为哪几种？

3．变压器的主要组成部分及其作用是什么？

4．变压器铁芯分为哪两种？它们的性能特点及应用范围是什么？

任务二　检验变压器的性能

任务描述

一个新生产或经维修后的变压器，必须要按照相关的标准对其进行检验，检验合格方可用。检验的内容主要有：铁芯材料、装配工艺的质量是否达标；绕组的匝数是否正确、匝间有否短路；铁芯、线圈的铁耗、铜耗是否达到设计要求；变压器运行性能是否良好等。为掌握变压器运行性能，可以通过对变压器的空载试验与短路试验中得出的技术参数来进行分析和检验。现对一台单相变压器进行空载试验与短路试验，检验测定变压器的运行性能和相关参数。

学习目标

1．掌握变压器的基本工作原理。

2．了解变压器的空载试验和短路试验方法。

知识平台

一、变压器的工作原理

变压器是由一个闭合的铁芯和绕在铁芯上的两个匝数不等的绕组组成。与电源相连的绕组称为一次绕组（一次侧），与负载相连的绕组称为二次绕组（二次侧）。一、二次绕组都用绝缘的导线绕成。虽然一、二次绕组在电路上是相互分开的，但通过磁路，一、二次绕组相互联系，传递能量。根据二次绕组是否连接负载，变压器的运行可分为空载运行和负载运行。

1．变压器的空载运行

所谓变压器的空载运行就是变压器一次绕组加额定电压，二次绕组开路的工作状态。实际变压器在运行中要考虑到各种损耗，分析起来比较复杂。为了分析的简单、方便，如果不计绕组的电阻、铁芯的损耗，磁路中的漏磁通和磁饱和影响的变压器称为理想变压器。理想变压器只是一个单纯的电感电路，在一些近似的计算中常用理想变压器来分析。下面来分析理想变压器和实际变压器在空载运行中的情况。

（1）理想变压器空载运行

理想变压器运行原理图如图 7.2.1 所示。

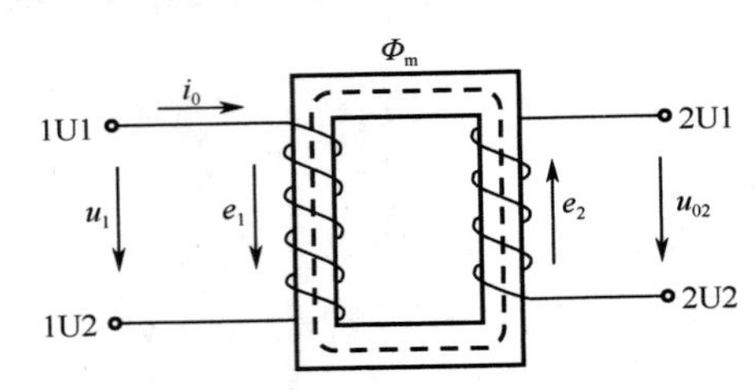

图 7.2.1　理想空载变压器的空载运行原理图

当一次绕组接上交流电压 u_1 时，在一次绕组中就会有交流电流 i_0。通过并在铁芯中产生交变的磁通 Φ_m。这个交变磁通不仅通过一次绕组，而且也通过二次绕组，并在两绕组中分别产生感应电动势 e_1 和 e_2。此时，因为二次绕组没接负载，二次绕组中没有电流流过，但二次绕组有输出电压。

① 空载电流 I_0。变压器空载运行时流过一次绕组的电流称为空载电流，理想变压器的空载电流主要产生铁芯中的磁通，所以空载电流也称为空载励磁电流，是无功电流。

② 电压和感应电动势的关系。因为理想变压器不考虑绕组的电阻、铁芯的损耗和漏磁通影响，根据基尔霍夫第二定律可知，一次侧绕组的电压平衡方程式为：

$$\dot{U}_1 = -\dot{E}_1 \tag{7-2-1}$$

式（7-2-1）说明一次绕组上的感应电动势 E_1 的大小等于电源电压即 $U_1=E_1$ 在相位上，$\dot{U}_1$ 与 $\dot{E}_1$ 认反相位，$\dot{E}_1$ 也可以称为反电势。

二次侧绕组的电压平衡方程式为：

$$\dot{U}_{02} = -\dot{E}_{02} \tag{7-2-2}$$

式（7-2-2）说明二次绕组上输出电压大小等于感应电动势即 $U_{02}=E_2$，并且 $\dot{U}_{02}$ 与 $\dot{E}_2$ 同相位。

③ 感应电动势的大小。根据电磁感应定律 $e=-N\dfrac{\Delta\Phi}{\Delta t}\Delta$ 可推导出变压器和交流电机绕组上感应电动势计算公式：

$$E=4.44fN\Phi_m \tag{7-2-3}$$

式中　Φ_m——主磁通幅值，Wb；

f——频率，Hz；

E——感应电动势有效值，V。

式（7-2-3）是交流磁路的基本关系式，它表示感应电动势的大小与电源频率 f、绕组匝数及铁芯中的主磁通的幅值成正比。

由公式 $\dot{U}_1=-\dot{E}_1$ 可知 $U_1=E_1$，即 $U_1=E_1=4.44fN_1\Phi_m$。该公式说明铁芯中的主磁通的大小取决于电源电压、频率和一次绕组的匝数，而与磁路所用的材料和磁路的尺寸无关。当电源电压不变时，变压器磁路上的磁通的幅值是不会变化的。

④ 变压比（简称变比）。一次侧绕组相电动势 E_1 与二次侧绕组相电动势 E_2 之比称为变压比，用 K 表示，即

$$K=\frac{E_1}{E_2}$$

因为 $E_1=4.44fN_1\Phi_m$，$E_1=4.44fN_2\Phi_m$ 可得到公式：

$$K=\frac{E_1}{E_2}=\frac{N_1}{N_2}=\frac{U_1}{U_{02}} \tag{7-2-4}$$

式中 N_1——一次侧绕组匝数；

N_2——二次侧绕组匝数。

（2）实际变压器空载运行

实际变压器空载运行如图 7.2.2 所示。

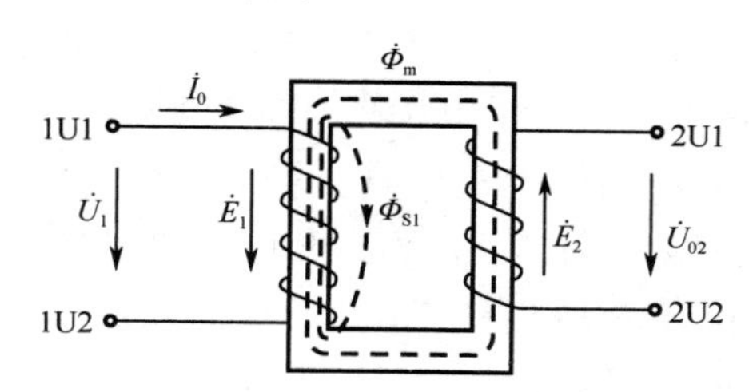

图 7.2.2 实际变压器空载运行的情况分析

① 实际变压器一次绕组存在电阻 r_i，当一次绕组有空载电流流过时，会在该电阻上产生电压降 $i_0 \cdot r_i$。

② 变压器中存在漏磁通。空载电流产生的磁通分为两部分，其中大部分磁通通过铁芯交链一次侧绕组和二次侧绕组，该磁通称为主磁通，它在一次侧绕组和二次侧绕组中分别感应出电动势 e_1 和 e_2；另一小部分磁通只通过一次侧绕组周围的空间形成闭路，称为漏磁通，仅占主磁通的 0.25%，它在一次侧线圈中产生漏抗电动势 e_{s1}。

③ 变压器铁芯中存在铁耗。当变压器主磁通穿过铁芯时，会在铁芯中产生涡流损耗和磁滞损耗，该损耗称为铁损耗（简称铁耗）。

由于一次侧绕组电阻 r_1、空载励磁电流 i_0 和漏磁通都很小，所对应的 $i_0 \cdot r_1$ 和漏抗电动势 e_{s1} 也很小，可以忽略不计。则实际变压器电压方程为：$\dot{U}_1 \approx -\dot{E}_1$，$\dot{U}_{02} = \dot{E}_2$。

由于铁芯中存在磁滞损耗和涡流损耗，该损耗称为铁耗，是由电源提供的，因此，一次绕组中流过的空载电流 i_0 中存在一个有功电流，用 i_{0P} 表示，提供给铁芯损耗。

当考虑变压器铁芯中存在铁耗时，空载电流有两个分量组成，一是无功分量 i_{0Q}，起励磁作用，另一个是有功分量 i_{0P}，用来供给铁芯损耗，这两个分量在相位上相差 90°，所以空载电流有效值 I_0 为：

$$I_0 = \sqrt{I_{0P}^2 + I_{0Q}^2} \tag{7-2-5}$$

其中空载电流有功分量为 $I_{0P} = I_0 \sin\alpha$，空载电流无功分量为 $I_{0Q}=I_0 \cos_{\alpha}$，通常 I_{0P} 很小，所以，空载运行时变压器的功率因数 $\cos\alpha$ 很小。

二、变压器的负载运行

变压器的二次侧绕组接上负载后的运行实验如图 7.2.3 所示。

当二次侧绕组接上负载，一次侧绕组接上交流电源后，二次侧绕组有电流 i_2 通过，此时一次侧绕组的电流立即从空载电流 i_0 增加到 i_1。如果增加负载，则 i_2 增大，i_1 也随着增大。换句话说，变压器二次绕组所消耗的电功率增加（或减少）时，一次绕组从电源所取得的电功率也随着增加（或减少）。这表明，变压器在传输电能时具有一种自动调节的作用。而变压器一、二次绕组之间并没有电的联系，那么显然，这种能量传输的自动调节作用只能是通过磁场作为媒介，把一、二次绕组相互联系起来的。

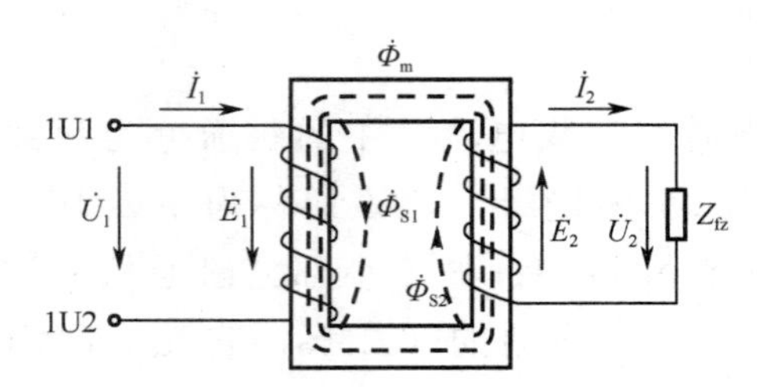

图 7.2.3 单相变压器负载运行图

变压器空载时，铁芯中的主磁通 Φ_m 仅由原绕组空载电流 I_0 产生，外加电压 $\dot{U}_1$ 与

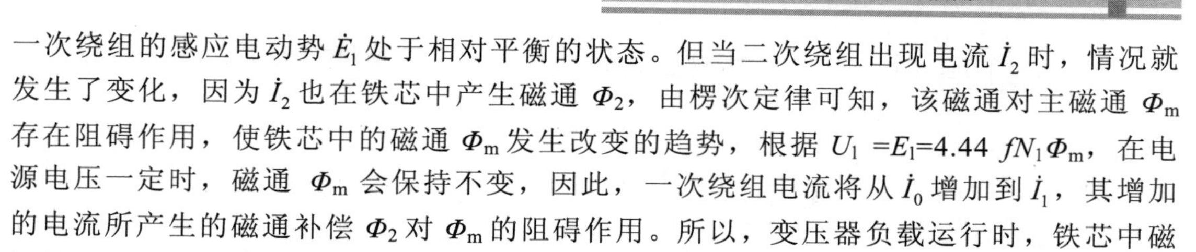

一次绕组的感应电动势 $\dot{E}_1$ 处于相对平衡的状态。但当二次绕组出现电流 $\dot{I}_2$ 时，情况就发生了变化，因为 $\dot{I}_2$ 也在铁芯中产生磁通 Φ_2，由楞次定律可知，该磁通对主磁通 Φ_m 存在阻碍作用，使铁芯中的磁通 Φ_m 发生改变的趋势，根据 $U_1=E_1=4.44fN_1\Phi_m$，在电源电压一定时，磁通 Φ_m 会保持不变，因此，一次绕组电流将从 $\dot{I}_0$ 增加到 $\dot{I}_1$，其增加的电流所产生的磁通补偿 Φ_2 对 Φ_m 的阻碍作用。所以，变压器负载运行时，铁芯中磁场是由一、二次绕组中电流共同产生的。

1．*磁动势平衡方程*

电流流过线圈产生磁场，其磁场大小由线圈的匝数 N 和电流 I 决定，线圈匝数 N 和电流 I 的乘积 NI 叫磁动势。

变压器空载运行时，铁芯中的主磁通 Φ_m 是由磁动势 N_1I_0 产生；变压器负载运行时，铁芯中的主磁通是由一、二次绕组磁动势 N_1I_1 和 N_2I_2 共同产生，但其 Φ_m 不改变。所以存在下面磁动势平衡方程：

$$N_1\dot{I}_1+N_2\dot{I}_2=N_1\dot{I}_0 \tag{7-2-6}$$

将式（7-2-6）变形得：

$$N_1\dot{I}_1=N_1\dot{I}_0-N_2\dot{I}_2 \tag{7-2-7}$$

从式（7-2-7）可知：变压器负载运行时，一次绕组的磁动势 $N_1\dot{I}_1$ 是由两个分量组成，其中一个分量 $N_1\dot{I}_0$ 是产生主磁通的磁动势，另一个分量 $-N_2\dot{I}_2$ 是用来抵消二次绕组磁动势的去磁作用。

将式的二边分别除以 N_1 得：

$$\dot{I}_1=\dot{I}_0+\left(-\frac{N_2}{N_1}\right)\dot{I}_2 \tag{7-2-8}$$

从式（7-2-8）可知，变压器负载运行时，流过一次绕组的电流也是由两个分量组成，其中一个分量 $\dot{I}_0$ 是产生主磁通的励磁分量，另一个分量 $\left(-\frac{N_2}{N_1}\right)\dot{I}_2$ 是用来抵消二次电流 $\dot{I}_2$ 的去磁作用，称为负载分量。

在额定负载时，励磁电流 I_0 只占 h 的百分之几，所以 I_0 可以略去不计，公式可以近似写为：

$$N_1\dot{I}_1=N_2\dot{I}_2\approx 0\text{或}\qquad \dot{I}_1=\left(-\frac{N_2}{N_1}\right)\dot{I}_2 \tag{7-2-9}$$

式（7-2-9）中的负号表明 $\dot{I}_1$ 与 $\dot{I}_2$ 的相位相反，其大小关系为：

$$I_1=\left(\frac{N_2}{N_1}\right)I_2 \tag{7-2-10}$$

由此有变压器变比： $$K=\frac{N_1}{N_2}=\frac{I_1}{I_2} \tag{7-2-11}$$

2. 电压方程式

实际变压器的一、二次绕组之间不可能完全耦合，一次绕组的磁势和二次绕组的磁势除在磁路中共同建立主磁通外，一次绕组的磁势还会产生只交链一次绕组的漏磁通，二次绕组的磁势也会产生只交链二次绕组的漏磁通，分别在一、二次绕组上产生漏电势，并与绕组上流过的电流成正比。

由于一次绕组的内阻和漏阻抗均很小，即使在满负载的情况下，产生的电压降与 E_1 比较仍然可以忽略，因此可以近似认为：

$$\dot{U}_1\approx-\dot{E}_1 \tag{7-2-12}$$

二次绕组的端电压对外应等于次级电流在负载阻抗 Z_L 上的电压降，即：

$$\dot{U}_2=\dot{I}_2Z_L \tag{7-2-13}$$

3. 阻抗变换

变压器一次侧接在交流电源上时，对电源来说，变压器就相当于一个负载，其输入阻抗可用输入电压、输入电流来计算，即变压器的输入阻抗为 $Z_1=U_1/I_1$，而变压器的二次侧输出端又接了负载，变压器的输出电压、输出电流与负载之间存在 $Z_2=U_2/I_2=Z_{fz}$ 的关系，如图 7.2.4 所示。可以看出 Z_2 经过变压器和不经过变压器接到电源上，两者是完全不一样的，这里变压器起到改变阻抗的作用。

变换公式。当忽略漏阻抗，不考虑相位、只计大小时，在空载和负载运行分析中，已得到的公式有：

$$U_1=KU_2 \tag{7-2-14}$$

$$I_1=\frac{I_2}{K} \tag{7-2-15}$$

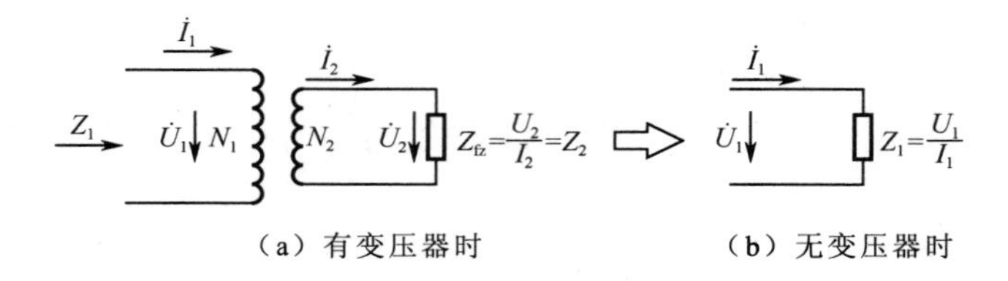

图 7.2.4 变压器的阻抗变作用

而变压器的一次侧和二次侧的阻抗为 $Z_1=U_1/I_1$ 和 $Z_2=U_2/I_2$，所以可以得到阻抗变换公式为：

$$Z_1=\frac{U_1}{I_1}=\frac{KU_2}{I_2/K}=K^2\frac{U_2}{I_2}=K^2Z_2 \tag{7-2-16}$$

这说明负载 Z_2 经过变压器以后阻抗扩大了 K^2 倍。如果已知负载阻抗 Z_2 的大小，要把它变成另一个一定大小的阻抗 Z_1，只需接一个变压器，该变压器的变比 $K=\sqrt{Z_2/Z_1}$。在电子线路中，这种阻抗变换很常用，如扩音设备中扬声器的阻抗很小（4~16Ω），直接接到功放的输出，则扬声器得到的功率很小，声音就很小。只有经输出变压器把扬声器阻抗变成和功放内阻一样大，扬声器才能得到最大输出功率。这也称为阻抗匹配。

例 7.2.1　某晶体管收音机的输出变压器的一次侧匝数 N_1=230 匝；二次侧匝数 N_2=80 匝，原来配接阻抗为 8Ω的扬声器，现要改用同样功率而阻抗为 4Ω的扬声器，则二次侧匝数 N_2 应改绕成多少？

解：先求出一次侧的 Z_1，因为不论 N_1 和 N_2 怎么变，必须保证 Z_1 不变，才能保证功率输出最大。

$$Z_1=K_2Z_2=\left(\frac{230}{80}\right)^2\times 8=66.13\Omega$$

再由 Z_1 和新的扬声器阻抗 Z_2=4Ω，求出新的 K' 和 N_2'。

$$K'=\sqrt{\frac{Z_1}{Z_2}}=\sqrt{\frac{66.13}{4}}=4.07$$

$$N_2'=\sqrt{\frac{N_1'}{K'}}=\frac{230}{4.07}=57\text{ 匝}$$

则二次侧匝数 N_1 应改为绕成 57 匝。

4. 变压器的外特性

变压器一次侧输入额定电压和二次侧负载功率因数一定时，二次侧输出电压与输出电流的关系称为变压器的外特性，也称为输出特性。通常用曲线表示，如图 7.2.5 所示。从电压方程式（7-2-12）、式（7-2-13）可知当二次侧感性负载电流 I_1 增加时，由于漏阻抗 Z_{S1}、Z_{S2} 的影响，使输出电压下降。但如果负载的性质变成容性时，情况就大不一样了。如图 7.2.5 所示，当负载容性时，外特性是上翘的；而负载感性时，外特性是下降的。也就是说容性电流有助磁作用，使 U_2 上升；而感性电流有去磁作用，使 U_2 下降。这也说明了二次侧功率因数对外特性影响很大，其实质是去磁和助磁作用不同所致。

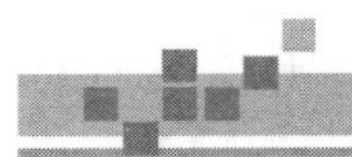

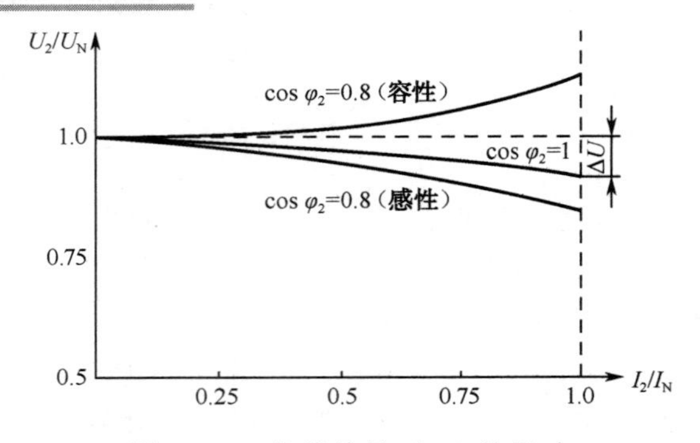

图 7.2.5 负载特性对 U_2 的影响

因此，在变压器输入电压 U_1 不变时，影响外特性的因素是 Z_{S1}、Z_{S2} 及 $\cos\varphi_2$。为了使各种不同容量和电压的变压器的外特性可以进行比较，在图 7.2.5 中坐标都用相对值 U_2/U_{2N}、I_2/I_{2N} 表示，这种值也称为标么值。

5. 电压调整率

变压器二次侧电压随负载而变化的程度叫电压调整率，用 ΔU 来表示。一般情况负载都是电感性的，所以变压器输出电压 U_2 是随输出电流 I_2 的增加而略有下降的，下降的程度与 Z_{S1}、Z_{S2} 及 $\cos\varphi_2$ 有关，通常可以表示为：

$$\Delta U=\frac{U_{2N}-U_2}{U_{2N}}\times 100\%=\frac{\Delta U}{U_{2N}}\times 100\% \qquad (7\text{-}2\text{-}17)$$

式中 U_{2N}——变压器二次侧输出额定电压（即二次侧空载电压 U_{02}）；

U_2——变压器二次侧额定电流时的输出电压。

变压器的额定电压调整率表示二次侧电压的稳定性，是变压器主要性能指标之一。一般电力变压器，当 $\cos\varphi_2\approx 1$ 时，$\Delta U=2\%\sim 3\%$；当 $\cos\varphi_2\approx 0.8$ 时，$\Delta U=4\%\sim 6\%$。可见提高二次侧负载功率因数 $\cos\varphi_2$，还能提高二次侧电压的稳定性。一般情况下照明电源电压波动不超过±5%，动力电源电压波动不超过-5%~10%。

6. 变压器的损耗和效率

变压器在传输能量的过程中会产生损耗。其损耗分为铁耗和铜耗两大类，每类损耗中又分基本损耗与附加损耗。

（1）铁耗 P_{Fe}。基本铁耗是铁芯中的磁滞损耗与涡流损耗之和。为了降低涡流损耗，一般变压器铁芯均采用 0.35mm 厚的硅钢片叠成。这样可把涡流损耗降低到基本铁耗的 30%~40%。

附加铁耗产生的原因主要有：铁芯接缝处磁通分布不均而引起的额外损耗及磁通在金属构件中引起的涡流损耗，对中、小容量的变压器，一般为基本铁耗的 15%~20%。

总铁耗为基本铁耗与附加铁耗之和，它近似地与磁通密度最大值的平方成正比。

变压器空载时的能量损耗以铁耗为主，一般情况下认为变压器的铁耗等于空载损耗。当电源电压一定时，铁耗为恒定值，与负载电流的大小和性质无关，即

$$P_{Fe} \approx P_0 \tag{7-2-18}$$

式中　P_{Fe}——铁耗；

P_0——空载损耗。

（2）铜耗 P_{Cu}。基本铜耗与附加铜耗主要是随负载电流而产生的，因此合称负载损耗。

变压器的铜耗 P_{Cu}。以基本铜耗为主，基本铜耗是指一次绕组与二次绕组内电流所引起的电阻损耗。

某一负载电流 I_2 与额定负载电流 I_{2N} 之比值叫负载系数，用β表示，铜耗计算公式可写为：

$$P_{Cu} = (\beta)^2 P_{CuN} \tag{7-2-19}$$

式（7-2-19）中 P_{CuN} 是额定负载下的铜耗。因此只要知道负载电流 I_2 的大小，就可以用式（7-2-19）计算出该负载下的铜耗。而通过下一节中的短路试验中可知，额定负载时铜耗近似等于短路损耗 $P_{CuN} \approx P_K$，即上式可表示为：

$$P_{Cu} = (\beta)^2 P_{CuN} \approx P_K \tag{7-2-20}$$

（3）效率η。变压器的效率是输出的有功功率 P_2 与输入的有功功率 P_1 之比，用百分值表示为：

$$\eta = \frac{P_2}{P_1} \times 100\% \tag{7-2-21}$$

由能量守恒定律得 $P_1 = P_2 + \mathrm{P}_{Fe} + P_{Cu}$　　因此，式（7-2-21）又可写成：

$$\eta = \frac{P_2}{P_1 + P_{Fe} + P_{Cu}} \times 100\% = \left(1 - \frac{P_{Fe} + P_{Cu}}{P_2 + P_{Fe} + P_{Cu}}\right) \times 100\%$$

如果忽略负载运行时二次电压的变化，输出功率为：

$$P_2 = U_{2N} I_2 \cos\varphi_2 = \beta U_{2n} I_{2N} \cos\varphi_2 = \beta S_N \cos\varphi_2$$

式中　S_N——变压器的额定容量（视在功率）。

应用上述一系列假定后，得到实用公式（单、三相均可用）：

$$\eta = \left(1 - \frac{P_{Fe} + \beta^2 P_{Cu}}{\beta S_N \cos\varphi_2 + P_{Fe} + \beta^2 P_{CuN}}\right) \times 100\%$$

在负载功率因数 $\cos\varphi_2$ 为一定值时，效率随负载电流 I_2 而变化的规律叫作变压器的效率特性，效率曲线如图 7.2.6 所示。

从图 7.2.6 可以看出，当负载电流 I_2（或 β）从零开始增大时，效率很快升高到最大值，然后又逐渐下降。用数学分析可以证明，当铜耗与铁耗相等时（$P_{Cu}=P_{Fe}$），变压器的效率为最高，即效率最高的条件是 $\beta^2{}_{m}P_{CuN}=P_{Fe}$，即 $\beta_m=\sqrt{\dfrac{P_{Fe}}{P_{CuN}}}$ 变压器的最高效率在负载系数 β_m=0.5~0.6 的范围内。

由于电力变压器常年接在线路上，其空载损耗是固定不变的，而铜耗却随负载而变化；又由于变压器不可能常年满负载运行，相比之下，铁耗所引起的损失是相当大的。从全年效益考虑，降低铁耗是有利的，一般使铁耗与铜耗之比为：$\dfrac{P_{Fe}}{P_{Cu}}=\dfrac{1}{4}\sim\dfrac{1}{3}$

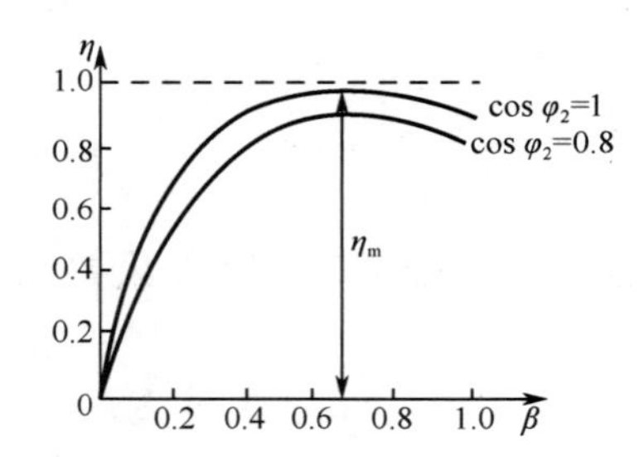

图 7.2.6 变压器的效率曲线

例 7.2.2 一台容量为 50kV·A 的单相变压器，一次侧电压为 6000V、电流为 8.33A，二次侧电压为 230V、电流为 217.4A，空载损耗为 $P_0=400$W，短路损耗为 P_K=1100W，当二次侧输出电流为 150A 时，求：

（1）二次侧功率因数 $\cos\varphi_2$=0.8 时的效率是多少？

（2）二次侧功率因数 $\cos\varphi_2$=0.9 时变压器的最高效率是多少？

解：（1）

$$\beta=\frac{I_2}{I_{2N}}=\frac{150}{217.4}=0.69$$

因为

$$P_{Fe}\approx P_0, P_{CuN}\approx P_K$$

所以

$$\eta=1-\frac{P_{Fe}+\beta^2P_{CuN}}{\beta S_N\cos\varphi_2+P_{Fe}+\beta^2P_{CuN}}$$

$$=1-\frac{400+0.69^2\times1100}{0.69\times50000\times0.8+400+0.69^2\times1100}=96.7\%$$

（2）当铜耗和铁耗相等时（$P_{Fe}=P_{Cu}$），变压器的效率为最高，即

$$\beta_m=\sqrt{\frac{P_{Fe}}{P_{CuN}}}=\beta_m=\sqrt{\frac{400}{1100}}=0.6$$

$$\eta_m=1-\frac{P_{Fe}+\beta^2P_{CuN}}{\beta_m S_N\cos\varphi_2+P_{Fe}+\beta_m^2P_{CuN}}$$

$$=1-\frac{400+0.6^2\times1100}{0.6\times50000\times0.9+400+0.6^2\times1100}=97.1\%$$

任务实施

一、单相变压器的空载试验

1．安全准备

（1）在进行实训前，应仔细了解进入配电房安全规程，按照规程要求进行参观。

（2）穿戴好防护用品，做好安全防护工作。

2．单相变压器的空载试验实训设备准备

实验器材见表 7.2.1。

表 7.2.1　实验器材

序号	器材名称	规格	数量	序号	器材名称	规格	数量
1	单相变压器	220V/24V	1	5	低功率因数电能表	D26-W	1
2	交流电压表	85L17（250V）	2	6	熔断器	10A	2
3	交流电压表	44L1（1A）	1	7	自动空气开关	DZ47-10	1
4	调压器	TDGC2-0.5（2A）	1	8	导线		

3．试验线路图

（1）单相变压器测变比试验线路图，如图 7.2.7 所示。

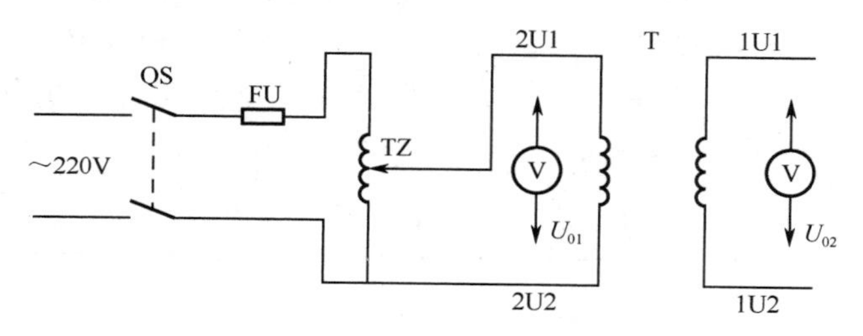

图 7.2.7　单相变压器测变比试验线路图

（2）单相变压器空载试验线路图，如图 7.2.8 所示。

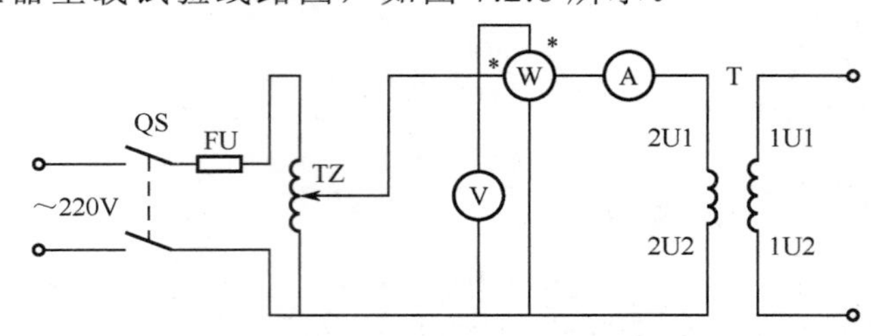

图 7.2.8　单相变压器空载试验线路图

4．试验内容和步骤

（1）测变压器变比

步骤一，按图 7.2.8 所示接好试验线路。

步骤二，变比测定。将低压绕组所接电压调至额定电压的 50%左右，测量低压线圈电压U_{01}，以及高压绕组电压U_{02}，对应不同的输入电压，共取三组读数并记录于表 7.2.2 中。

表 7.2.2

序号	U_{01}(V)	U_{02}(V)	K
1			
2			
3			

步骤三，断开电源开关 QS。

步骤四，变比计算，变压比：$K=U_{01}/U_{02}=$________V。（取平均值）

（2）空载实验

步骤一，按图 7.2.8 所示接好试验线路。低压线圈通过调压器接于电源，高压线圈开路；经老师确认无误。

步骤二，调节调压器使变压器一次侧电压为零，然后合上开关 QS，调节调压器使其输出电压等于变压器额定电压 ($U_{01}=U_{1N}$)，记下此时的空载电流I_{01}、空载损耗P_0和二次侧电压U_{02}的值。当U_{01}/U_{1N}______V时，$I_{01}=$______A，$P_0=$______W，$U_{02}=$______V。

步骤三，调节调压器使变压器一次侧电压为 $U_{01}=(1.1\sim1.2)U_{1N}$，然后逐步降低电压 U_{01}，直至 $U_{01}=0$ 为止。此过程中，共测取 7 组或 8 组数据，并记录于表 7.2.3 中，每次测量U_{01}、I_{01}的值（注意在U_{01}、U_{1N}附近多测量几点）。

表 7.2.3　一次侧电压、电流

U_{01}							
I_{01}							

步骤四，断开电源开关 QS。

步骤五，根据步骤三记录的数据作空载曲线。

空载曲线如图 7.2.9 所示。

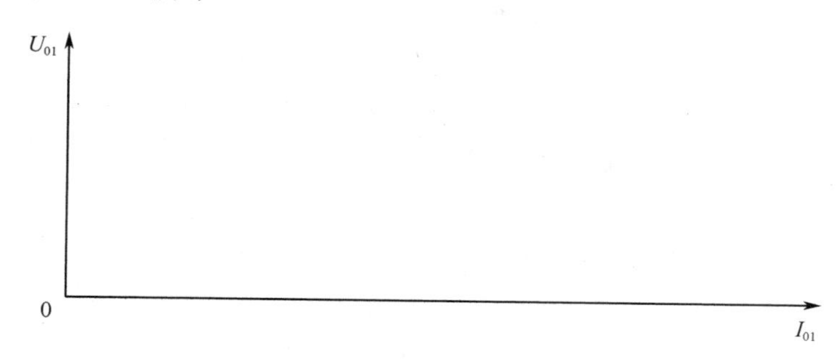

图 7.2.9　空载曲线

5. 试验说明和意义分析

（1）空载试验通常是将高压侧开路，由低压侧通电进行测量。因变压器空载时功率因数很低，故应采用低功率因数电能表。因变压器空载阻抗很大，空载电流 I_0 很小，为减少误差，故电压表应接在电流表外侧。

（2）试验可以测出变压器的铁耗 P_{Fe}。因空载损耗是铁耗和铜耗之和，即 $P_0 = P_{Fe} + P_{Cu}$。因为空载电流 I_0 很小，约为（0.02~0.10）I_N，所以铜耗可忽略不计，可近似认为 $P_0 \approx P_{Fe}$。而 $P_{Fe} \propto \Phi^2{}_m$，当一次侧电压 U_1 不变时，Φ_m 不变，P_{Fe} 为常数，所以 P_{Fe} 也称不变损耗。

（3）通过空载损耗的测试，可以检查铁芯材料、装配工艺的质量和绕组的匝数是否正确、有否匝间短路。如果空载损耗 P_0 和空载电流 I_0 过大，则说明铁芯质量差，气隙太大。若 K 太小或太大，则说明绕组的绝缘或匝数有问题。还可以通过示波器观察开路侧电压或空载电流 I_0 的波形，若不是正弦波，失真过大，则铁芯过于饱和。

如果是升压变压器，则可以从一次侧进行试验，将二次侧开路，这样可以保证安全和便于选择仪表，而且空载电流 I_0、励磁阻抗 Z_0 都不需要折算。测高电压时，可采用电压互感器。因此通过空载试验，可以了解变压器的铁芯、线圈质量。

二、单相变压器的短路试验

1. 安全准备

（1）在进行实训前，应仔细了解进入配电房安全规程，按照规程要求进行参观。

（2）穿戴好防护用品，做好安全防护工作。

2. 试验器材

试验器材同空载试验。

3. 试验线路图

试验线路如图 7.2.10 所示。

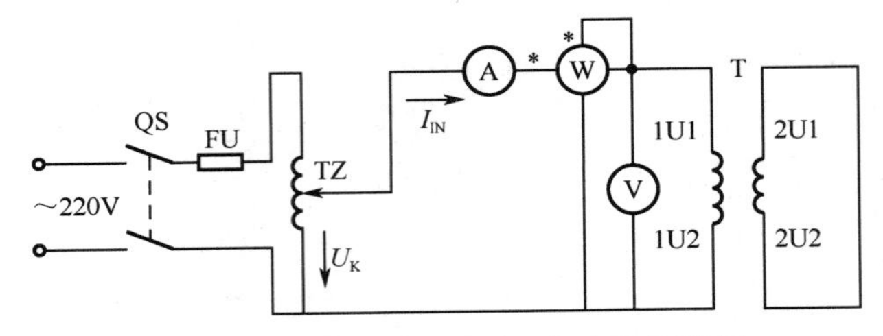

图 7.2.10 单相变压器短路试验线路图

4. 试验内容和步骤

步骤一，按图 7.2.10 所示接好试验线路。高压侧通过调压器接于电源，低压侧短路，且电流表接于电压表外侧；并经老师确认无误。

步骤二，先将调压器置于输出电压为零的位置，然后合上电源开关 QS，监视电流表，缓慢加大调压器输出电压，直至高压侧电流达到变压器的额定电流为止。

步骤三，记录 $I_K=I_{1N}$ 时的短路损耗 P_K 短路电压 U_K 及室温。

$I_K=I_{1N}=$_____A，U_K_____V，P_K_____W，室温_____℃。

步骤四，将调压器输出电压降至零，然后拉下电源开关 QS 。

步骤五，计算短路参数。

$Z_K=U_K/I_K=U_K/I_N=$____，$r_K=P_K/I_K^2=P_K/I_N^2=$____，$X_K=\sqrt{Z_K^2-r_K^2}=$______。

折合到 75℃时的值（式中 θ 为室温）：

$r_K(75^\circ C)=r_{K\theta}234.5\dfrac{234.5+75}{234.5+\theta}=$_____；

$Z_K(75^\circ C)=\sqrt{r_K^2(75^\circ C)+X_K^2}=$______。

5. 实验说明和意义分析

（1）短路试验应在低压侧短路，由高压侧通电进行测量。因变压器短路阻抗很小，故测量时电流表应接在电压表的外侧。

（2）测出 $P_{CuN}\approx P_K$，可供变压器计算铜耗用。图中仪表的位置不能任意改变，以保证测量精度。低压侧短路，高压侧从可调变压器得到电源，并调节输入电压 U_1，使一次侧电流为额定电流 $I_1=I_{1N}$，这时功率表中读数为短路损耗 P_K，电压表读数为短路电压 U_K。因 U_K 很低，只有 $(4\%\sim10\%)U_{1N}$，所以铁芯中磁通 $\Phi_M(\propto U_1)$ 很小，而铁耗 $P_{Fe}\propto\Phi_M^2$，所以铁耗 P_{Fe} 可忽略不计，而这时一次侧、二次侧电流均为额定值，所以功

率表的读数 P_K 可近似看成额定负载的铜耗 P_{CuN}，由此求得 $P'_K = P_{CuN} + P_{Fe} \approx I_{1N}^2 r_1 + I_{2N}^2 r_2$。

（3）测出 U_K 和 Z_K，它反映一次侧绕组在额定电流时的内部压降及内部阻抗，可以用来分析变压器的运行性能。U_K 和 Z_K 越小，反映变压器的内部压降和内部阻抗小，电压调整率就低，电压就稳定。但从限制短路时的短路电流来看，U_K 和 Z_K 大些好，Z_K 大则短路电流就小，对变压器和设备的危害就小。因此，不能绝对地讲 U_K 和 Z_K 应该大还是小，而要根据具体情况考虑。例如，电炉用变压器容易短路，所以 U_K 和 Z_K 要设计得大些，以降低短路电流。

另 U_K 一般用相对值（标么值）表示 $U'_K = \dfrac{U_K}{U_{1N}} \times 100\% = 4\% \sim 10\%$。一般变压器容量越大，电压越高，$U_K$ 也越高。为了便于变压器之间相互比较，Z_K 可用相对值表示：

$$Z'_K = \frac{Z_K}{U_{1N}/I_{1N}} = (4\% \sim 10\%)$$

试验过程中，应该注意的是切不可在一次侧电压较大甚至额定电压值时，把二次侧短路，这样会使变压器产生很大的电流而损坏。

三、试验应注意事项

（1）试验中按图接好试验线路后，必须经老师检查认可，方可动手操作。

（2）合开关通电前，一定要注意将调压器手柄置于输出电压为零的位置，注意高阻抗和低阻抗仪表的布置。

（3）短路试验时，操作、读数应尽量快，以免温升对电阻产生影响。

（4）遇异常情况，应立即断开电源，处理好故障后，再继续试验。

任务验收

	序号	验收项目	验收结果		不合格原因分析
			合格	不合格	
老师评价	1	安全防护			
	2	工具准备			
	3	测量步骤			
	4	测量结果			
	5	5S 执行			
自我评价	1	完成本次任务的步骤			
	2	完成本次任务的难点			
	3	完成结果记录			

自测与思考

1．为什么一般做变压器空载试验时，在低压侧通电进行试验，而短路试验时又要在高压测通电进行测量？

2．空载和短路试验时，仪表布局有何不同？不当的布局为什么会引起测量误差？

3．为什么变压器的励磁参数一定要在空载试验加顺定电压的情况下求出？

4．变压器空载时，为什么功率因数很低？

5．变压器运行中有哪些基本损耗？它与哪些因素有关？

6．空载试验的目的是什么？有什么实际意义？

7．为什么说空载试验可以测出 P_{Fe}？为什么说 P_{Fe} 是不变的损耗？

8．为什么说短路试验可以测出 P_{CuN}？为什么说铜耗 P_{Cu} 是可变损耗？

9．为什么变压器的测量定为视在功率而不定为有功功率？

任务三　变压器的绕组连接

任务描述

学习并掌握用交流法测定三相变压器绕组极性。

学习目标

1. 认识单相变压器的极性。
2. 了解三相变压器的连接及其连接组别。
3. 用交流法测定三相变压器绕组极性。

知识平台

一、单相变压器绕组的极性

1. 直流电源的极性

直流电路中，电源有正、负两极，通常在电源出线端上标以“+”号和“-”号。“+”号为正极性，表示高电位端；“-”号为负极性，表示低电位端，如图 7.3.1（a）所示。当电源与负载形成闭合回路时，回路中电流将由高电位的“+”极流出，经负载流入“-”极。由于直流电源两端电压的大小和方向都不随时间而变化，如图 7.3.1（b）所示，A 端极性恒定为正，B 端极性恒定为负，即直流电源两端的极性是恒定不变的。

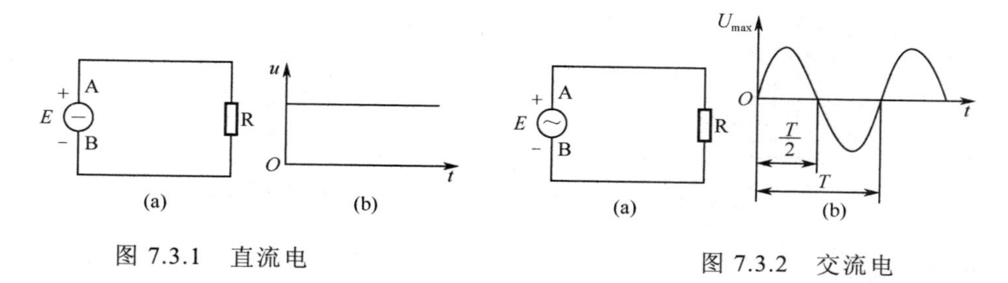

图 7.3.1　直流电　　　　图 7.3.2　交流电

2. 交流电源的极性

正弦交流电源的出线端不标出正负极性，因为正弦交流电源输出电压的大小和方向都随时间而变化，每经过半个周期（$T/2$）正负交替变化一次，如图 7.3.2（b）所示。

正弦交流电源两端不存在恒定极性，但在任一瞬间仍存在瞬时极性，例如，某一瞬间 A 端为高电位，B 端相对 A 端则为低电位，反之当 A 端为低电位时 B 端则为高电位。

回路中电流将由高电位端流出，低电位端流入，由此可见，正弦交流电源两端只存在瞬时极性，而电位的高与低是相对的，极性也是相对的、可变的、暂时的，随时间而变化的。

3. 单相变压器的极性

变压器绕组的极性是指变压器一次侧、二次侧绕组在同一磁通作用下所产生的感应电动势之间的相位关系，通常用同名端来标记。

例如，在图 7.3.3 中，铁芯上绕制的所有线圈都被铁芯中交变的主磁通所穿过，在任意瞬间，当变压器一个绕组的某一出线端为高电位时，则在另一个绕组中也有一个相对应的出线端为高电位，那么这两个高电位（如正极性）的线端称为同极性端，而另外两个相对应的低电位端（如负极性）也是同极性端。即电动势都处于相同极性的线圈端就称同名端；而另一端就成为另一组同名端。不是同极性的两端就称为异名端。应该指出没有被同一个交变磁通所贯穿的线圈，它们之间就不存在同名端的问题。

同名端的标记可用星号“*”或点“·”来表示，在互感器绕组上常用“+”和“-”来表示（并不表示真正的正负意义）。

对一个绕组而言，哪个端点作为正极性都无所谓，但一旦定下来，其他有关的线圈的正极性也就根据同名端关系定下了。有时也称为线圈的首与尾，只要一个线圈的首尾确定了，那些与它有磁路穿通的线圈的首尾也就确定了。

例 7.3.1 如一台单相变压器，一次侧和二次侧绕组在某一瞬间的电流如图 7.3.4 所示，试判断并用符号标出同名端。

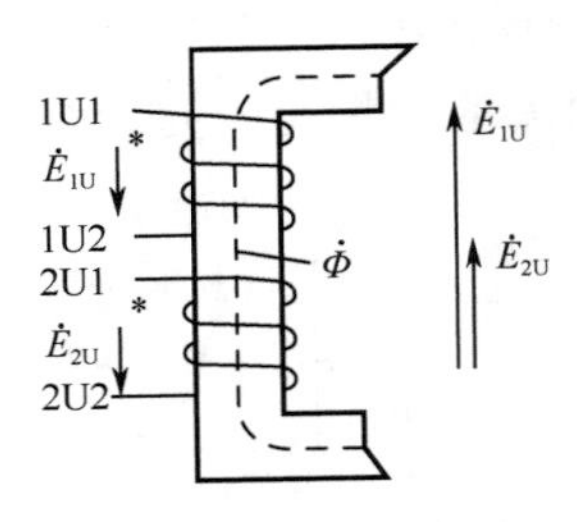

图 7.3.3 绕组的极性

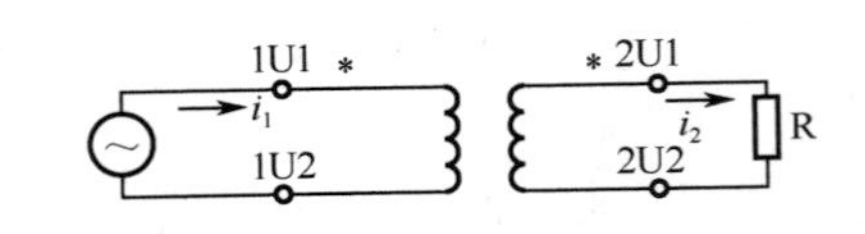

图 7.3.4 单相变压器电路

绕组的连接主要有以下几种形式。

（1）绕组串联

① 正向串联，也称为首尾相连，即把两个线圈的异名端相连，总电动势为两个电动势相加之和，电动势会越串越大，如图 7.3.5（a）所示。

② 反向串联，也称为尾尾相连（或首首相连），总电动势为两个电动势之差，如图 7.3.5（b）所示。

正因为正、反向串联的总电动势相差很大，所以常用此法来判别两个绕组的同名端。

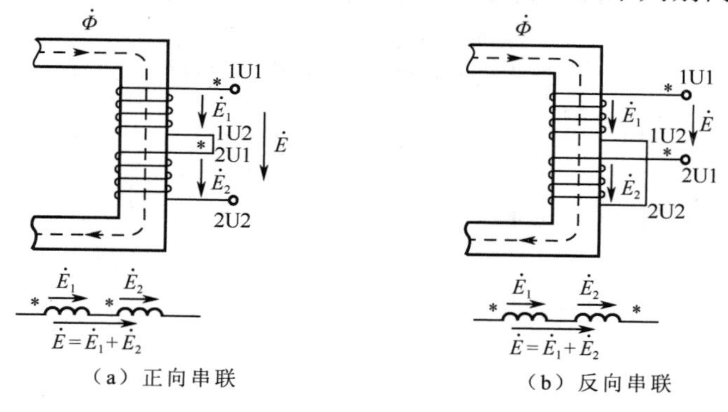

图 7.3.5　绕组串联

（2）绕组并联

如图 7.3.6 所示，绕组并联也有两种连接方法。

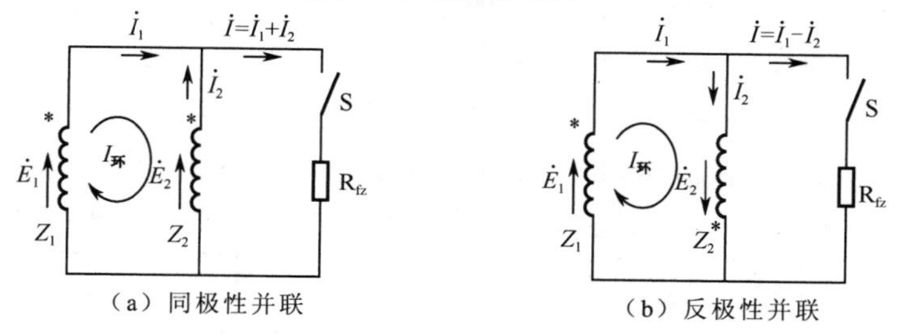

图 7.3.6　绕组并联

① 同极性并联分两种情况。

a）$\dot{E}_1$ 与 $\dot{E}_2$ 大小一样，则两个绕组回路内部的总电动势为零，如图 7.3.6（a）所示，不会产生内部环流 $I_环$，这是最理想状态，变压器的并联就应符合这种条件 $I_环=\dfrac{\dot{E}_1+\dot{E}_2}{\dot{Z}_1+\dot{Z}_2}=\dfrac{0}{Z_1+Z_2}$=0。

b）$\dot{E}_1$ 与 $\dot{E}_2$ 大小不等，则两个绕组回路内部的总电动势不为零，外部不接负载时，也会产生一定的环流。这对绕组的正常工作不利，环流会产生损耗和发热，使输出电压、电流都减少，严重时甚至烧坏绕组。

② 反极性并联，如图 7.3.6（b）所示，这时两个绕组回路内部的环流 $I_{环}=\dfrac{\dot{E}_1+\dot{E}_2}{Z_1+Z_2}$ 将很大甚至烧坏线圈，这种接法是不允许的，应绝对避免。

通过以上讨论可以知道，变压器绕组之间进行连接时，极性判别是至关重要的。一旦极性接反，轻者不能工作；重者导致绕组和设备的严重损坏。这在变压器、电机和控制电路中是会经常遇到的。

二、变压器绕组的极性测定

在绕组极性的测定中，一般采用直观法和仪表测试法。

1. 直观法

因为绕组的极性是由它的绕制方向决定的，所以可以用直观法判别它们的极性，如图 7.3.3 和图 7.3.5 所示，可以用右手螺旋法则判别，如果从绕组的某端通入直流电，产生的磁通方向一致的这些端点就是同名端。

2. 仪表测试法

已经制成的变压器由于经过浸漆或其他工艺处理，从外观上无法辨别，只能借助仪表来测定同名端。单相变压器的极性测定方法有交流法和直流法两种，如图 7.3.7 所示。

（1）直流法。用直流法测单相变压器的极性时，为了安全，一般多采用 1.5V 的干电池或 2~6V 的蓄电池和直流电流表或直流电压表，在变压器高压绕组接通直流电源的瞬间，根据低压绕组电流或电压的正负方向来确定变压器各出线端的极性。

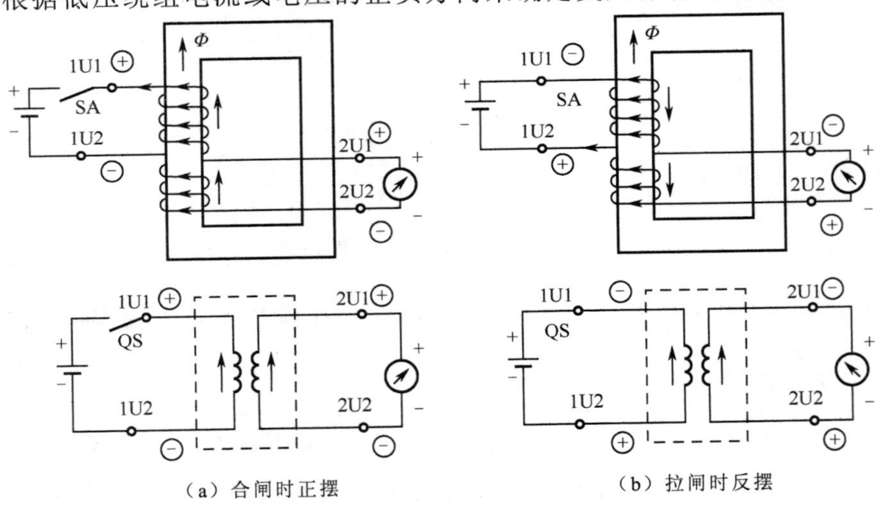

（a）合闸时正摆　　（b）拉闸时反摆

图 7.3.7　直流法测定变压器绕组的极性

测定步骤如下所示。

步骤一，设定线端。假定高压绕组 1U1、1U2 端与低压绕组 2U1、2U2 端，并做好标记。

步骤二，连接线路。如图 7.3.7 所示，将电池的“-”极接至高压绕组 1U2，而“+”极接到刀开关 SA，然后接到高压绕组 1U1，在低压绕组间接入一个直流毫伏表（或直流毫安表），表的“+”端与变压器低压绕组 2U1 相接，表的“-”端与低压绕组 2U2 相接。

步骤三，测定判断。当合上开关 SA 的瞬间，变压器铁芯充磁，根据电磁感应定律，在变压器两绕组中有感应电动势产生，若直流毫伏表（或直流毫安表）的指针向零刻度的正方向（右方）正摆，如图 7.3.7（a）所示，则被测变压器 1U1 与 2U1、1U2 与 2U2 是同名端。若指针向负方向（左方）反摆，如图 7.3.7（b）所示，则被测变压器 1U1 与 2U2、2U1 与 1U2 是同名端。

（2）交流表。用交流法测量单相变压器的极性时，是将变压器的高压绕组尾端 1U2 和低压绕组尾端 2U2 用导线连接起来，然后在变压器高压绕组首尾间，外施较低的便于测量的交流电压，如图 7.3.8 所示，用交流电压表测量被测变压器高压绕组、低压绕组的电压，以及高低压绕组之间的电压，从而判断变压器出线端的极性。

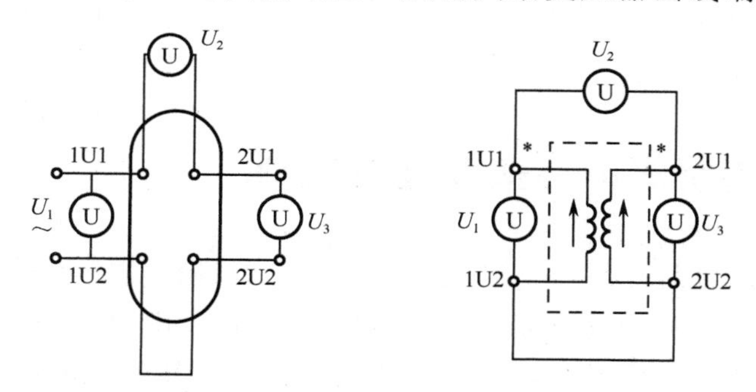

图 7.3.8　用交流去测定单相变压器的极性

测定步骤如下所示。

步骤一，连接线路。如图 7.3.8 所示，将变压器的高压绕组尾端 1U2 和低压绕组尾端 2U2 用导线连接起来，然后在变压器高压绕组 1U1、1U2 间，外施较低的便于测量的交流电压。

步骤二，测定判断。将万用表选择开关调至交流电压测量挡，先将万用表黑表笔接 1U1，红表笔接 1U2，测量 1U1、1U2 之间的电压 U_1；然后将万用表黑表笔接 1U1，红表笔接 2U1，测量 1U1、2U1 之间的电压 U_2；最后将万用表黑表笔接 2U2，红表笔接 2U1，测量 2U1、2U2 之间的电压 U_3。如果测量结果 $U_3=U_1+U_2$，则其出线端 1U1

与 2U1、1U2 与 2U2 是异名端；若测量结果$U_3=U_1-U_2$，则其出线端 1U1 与 2U1、1U2 与 2U2 是同名端。

例 7.3.1 如图 7.3.9 所示，一台 220V/24V 的单相双绕组变压器，试测试其极性。

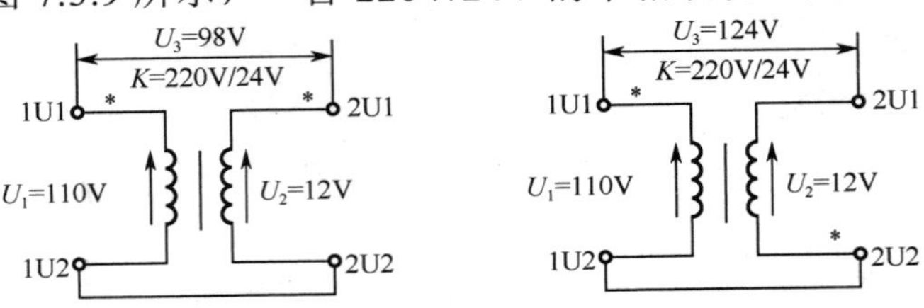

图 7.3.9 用交流去测定极性

解： 分析。变压器的变比 $K=220/24=9.17$，当用导线把 1U2 与 2U2 连接后在高压绕组 1U1 与 1U2 间加$U_1=110V$的交流电压时，$U_2=U_1/K=110/9.17=12V$。

如果测量结果$U_3=U_1-U_2=110-12=98V$。则变压器出线端的 1U1 与 2U1、1U2 与 2U2 是同名端；如果测量结果$U_3=U_1+U_2=110+12=122V$。则变压器出线端的 1U1 与 2U1、1U2 与 2U2 是异名端。

以上是对单相绕组的极性判别。对三相变压器来说，它的每一相的一次侧、二次侧绕组之间的同名端判别同单相变压器一样。但三相绕组之间严格地讲不属于同名端判别范畴，因为它们分别绕在不同的铁芯柱上，有各自的磁通，因此不存在同名端关系，但根据三相磁场的对称要求，也有一个首尾判别问题。

三、三相变压器绕组的连接及连接组别

正弦交流电能，目前几乎都是以三相交流的系统进行传输和使用，要将某一电压等级的三相交流电能转换为同频率的另一电压等级的三相交流电能，可用三相变压器来完成，三相变压器按磁路系统可分为三相组合式变压器和三相芯式变压器。

三相组合式变压器是由三台单相变压器按一定连接方式组合而成的，其特点是各相磁路各自独立而互不相关，如图 7.3.10 所示。

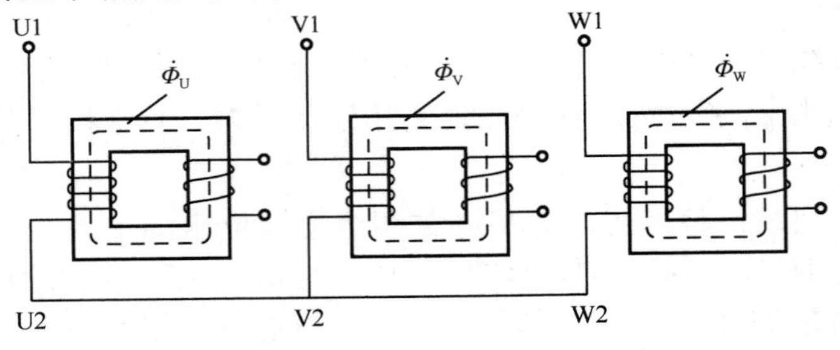

图 7.3.10 三相组合式变压器的磁路系统

三相芯式变压器是三相共用一个铁芯的变压器，其特点是各相磁路互相关联，如图 7.3.11 所示。它有三个铁芯柱，供三相磁通 $\varPhi_U$、$\varPhi_V$、$\varPhi_W$ 分别通过。在三相电压平衡时，磁路也是对称的，总磁通中 $\varPhi_{总}=\varPhi_U+\varPhi_V+\varPhi_W=0$，所以就不需要另外的铁芯来供中 $\varPhi_{总}$ 通过，可以省去中间的铁芯，类似于三相对称电路中省去中线一样，这样就大量节省了铁芯的材料（见图 7.3.11（b））。在实际的应用中，把三相铁芯布置在同一平面上（见图 7.3.11（c）），由于中间铁芯磁路短一些，造成三相磁路不平衡，使三相空载电流也略有不平衡，但形成空载电流 I_0 很小，影响不大。由于三相芯式变压器体积小，经济性好，所以被广泛应用。但变压器铁芯必须接地，以防感应电压或漏电。而且铁芯只能有一点接地，以免形成闭合回路，产生环流。

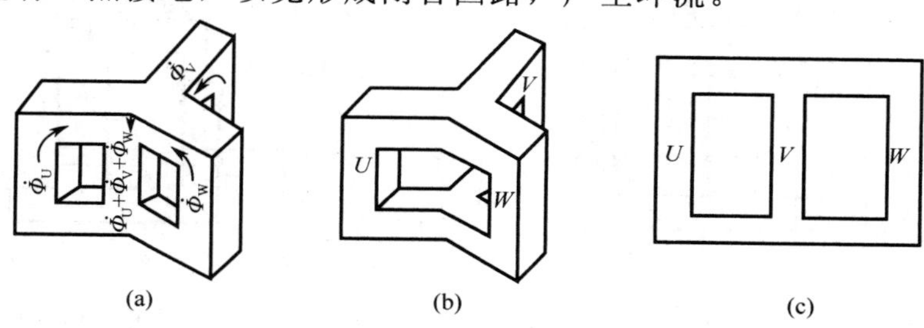

图 7.3.11　相芯式变压器的磁路系统

三相芯式变压器绕组的连接。

1. 三相绕组的首尾判别

三相绕组之间有个首尾判别问题，判别的准则是：磁路对称，三相总磁通为零。如果一次侧一相首尾接错，会破坏三相磁通的相位平衡，即 $\varPhi_{总}=0$，结果磁通就不能从铁芯中返回，而要从空气和油箱中绕走，如图 7.3.12 所示。这就使磁阻大大增加，使空载电流 I_0 也随之增加，后果是严重的，所以绝不允许接错首尾。只有正确判别了三相绕组的首尾，才可进一步探讨三相绕组的连接方法。在实际中，判别三相绕组的首尾的有直流法和交流法。

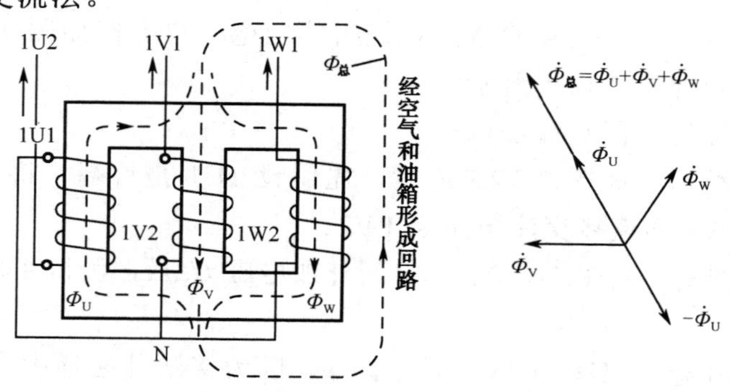

图 7.3.12　三相磁通不对称时的路径（一次侧一相接反）和磁通相量图

（1）直流法。判别步骤如下所示。

步骤一，分相设定标记。首先用万用表电阻挡测量 12 个出线端间的通断情况及电阻大小，找出三相高压线圈。假定标记为 1U1、1V1、1W1，1U2、1V2、1W2，如图 7.3.13 所示。

步骤二，连接线路。将一个 1.5V 的干电池（用于小容量变压器）或 2~6V 的蓄电池（用于电力变压器）和刀开关接入三相变压器高压侧任一相中（如 V 相），如图 7.3.14 所示。

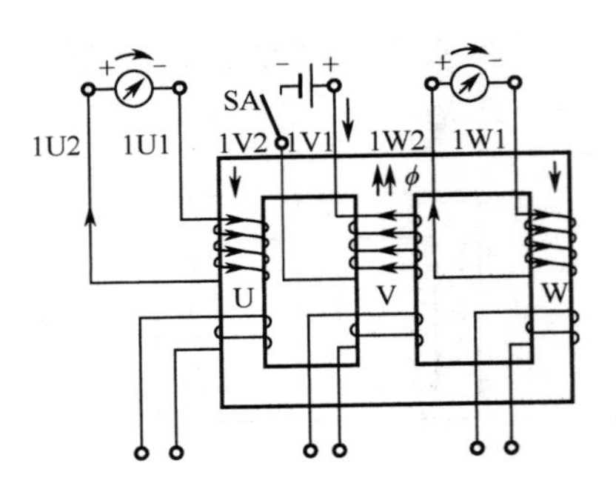

图 7.3.13 直流法测定三相变压器首尾（正摆）

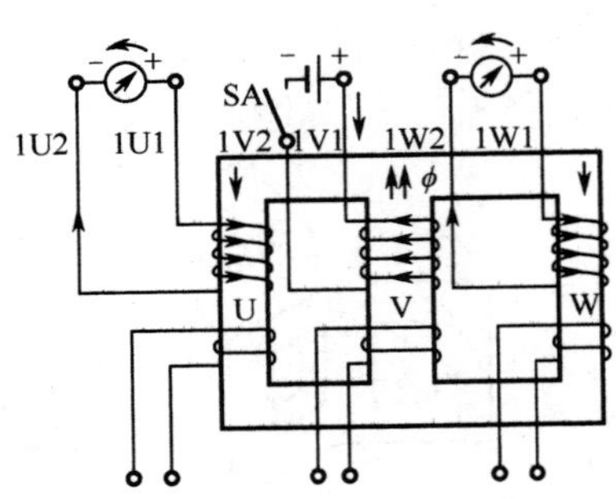

图 7.3.14 直流法测定三相变压器首尾（反摆）

步骤三，测量判别。在 V 相（假设 1V1 是首端）上加直流电源，电源的“+”接 1V1，电源的“-”经刀开关 SA 接至 1V2。然后用一个直流电流表（或直流电压表）测量另外两相电流（或电压）的方向来判断其相间极性。其判别方法如下：

① 如果在合上刀开关 SA 的瞬间，两表同时向正方向（右方）摆动。则接在直流电流表“+”端上的线端是相尾 1U2 和 1W2，接在表“-”端上的线端是相首 1U1 和 1W2。在合上刀开关 SA 的瞬间各相绕组的感应电动势方向如图 7.3.13 所示。

② 如果在合闸的瞬间，两表同时向反方向（左向）摆动时，如图 7.3.14 所示，则接在直流表的“+”端上的线端是相首 1U1 和 1W1，接在表“-”端上的线端是相尾 1U2 和 1W2。在合上刀开关 SA 的瞬间各绕组感应电动势方向如图 7.3.14 所示。

（2）交流法。判别步骤如下所示。

步骤一，设定标记。同直流法。

步骤二，连接线路。如图 7.3.15 所示，先假设 1U1 是首端，将 1U2 和 1V2 用导线连接，1W1 与 1W2 间连接交流电压表 PV2。

步骤三，测量判别。当在 1U1 与 1V1 间外加电压 U_1 后，测得 1W1 与 1W2 间电压 U_2。

① 若 U_2=0，则说明 1U1 与 1V1 都是首端。因为接法使磁通中自成一回路，W 相绕组中磁通 Φ=0，所以电压 U_2=0。

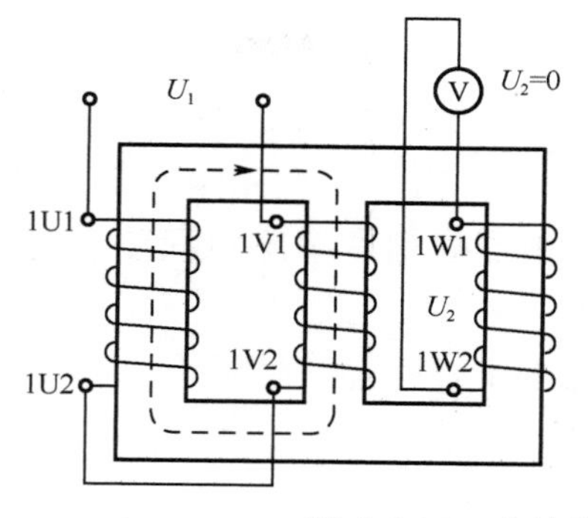

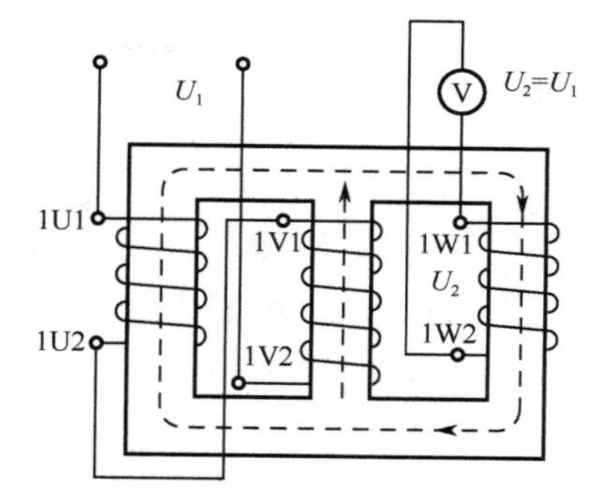

图 7.3.15　交流法判别三相绕组首尾

② 若 $U_2=U_1$，则说明被连接的 1V2 是尾端。因为接法使 U、V 两相的磁通都通入到 W 相中，则 W 相感应电压等于 U、V 两相感应电压之和。

同理，把 W 相与 V 相交换，同样可测出 W 相的首、尾端。

2. 每相高低压绕组的极性测定

每相高低压绕组的极性测定与测定单相变压器极性的方法完全相同。详见变压器绕组的极性测定。

3. 三相绕组的连接

如果将三个高压绕组或三个低压绕组连成三相绕组时，则有两种基本接法—星形（Y）接法和三角形（△）接法。

（1）星形（Y）接法。将三个绕组的末端连在一起，接成中性点，再将三个绕组的首端引出箱外。如果中性点也引出箱外，则称为中点引出箱外的星形接法，以符号“YN”表示。

（2）三角形（△）接法。将三个绕组的各相首尾相接构成一个闭合回路，把三个连接点接到电源上去，如图 7.3.16（b）、图 7.3.16（c）所示。因为首尾连接的顺序不同，从而可分为正相序和反相序两种接法。

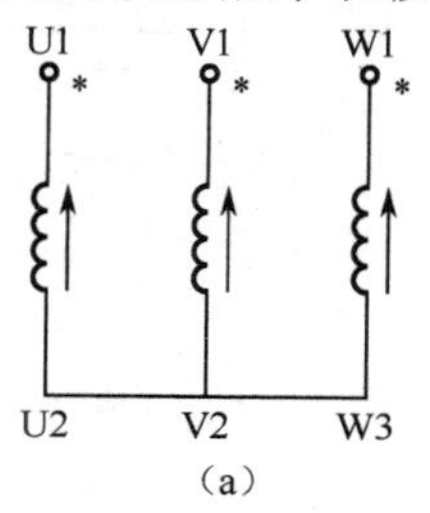

（a）

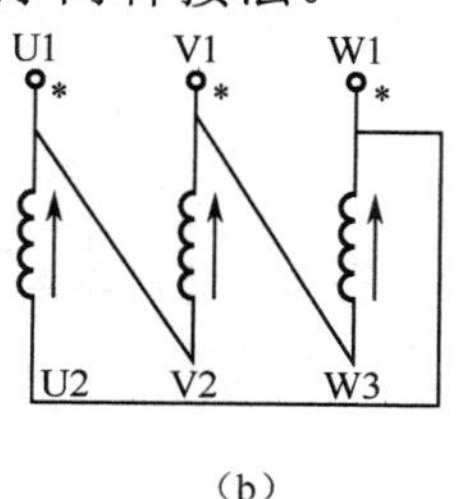

（b）

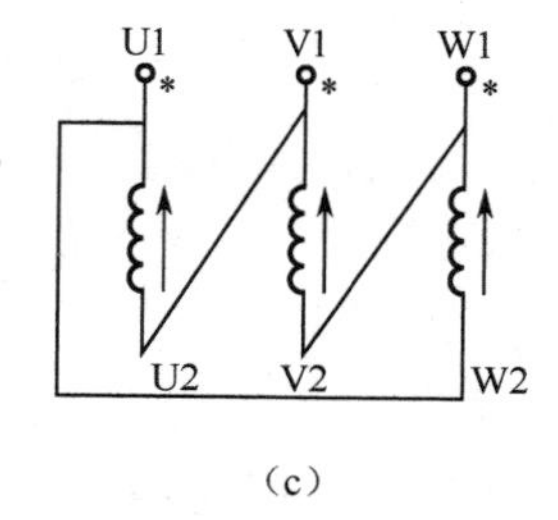

（c）

图 7.3.16　三相变压器绕组连接

不管是三角形接法还是星形接法，如果一侧有一相首尾接反了，磁通就不对称，就会同样出现空载电流 I_0 急剧增加，产生严重事故，这是不允许的。

任务实施

1. 安全准备

（1）在进行实训前，应仔细阅读电工安全操作规程，按照规程要求进行实训。

（2）穿戴好防护用品，做好安全防护工作。

（3）仔细阅读电机变压器说明书，按照要求进行实训。

2. 实训设备准备

实训设备见表 7.3.1。

表 7.3.1 实训设备

序　号	名　称	型号与规格	数　量	备　注
1	小型三相变压器		1 台	
2	数字万用表	VC890C+	1 块	
3	单相自藕变压器		1 台	

3. 试验线路

试验线路如图 7.3.17 所示。

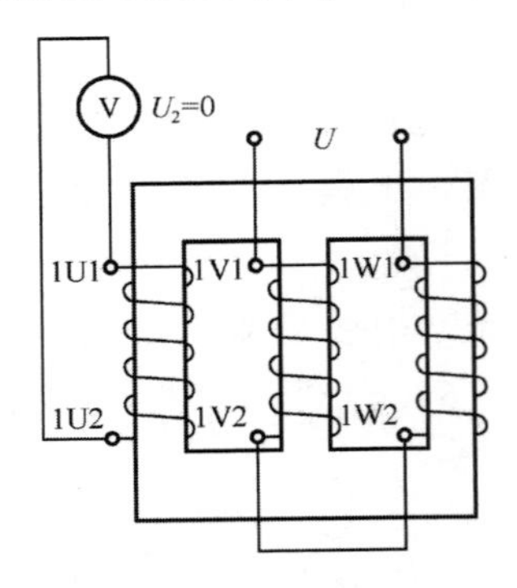

（a）假设标记正确测量结果

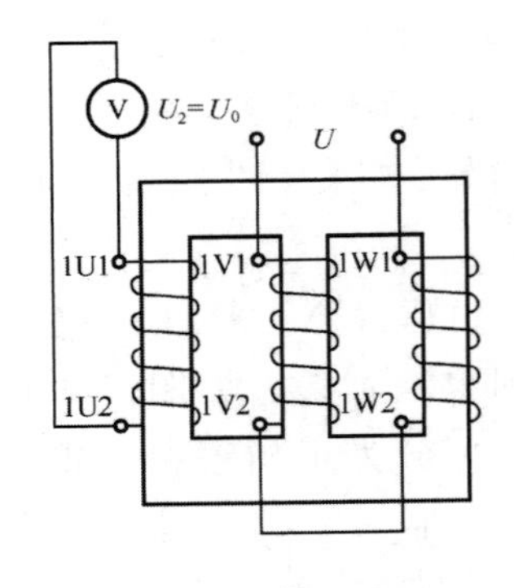

（b）假设标记错误测量结果

图 7.3.17 实验线路图

4. 测量步骤

（1）测定一次侧三相绕组的首、尾

① 首先用万用表电阻挡测量 12 个出线端间通断情况及电阻大小，找出三相高压线圈。假设标记为 1U1、1V1、1W1 和 1U2、1V2、1W2。

② 按图 7.3.17 接线，将 1V2、1W2 两点用导线相连，在 1V1 与 1W1 间接通电源

施加低电压（50V）。

③ 用万用表交流电压挡测量 1U1、1U2 间电压。测量结果为 U_2=0 则假设标记 1V1、1W1 和 1V2、1W2 正确；若 $U_2=U_0$，则说明标记错误。应先切断电源，然后把 V、W 相中任一相的端点标记互换（如将 1V1、1V2 换成 1V2、1V1）。再重复步骤二、三来确定首尾。

④ 用同样的方法，将 1U2、1V2 两端用导线相连，在 1U1 与 1V1 间接通电源施加低电压，测定 U、V 相首、尾，完成后切断电源，并把一次侧三相绕组的首、尾端做正式标记。

（2）测定每相一次侧、二次侧绕组极性

步骤一，首先用万用表电阻挡，根据端间通断与高压线圈的对应情况测量和判断出低压，6 个出线端，假设标记为 2U1、2V1、2W1 和 2U2、2V2、2W2。

步骤二，按图 7.3.18 接线，将 1W2、2W2 用导线相连，在 W 相的 1W1 和 1W2 之间施加低电压 U_e。

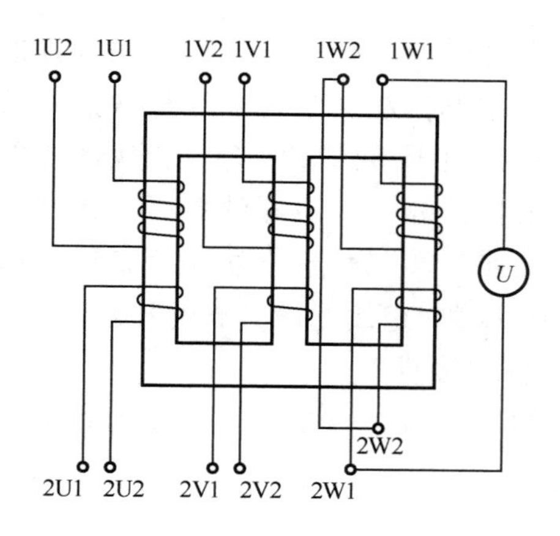

图 7.3.18　测定每相一次、二次侧绕组极性线路

步骤三，用万用表交流电压挡测量 1W1、2W1 间电压。若测量结果为 $U_{1W1.2W1} < U$，则说明标记正确；若 $U_{1W1.2W1} < U$，则说明标记错误，应将标记 2W1、2W2 对调。同理，其他两相也可依此法定出。测定后，按国家标准规定，把低压线圈各相首、尾端做出正式标记。

任务验收

	序号	验收项目	验收结果		不合格原因分析
			合格	不合格	
老师评价	1	工具准备			
	2	测量步骤			
	3	测量结果			
自我评价	1	完成本次任务的步骤			
	2	完成本次任务的难点			
	3	完成结果记录			

自测与思考

1．三相变压器有哪两种结构？它们的磁路有什么区别？常用哪一种?为什么？

2．三相绕组之间有同名端吗？为什么？它们之间判别的准则是什么？

3．什么是变压器绕组的星形接法？它有什么优缺点？常用于什么地方？

4．什么是变压器绕组的三角形接法？它有什么优缺点？常用于什么地方?

5．如何判别一次侧星形接法和三角形接法是否接错（即反相）？

6．如何判别二次侧星形接法和三角形接法是否接错（即反相）？

7. 二次侧为星形接法的变压器，空载测得三个线电压分别为 U_{UV} = 400V、U_{UW} =230V、U_{VW}=230V，请作图说明是哪相接反？

8．什么是三相变压器的连接组？它是如何标记的？

任务四　变压器的运行维护与检修

任务描述

检修电力变压器的分接开关。

学习目标

1．了解三相变压器的并联运行。

2．掌握变压器的维护检修方法。

知识平台

一、三相变压器的并联运行

1．三相变压器并联运行的原因

随着生产力的发展，供电站的用户数不断增加，特别是近几年来工厂的专业化、集成度不断提高，大、中型设备不断增加，用电量也成倍增加，为了满足机器设备对电力的需求，许多变电所和用户都采用几台变压器并联供电来提高运行效率，其原因是:

（1）当负载随昼夜、季节而波动时，可根据需要，将某些变压器断开（称为解列）或投入（称为并列），以提高运行效率，减少不必要的损耗。

（2）当大功率用电器使用时，需要变压器增加电容量来满足用电器的用电要求，而当不使用大功率电器时，用电量较少，通过电容补偿无法提高功率因数，只能通过解列变压器的方法来提高运行效率。

（3）当某台变压器出现故障或需要检修时，可以由备用变压器并列运行，以保证不停电，从而提高供电质量。当然，并列台数也不能太多，因为若单台机组容量太小，会增加损耗，增加投资和成本，也会使运行操作复杂化。

2．变压器并联运行的条件

必须符合以下两个条件的变压器才可以并联运行，否则不但会增加变压器的能耗，更有可能发生事故。

（1）没有环流。

① 一次侧、二次侧的电压分别相等，即变比 K 相等。两个线圈要并联，必须要

电压相等、极性相同才不会产生环流。如果两台一次侧、二次侧电压不同的变压器并联运行时，两台变压器的承载也不平衡，必将产生环流（见图 7.4.1），为此规定了两台变压器的一次侧、二次侧电压需相等，变压比 K 的误差不允许超过±0.5000。

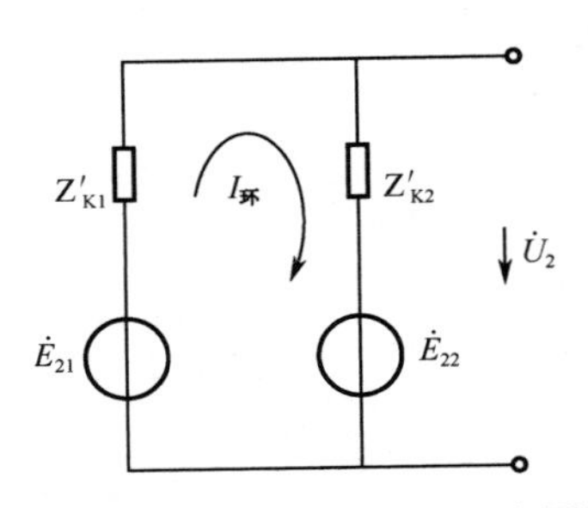

图 7.4.1　并联运行有环流图

② 连接组别应相同。前面在分析连接组时就讲到，它也反映了一次侧、二次侧电压的相位关系，如果连接组别不同，即使二次侧电压大小一样，但因相位不同，它们并联后，仍会产生内部电动势差，从而导致产生环流。所以连接组别不相同的变压器不允许并联运行。

（2）运行时的负载分配要合理。短路阻抗（阻抗电压）要相等。当多台容量不同的单相变压器并联运行时（见图 7.4.2），从并联运行等效电路中可以看出：因为二次侧空载电压都相等（即为 U_{02}），而并联时输出电压都相等（即为 U_0），因此多台变压器的内部压降应相等。即并联电路中的电流分配是与它的电导成正比，变压器并联运行时的负载分配（即电流分配）与变压器的阻抗电压成反比。因此，为了使负载分配合理（即容量大，电流也大），就应该使每台变压器的电流标准值一样，也就是要求它们的相等。一般的讲，容量大的变压器也大，而要使容量相差很大的变压器相等是很困难的，所以并联运行的变压器容量之比不宜大于 3 : 1，要尽量接近，相差不大于 10%。如果它们不相等，那么小的变压器承受的电流就相对大些，就首先过载，这就限制了整个并联变压器系统的利用率。

3. 并联运行接线

变压器并联运行接线时要注意变压器并联运行的条件，同时要考虑实际情况和维护维修的方便。并联运行接线图如图 7.4.3 所示。

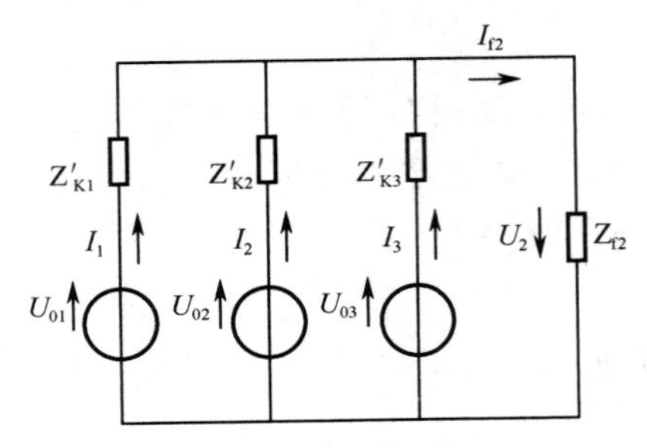

图 7.4.2　多台单相变压器并联运行等效电路

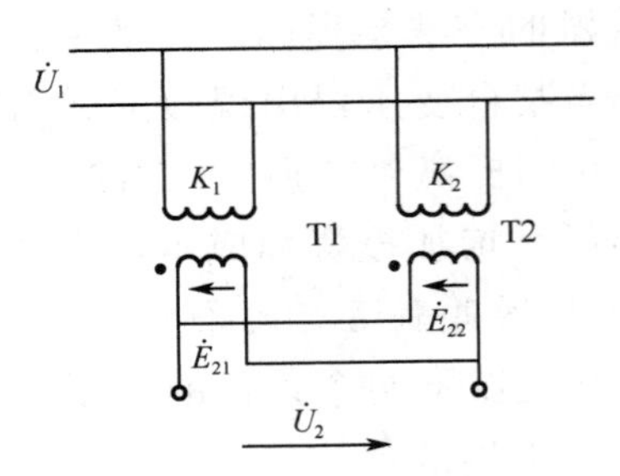

图 7.4.3　并联运行接线

二、变压器的维护与检修

变压器是变、配电过程中的主要电气设备，变压器的好坏直接影响供、用电安全；电能质量和能耗量。变压器一旦发生事故，则会中断对部分用户的供电，修复所用时间也很长，可能造成严重的经济损失。为了确保安全运行，工作人员除做好日常维护工作，将事故消灭在萌芽状态外，同时要求万一发生事故，能够迅速判断原因和性质，正确地处理事故，防止事故扩大。

1. 变压器运行中的日常维护

运行值班人员应定期对变压器及附属设备进行全面检查，每天至少一次，检查过程中，要遵守“看、闻、嗅、摸、测”五字准则，仔细检查。检查项目如下所示。

（1）检查变压器上层油温。变压器上层油温一般应在85℃以下，若油温突然升高，则可能是冷却装置有故障，也可能是变压器内部故障；对油浸自冷式变压器，若散热装置各部分温度有明显不同，则可能是管道有堵塞现象。

（2）检查储油柜的油色、油位。各部位应无渗油、漏油现象，正常的变压器油色应是透明微带黄色，若呈红棕色，可能是油变质或油位系本身脏污造成的。

（3）检查套管外部。套管外部应清洁、无严重油污、完整无破损、无裂纹、无电晕放电及闪络现象。

（4）检查变压器的响声。变压器正常运行时，一般有均匀的“嗡嗡”声，这是由于交变磁通引起铁芯振颤而发出的声音，不应该有“僻啪”的放电声和不均匀的噪声。

（5）检查引线接头接触。各引线接头应无变色、无过热发红现象，接头接触处的试温蜡片应无融化现象。用快速红外线测温仪测试，接头接触处的温度不得超过 70℃检查压力释放器或安全气道及防爆膜，此三处应完好无裂纹、无积油。压力释放器的标示杆未突出、无喷油痕迹。

（6）检查气体继电器。气体继电器内应充满油，无气体存在。继电器与油枕间连接阀门应打开。

（7）检查变压器铁芯接地线和外壳接地线。采用钳形电流表测量铁芯接地线电流值，应不大于0.5A。

（8）检查变压器的外部表面。变压器外部表面应无积污。

（9）检查调压分接头位置指示。各调压分接头的位置应一致。

2. 特殊巡视检查项目

当电力系统发生短路故障或天气突然发生变化时，值班人员应对变压器及其附属设备进行重点检查。

（1）电力系统发生短路或变压器事故后的检查。检查变压器有无爆裂、移位、变形、焦味、闪络及喷油等现象，油温是否正常，电气连接部分有无发热、熔断，瓷质外绝缘有无破裂，接地线有无烧断。

（2）大风、雷雨、冰雹后的检查。检查变压器的引线摆动情况及有无断股，引线和变压器上有无搭挂落物，瓷套管有无放电闪络痕迹及破裂现象。

（3）浓雾、小雨、下雪时的检查。检查瓷套管有无沿表面放电闪络，各引线接头发热部位在小雨中或落雪后应无水蒸气上升或落雪融化现象，导电部分应无冰柱。若有水蒸气上升或落雪融化，应用红外线测温仪进一步测量接头实际温度。若有冰柱，应及时清除。

（4）气温骤变时的检查。气温骤冷或骤热时，应检查油枕油位和瓷套管油位是否正常，油温和温升是否正常，各侧连接引线有无变形、断股或接头发热和发红等现象。

（5）过负荷运行时的检查。检查并记录负荷电流，检查油温和油位的变化，检查变压器的声音是否正常，检查接头发热状况，示温蜡片有无融化现象，检查冷却器运行是否正常，检查防爆膜、压力释放器是否处于未动作状态。

（6）新投入或经大修的变压器投入运行后的检查。在 4 小时内，应每小时巡视检查一次，除了正常项目以外，应增加检查内容:

① 检查变压器声音的变化。若发现响声特大、不均匀或有放电声，则可认为内部有故障。

② 检查油位和油温变化。正常油位、油温随变压器带负荷，应略有上升和缓慢上升。

③ 检查冷却器温度。手触及每一组冷却器，温度应均匀、正常。

3. 变压器的常见故障处理

变压器的常见故障很多，究其原因可分为二类：一是因为电网、负载的变化使变压器不能正常工作，如变压器过负荷运行，电网发生过电压，电源品质差等；二是变压器内部元件发生故障，减低了变压器的工作性能，使变压器不能正常工作。

（1）变压器短时过负载及处理原则。

① 解除音响报警，汇报值班班长并做好记录。

② 及时调整运行方式，调整负荷的分配，若有备用变压器，应立即投入。

③ 若属正常过负荷，可根据正常过负荷的倍数确定允许运行时间，并加强监视油位、油温，不得超过允许值，若过负荷超过允许时间，则应立即减小负荷。

④ 若属事故过负荷，则过负荷的允许倍数和时间，应依制造厂的规定执行。若过负荷倍数及时间超过允许值，应按规定减小变压器的负荷。

⑤ 过负荷运行时间内，应对变压器及其有关系统进行全面检查，若发现异常应汇报处理。

（2）变压器常见故障的种类、现象、产生原因及处理方法（见表 7.4.1）。

表 7.4.1　变压器常见故障的种类、现象、产生原因及处理方法

故障种类	故障现象	故障原因	处理方法
绕组匝间或层间短路	（1）变压器异常发热 （2）油温升高 （3）油发出特殊的“嘶嘶”声 （4）电源侧电流增大 （5）高压熔断器熔断 （6）气体继电器动作	（1）变压器运行时间长，绕组把苏老化 （2）绕组绝缘受潮 （3）绕组绕制不当，使绝缘局部受损 （4）油道内落入杂物，使油道堵塞，局部过热	（1）更换或修复所损坏的绕组、衬垫和绝缘筒 （2）进行浸漆和干燥处理 （3）更换或修复绕组
绕组接地或相间短路	（1）高压熔断器熔断 （2）安全气道薄膜破裂、喷 （3）气体继电器动作 （4）变压器油姗烧 （5）变压器振动	（1）绕组主绝缘老化或有破损等严重缺陷 （2）变压器进水，绝缘油严重受潮 （3）油面过低，露出油面的引线绝缘距离不足而击穿 （4）过电压击穿绕组绝缘	（1）更换或修复绕组 （2）更换或处理变压器油 （3）检修渗漏油部位，注油至正常位置 （4）更换或修复绕组绝缘，并限制过电压的幅值
绕组变形与断线	（1）变压器发出异常声音 （2）断线相无电流指示	（1）制造装配不良，绕组未压紧 （2）短路电流的电磁力作用 （3）导线焊接不良 （4）雷击造成断线	（1）修复变形部位，必要时更换绕组 （2）拧紧压圈螺钉，紧固松脱的衬垫、撑条 （3）割除熔蚀面重焊新导线 （4）修补绝缘，并作浸漆干燥处理
铁芯片间绝缘损坏	（1）空载损耗变大 （2）铁芯发热、油温升高、油色变深 （3）变压器发出异常声响	（1）硅钔片间绝缘老化 （2）受强烈振动，片间发生位移或摩擦 （3）铁芯紧固件松动 （4）铁芯接地后发热烧坏片间绝缘	（1）对绝缘损坏的硅钢片重新刷绝缘漆 （2）紧固铁芯夹件 （3）按铁芯接地故障处理

续表

故障种类	故障现象	故障原因	处理方法
铁芯多点接地或者接地不良	（1）高压熔断器熔断 （2）铁芯发热、油温升高、油色变黑 （3）气体继电器动作	（1）铁芯与穿心螺杆间的绝缘老化，引起铁芯多点接地 （2）铁芯接地片断开 （3）铁芯接地片松动	（1）更换穿心螺杆与铁芯间的绝缘管和绝缘衬 （2）更换新接地片或将接地片压紧
套管闪络	（1）高压熔断器熔断 （2）套管表面有放电痕迹	（1）套管表面积灰脏污 （2）套管有裂纹或破损 （3）套管密封不严，绝缘受损 （4）套管间掉入杂物	（1）清除套管表面的积灰和脏污 （2）更换套管 （3）更换封垫 （4）清除杂物
分接开关烧损	（1）高压熔断器熔断 （2）油温升高 （3）触点表面产生放电声变压器油发出“咕嘟”声	（1）动触头弹簧压力不够或过渡电阻损坏 （2）开关配备不良，造成接触不良 （3）绝缘板绝缘性能变劣 （4）变压器油位下降，使分接开关暴露在空气中 （5）分接开关位置错位	（1）更换或修复触头接触面，更换弹簧或过渡电阻 （2）按要求重新装配并进行调整 （3）更换绝缘板 （4）补注变压器油至正常油位 （5）纠正错误
变压器油变劣	油色变暗	（1）变压器故障引起放电造成变压器油分解 （2）变压器油长期受热氧化使油质变劣	对变压器油进行过滤或换新油

任务实施

分接开关的检修。

1. 安全准备

（1）在进行实训前，应仔细阅读电工安全操作规程，按照规程要求进行实训。

（2）穿戴好防护用品，做好安全防护工作。

（3）仔细阅读变压器说明书，按照要求进行实训。

2. 实训设备准备

实训设备见表 7.4.2。

表 7.4.2　实训设备

序　　号	名　　称	型号与规格	数　　量	备　　注
1	小型三相变压器		1 台	
2	直流双臂电桥		1 台	

3. 测量步骤

（1）格套在分接开关外面的纸绝缘套筒向上移动，检查分接开关的全部零部件、引线的绝缘及焊接是否良好牢靠，接头有否过热现象，问题不太严重时，可直接处理，若在设备上直接处理不便，可拆下处理或予以更换。

（2）检查分接开关整体是否固定得牢靠，它的机械操动装置是否灵活，操动杆轴销、开口销等是否齐全牢靠。

（3）用测量小电阻电桥，测试检查每一个切换位置的接触电阻，一般应满足小于 500μΩ的技术规定，若发现某位置不符合标准时，必须查明原因，采取措施。

表 7.4.3　实训结果

序号	检 测 项 目		备　　注
1	触头弹簧的压力是否降低		
2	触头处是否有烧伤痕迹		
3	接触面是否脏污		

任务验收

	序号	验收项目	验收结果		不合格原因分析
			合格	不合格	
老师评价	1	工具准备			
	2	测量步骤			
	3	测量结果			
自我评价	1	完成本次任务的步骤			
	2	完成本次任务的难点			
	3	完成结果记录			

自测与思考

1. 变压器为什么经常要并联运行？并联运行的条件是什么？哪些必须严格遵守？哪些不必严格遵守？

2．两台容量不同的变压器并联运行时，容量大的阻抗电压应该大一点好、一样大好？还是小一点好？为什么？

3．对变压器进行日常检查时，常发现哪些异常现象？怎样处理？

4．变压器有哪些常见故障？应怎样处理？

任务五　使用特殊用途的变压器

任务描述

通过本任务的学习，可以掌握自耦变压器、仪用变压器、电焊变压器的使用。

学习目标

1．自耦变压器的使用。

2．仪用变压器的使用。

3．电焊变压器的使用。

知识平台

一、自耦变压器

1．性能简介

实验室里常常用到自藕变压器，它的外形和原理如图 7.5.1 所示。把自藕变压器的二次侧输出改成活动触头，可以接触绕组中任意位置，而使输出电压任意改变。自藕变压器还可以接成三相，一般接成星形，如图 7.5.2 所示，二次侧可以有几个抽头，以供使用时选择不同的输出电压。

（a）外形

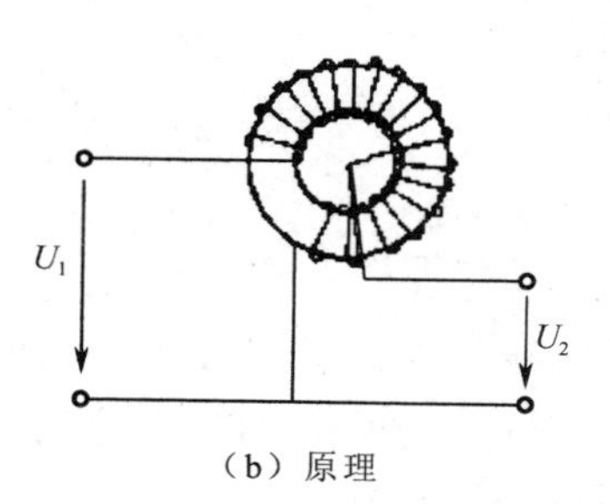

（b）原理

图 7.5.1　自藕变压器

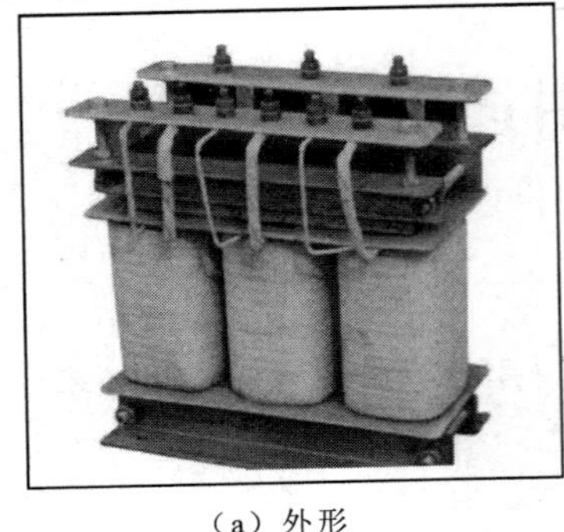

（a）外形

1U1 1V1 1W1 1U1 1V1 1W1

2U1 2V1 2W1 2U1 2V1 2W1

（b）原理

图 7.5.2　三相自耦变压器

在电力系统中，用自耦变压器把 110kV、150kV、220kV 和 230kV 的高压电力系统连接成大规模的动力系统。大容量的异步电动机降压启动，也有采用自耦变压器降压，以减小启动电流。自耦变压器不仅用于降压，只要把输人、输出对调一下，就变成了升压变压器。应当注意的是，上述把自耦变压器接成升压的做法容易引起短路发生危险。

2. 自耦变压器原理

前文中所介绍的变压器一次侧、二次侧都是分开绕制，虽然都装在一个铁芯上，但相互是绝缘的，只有磁路上的耦合，没有电路上的直接联系，能量是靠电磁感应传过去的，所以称为双绕组变压器。自耦变压器的结构却有很大不同，即一次侧、二次侧共用一个绕组，一次侧、二次侧绕组不但有磁的联系，还有电的联系，原理图如图 7.5.3 所示。

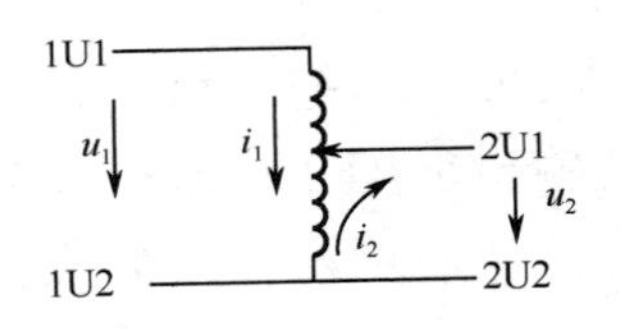

图 7.5.3　自耦变压器原理图

（1）原理与变压比

$$U_1 \approx E_1 = 4.44 f N_1 \Phi_m$$

$$U_2 \approx E_2 = 4.44 f N_2 \Phi_m$$

因此 $\dfrac{U_1}{U_2} \approx \dfrac{E_1}{E_2} = \dfrac{N_1}{N_2} = k \geqslant 1$

式中　N_1——一次侧 1U1 与 1U2 之间的匝数；

N_2——一、二次侧 2U1 与 2U2 之间的匝数。

（2）绕组中公共部分的电流

从磁势平衡方程式可知，因为输人电压 U_1 不变，主磁通 Φ_m 也不变，所以空载时的磁势和负载时的磁势是相等的，即有 $I_1N_1 - I_2N_2 = I_0N_1$，因为空载电流 I_0 很小，可忽略时，则有：

$$I_1N_1 - I_2N_2 = 0$$

$$I_1 = \frac{N_2}{N_1}I_2 = \frac{1}{K}I_2 \qquad (7\text{-}5\text{-}1)$$

由式（7-5-1）可见一次侧电流 I_1 与二次侧电流 I_2 只是大小有些差别，相位是一样的。因此，可以算出绕组中公共部分的电流有：

$$I = I_2 - I_1 = (\mathrm{K}-1)\,I_1 \qquad (7\text{-}5\text{-}2)$$

当 K 接近于 1 时，绕组中公共部分的电流 I 就很小，因此，共用的这部分绕组导线的截面积可以减小很多，即减少了自藕变压器的体积和质量，这是它的一大优点。如果 K>2，则 $I > I_1$，就没有太大的优越性了。

3. 自藕变压器的特点

（1）自藕变压器的优点

① 可改变输出电压。

② 用料省、效率高。自藕变压器的功率传输，除了因绕组间电磁感应原理而传递的功率之外，还有一部分是由电路相连直接传导的功率，后者是普通双绕组变压器所没有的。这样就使自藕变压器较普通双绕组变压器用料省、效率高。

（2）自藕变压器的缺点

① 因它一次侧、二次侧绕组是相通的，高压侧（电源）的电气故障会波及低压侧，若高压绕组绝缘损坏，高电压可直接进入低压侧，这是很不安全的，所以低压侧应有防止过电压的保护措施。

② 如果在自藕变压器的输入端把相线和零线接反，虽然二次侧输出电压大小不变，仍可正常工作，但这时输出“零线”已经为“高电位”，是非常危险的，如图 7.5.4 所示。为此，规定自藕变压器不准作为安全隔离变压器用，而且使用时要求自藕变压器接线正确，外壳必须接地。接自藕变压器电源前，一定要把手柄转到零位。

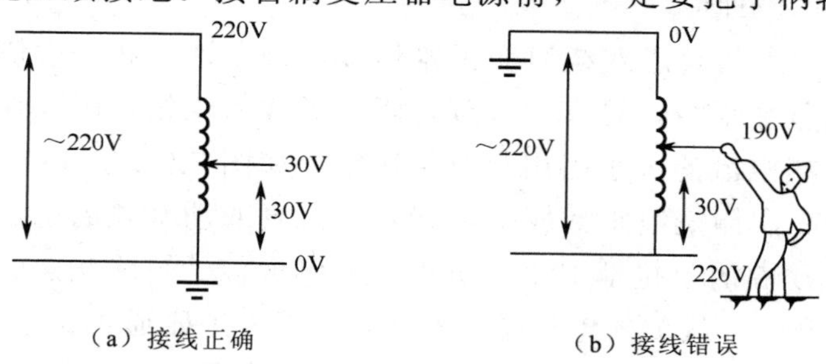

（a）接线正确　　（b）接线错误

图 7.5.4　单相自藕变压器的接法

（3）自藕变压器输出功率

自藕变压器输出的视在功率（不计损耗时）为：

$$S_2 = U_2 I_2 = U_2(I + I_1) = U_2 I + U_2 I_1 = S_2' + S_2''$$

由图 7.5.3 中可见，自藕变压器传输的总容量 S_2 中有 $S_2' = U_2 I$ 是 1U1、1U1 绕组与 2U1、2U2 绕组之间电磁感应传递的能量，而 $S_2'' = U_2 I_2$，是通过电路直接从一次侧传递过来的。这是自藕变压器能量传递方式上与一般变压器区别的所在，而且这两部分传递能量的比例，完全取决于变比 K。因此同样可导出：

$$S_2'' = \frac{1}{K} S_2$$

这说明靠电磁感应传递的能量占总能量的($1-1/K$)，而从电路直接输送的能量占 $1/K$。由此可见，当 $K=1$ 时，能量全部靠电路导线传过来；当 $K=2$ 时，S'和 S_2'' 各占一半，二次侧从绕组中间引出，$I=I_1$，绕组中公共部分的电流没有减少，省铜效果已不明显；当 $K=3$ 时，$S' = (2/3)S_2$，$S_2'' = (1/3)S_2$，电路传输的能量少，而靠感应输送的能量多了，而且 $I=2I_1$，公共部分绕组电流增加了，导线也要加粗了。由此可见，当变压比 $K>2$ 时，自藕变压器的优点就不明显了，所以自藕变压器通常工作在变压比 $K=1.2\sim2$ 的状态下。

二、仪用变压器

要做一个直接测量大电流、高电压的仪表是很困难的，操作起来也十分危险。利用变压器能改变电压和电流的功能，制造出特殊的变压器—仪用变压器（或称互感器）。把高电压变成低电压，就是电压互感器；把大电流变成小电流，就是电流互感器。利用互感器使测量仪表与高电压、大电流隔离，从而保证仪表和人身的安全，又可大大减少测量中能量的损耗，扩大仪表量程，便于仪表的标准化。因此，仪用变压器被广泛应用于交流电压、电流、功率的测量中，以及各种继电保护和控制电路中。

1. 电流互感器

（1）结构和工作原理

电流互感器结构上与普通双绕组变压器相似，也有铁芯和一次侧、二次侧绕组，但它的一次侧绕组匝数很少，只有一匝到几匝，导线都很粗，串联在被测的电路中，流过被测电流，被测电流的大小由用户负载决定，如图 7.5.5 所示。

电流互感器的二次侧绕组匝数较多，它与电流表或功率表的电流线圈串联成为闭合电路，由于这些线圈的阻抗都很小，所以二次侧近似于短路状态。由于二次侧近似于短路，所以互感器的一次侧的电压也几乎为零，因为主磁通正比于一次侧输入电压，即 $\Phi_m \propto U_1$，所以 $\Phi_m \approx 0$，则励磁电流 $I_0 \approx 0$，总磁势为零。

根据磁势平衡方程式有：

$$I_1 N_1 + I N_2 = 0$$

$$I=\frac{N_2}{N_1}I_2=K_1I_2$$

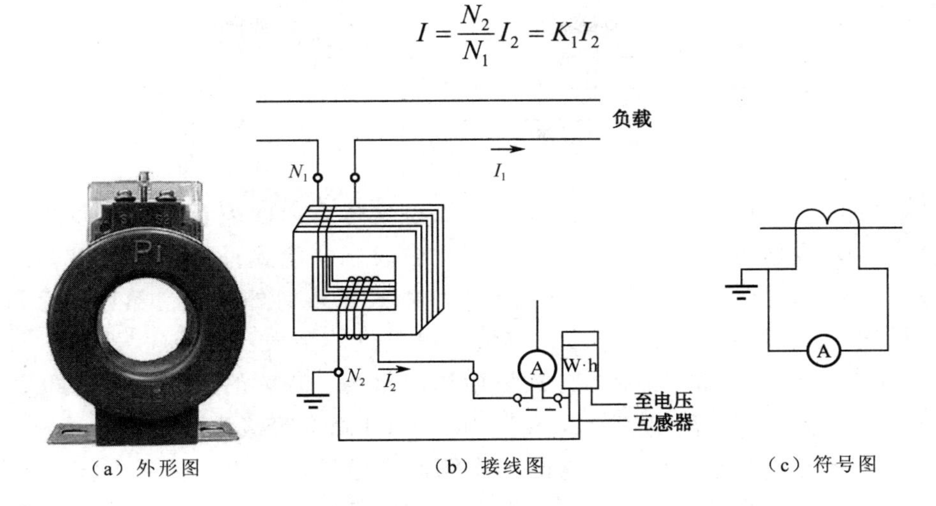

（a）外形图　　（b）接线图　　（c）符号图

图 7.5.5　电流互感器

若不考虑相位关系：$I_1=K_1I_2$，式中，K_1 为电流互感器的额定电流比；I_2 为二次侧所接电流表的读数，乘以 K_1，就是一次侧的被测大电流的数值。

（2）电流互感器的选用

选用电流互感器可根据测量准确度、电压、电流要求择。例如，二次侧的额定电流为 5A（或 1A），故所接的电流表量程为 5A（或 1A）一次侧的额定电流在 5~25 000 A 之间，根据需要选择，电流互感器的额定功率有 5V·A、10V·A、15V·A、20V·A 等；准确度等级有 0.2、0.5、1.0、3 和 10 五级，例如，0.5 级表示在额定电流时，误差最大不超过±0.5%，等级数字越大，误差越大。电压等级可分为 0.5kV、10kV、15kV、35kV 等，低电压测量均用 0.5kV。

电流互感器的结构形式有干式、浇注绝缘式、油浸式等多种，如图 7.5.6 所示。

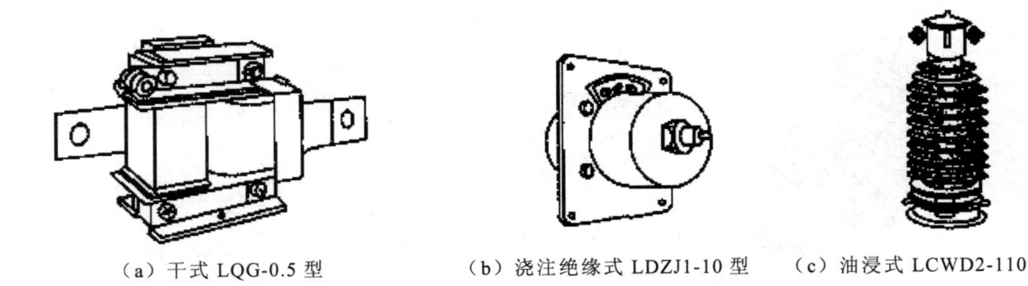

（a）干式 LQG-0.5 型　　（b）浇注绝缘式 LDZJ1-10 型　　（c）油浸式 LCWD2-110

图 7.5.6　电流互感器的种类

电流互感器的型号格式为:

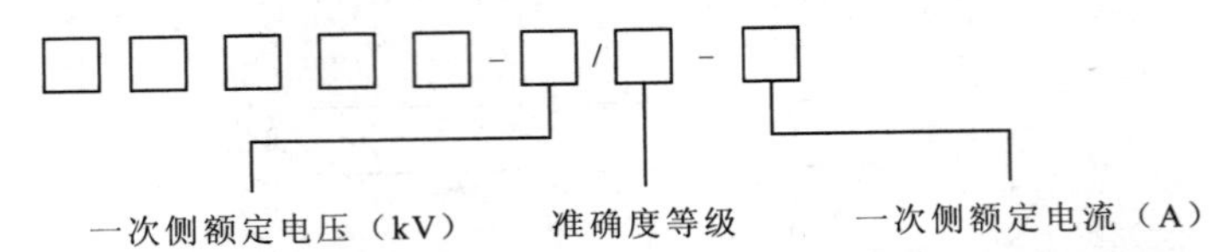

左起第一位字母 L 表示电流互感器；第二位字母有：D 表示贯穿单匝式，F 表示贯穿复匝式，M 表示母线式，Q 表示绕组式，C 表示瓷箱式；第三位字母有：Z 表示浇注绝缘，C 表示瓷绝缘，W 表示户外装置，K 表示塑料外壳式；第四位字母有：D 表示差动保护，J 表示接地保护或加大容量；第五位数字表示设计序号。

例如，LFC-10/0.5-300 表示为一次侧电压等级为 10kV 的贯穿复匝（即多匝）式瓷绝缘的电流互感器，被测电流额定值为 300A，准确度等级为 0.5 级。

在选择电流互感器时，必须按它的一次侧额定电压、一次侧额定电流、二次侧额定负载阻抗及要求的准确度等级选取，对一次侧电流应尽量选择相符的，若没有相符的，可以稍大一些。

2. 电压互感器

（1）结构和工作原理

电压互感器的原理和普通降压变压器是完全一样的，不同的是它的变压比更准确；电压互感器的一次侧接有高电压，而二次侧接有电压表或其他仪表（如功率表、电能表等）的电压线圈，如图 7.5.7 所示。

因为这些负载的阻抗都很大，电压互感器近似运行在二次侧开路的空载状态，则有：

$$\frac{U_1}{U_2}=\frac{N_1}{N_2}=K$$

式中 U_2 为二次侧电压表上的读数，只要乘以变比 K 就是一次侧的高压电压值。

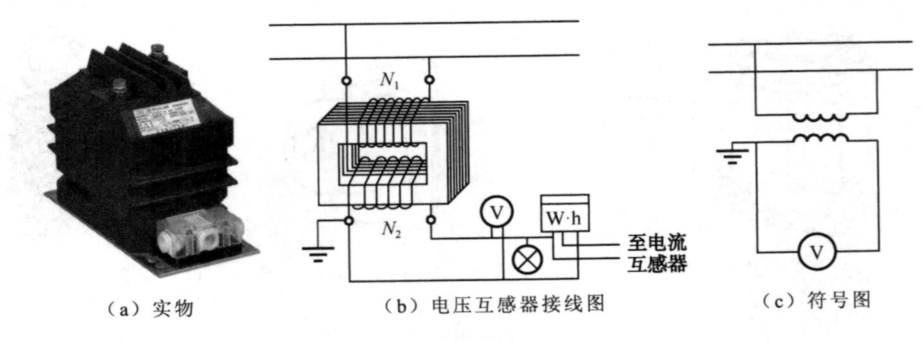

（a）实物　（b）电压互感器接线图　（c）符号图

图 7.5.7　电压互感器

（2）电压互感器的选用

电压互感器的选用与电流互感器的选用雷同，一般电压互感器二次侧额定电压都规定为 100V，一次侧额定电压为电力系统规定的电压等级，这样做的优点是二次侧所接的仪表电压线圈额定值都为 100V，可统一标准化。和电流互感器一样，电压互感器二次侧所接的仪表刻度实际上已经被放大了 K 倍，可以直接读出一次侧的被测数值。

电压互感器的种类和电流互感器相似，也有干式、浇注绝缘式、油浸式等多种，如图 7.5.8 所示。

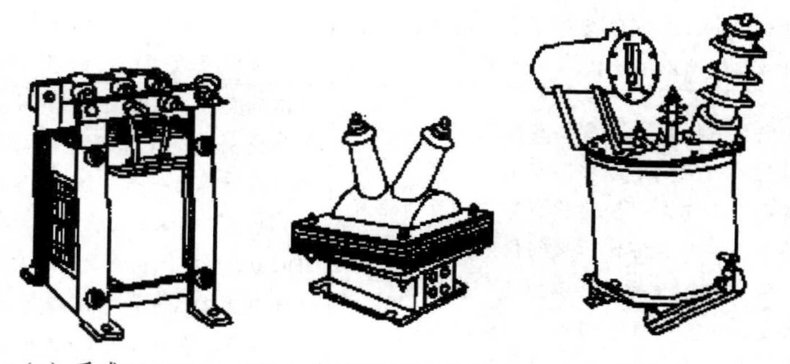

（a）干式 JDG-0. 5　（b）浇注绝掩式 JDZJ-10　（c）油浸式 JDJJ-35 型

图 7.5.8　电压互感器的种类

它的型号如下:

□□□□□-□

一次侧额定电压（kV）

左起第一位字母 J 表示电压互感器；第二位字母有：D 表示单相，S 表示三相，C 表示串级式，第三位字母有：J 表示油浸式，G 表示干式，Z 表示浇注绝缘式；第四位字母 J 表示接地保护；第五位数字表示设计序号。

例如，JDG-0.5 型表示为单相干式电压互感器，额定电压为 500V。

电压互感器的准确度，由变比误差和相位误差来衡量，为了提高准确度，要减少空载电流，降低磁路饱和程度，使用高质冷轧硅钢片，准确度可分为 1、0.2、0.5、1.0、3.0 五级。选择电压互感器时，一要注意额定电压要符合所测电压值；二要注意二次侧负载电流总和不得超过二次侧额定电流，使它尽量接近“空载运行”状态。

3. 电流互感器和电压互感器的比较

电流互感器和电压互感器的比较如表 7.5.1 所示。

表 7.5.1 电流互感器和电压互感器的比较

比较内容	电流互感器	电压互感器
二次侧	运行中二次侧不允许开路，否则会产生高压，危及仪表和人身安全，因此二次侧不应接熔断器；运行中如需拆下电流表，必须先将二次侧短路	运行中二次侧不能短路，否则会烧坏绕组。为此，二次侧要装熔断器作为保护
接地	铁芯和二次侧绕组一端要可靠接地，以免在绝缘破坏时带电而危及仪表和人身安全	铁芯和二次侧绕组的一端要可靠接地，以防绝缘破坏时，铁芯和绕组带高压电
连接方法	一次侧、二次侧绕组有“+”和“-”，或“*”的同名端标记，二次侧接功率表或电能表的电流线圈时，极性不能接错	二次侧绕组接功率表或电能表的电压线圈时，极性不能接错；三相电压互感器和三相变压器一样，要注意连接法，接错会造成严重后果
负载	二次侧负载阻抗大小会影响测量的准确度。负载阻抗的值应小于互感器要求的阻抗值，使互感器尽量工作在“短路状态”。并且所用互感器的准确度等级应比所接的仪表准确度高两级，以保证测量准确度。例如，一般板式仪表为 1.5 级，可配用 0.5 级电流互感器	准确度与二次侧的负载大小有关，负载越大，即接的仪表越多，二次侧电流就越大，误差也就越大。与电流互感器一样，为了保证所接仪表的测量准确度，电压互感器要比所接仪表准确度高两级。例如，JDG-0.5 型电压互感器的最大容量为 ZOO V·A，当负载为 25 V·A 时，准确度为 0.5 级；负载 40V·A 时为 1 级；负载 100 V·A 时，为 3 级

三、电焊变压器

交流弧焊机由于结构简单、成本低、制造容易和维护方便而得到广泛应用。电焊变压器是交流弧焊机的主要组成部分，它实质上是一个特殊性能的降压变压器。为了保证焊接质量和电弧燃烧的稳定性，电焊变压器应满足弧焊过程中的工艺要求如下。

（1）二次侧空载电压应为 60~75V，以保证容易起弧。同时为了安全，空载电压最高不超过 85V。

（2）具有陡降的外特性，即当负载电流增大时，二次侧输出电压应急剧下降。通常额定运行时的输出电压 U_{2N} 为 30V 左右（即电弧上电压）。

（3）短路电流 I_x 不能太大，以免损坏电焊机，同时也要求变压器有足够的电动稳定性和热稳定性。焊条开始接触工件短路时，产生一个短路电流，引起电弧，然后焊条再拉起产生一个适当长度的电弧间隙。所以，变压器要能经常承受这种短路电流的冲击。

（4）为了适应不同的加工材料、工件大小和焊条，焊接电流应能在一定范围内调节。

为了满足以上要求，根据前面分析，影响变压器外特性的主要因素是一次侧、二次侧绕组的漏阻抗 Z_{S1} 和 Z_{S2}，以及负载功率因数 $\cos\varphi_2$。由于焊接加工是属于电加热性质，故负载功率因数基本上都一样，$\cos\varphi_2\approx1$，所以不必考虑。而改变漏抗可以达到调节输

出电流的目的，根据形成漏抗和调节方法的不同，下面介绍几种不同的电焊变压器。

1. 可调电抗器的电焊变压器

带可调电抗器的电焊变压器，根据结构的不同可分为外加电抗器式和共扼式。具体介绍见表 7.5.2。

表 7.5.2　带可调电抗器的电焊变压器

特性 \ 分类	外加电抗器式	共扼式
结构	一台降压变压器的二次侧输出端再串接一台可调电抗器组合而成	将变压器铁芯和电抗器铁芯制成一体成为共扼式结构
原理接线图	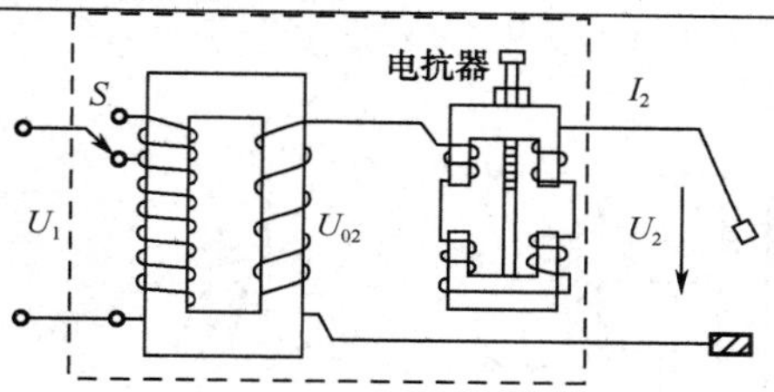	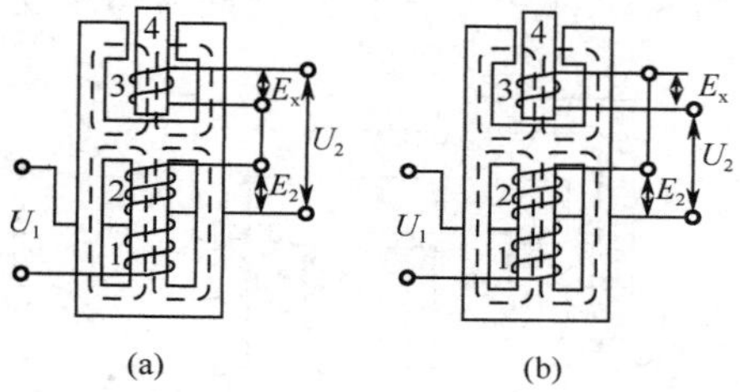
外特性	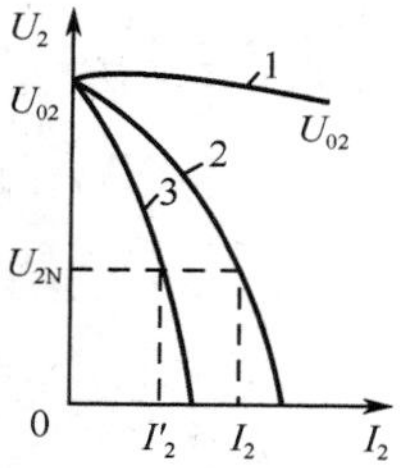	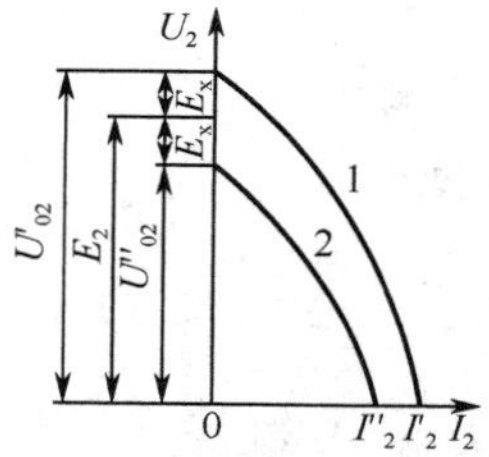
调节特点	通过改变电抗器的气隙大小来实现，如气隙减小时，电抗增大	只要调节电抗器铁芯中间的动铁芯，通过改变气隙来改变 E_x 的大小和电抗值，从而改变 E_x 曲线的下降陡度，达到改变电流的目的

2. 磁分路动铁式电焊变压器

磁分路动铁式电焊变压器是在铁芯的两柱中间又装了一个活动的铁芯柱，称为动铁芯，如图 7.5.9（a）所示。一次侧绕组绕在左边一铁芯柱上，而二次侧绕组分两部分，一部分在左边与一次侧同在一个铁芯柱上；另一部分在右边一个铁芯柱上。当改变二次侧绕组的接法时就达到改变匝数和改变漏抗的目的，从而达到改变起始空载电压和改变电压下降陡度的作用，以上是粗调作用，如图 7.5.9（b）所示。粗调有 I 和 II 两挡。

如果要微调电流，则要微调中间动铁芯的位置。如果把动铁芯从铁芯的中间逐步往外移动，那么从动铁芯中漏过的磁通会慢慢地减少。因为动铁芯往外移动，气隙加大，磁阻也加大，漏磁通就减少，漏抗随之减少，电流下降速度就慢，如图 7.5.9（c）所示。当连接片接在 I 位置时（即粗调电流），次级绕组匝数较多，所以空载电压较高，为曲线 1、2。这时把动铁芯移到最里面，则漏磁通最多，漏抗最大，曲线下降最陡，即为曲线 1。反之，把动铁芯慢慢移出来，曲线就慢慢向曲线 2 靠近。从图 7.5.9（c）中看出，如果工作电压为 30V，工作电流就会从 60A 左右慢慢向 170A 变化，这就是微调电流的原理。

当粗调节器放在Ⅱ位置，由于二次侧匝数少了，空载电压从 70 V 降到 60 V，曲线 3、4 的陡度也小了。同前面分析的一样，当动铁芯从最里面移动到最外面时，工作电流将从 130A 左右慢慢向 450A 变化，如图 7.5.9（c）所示。

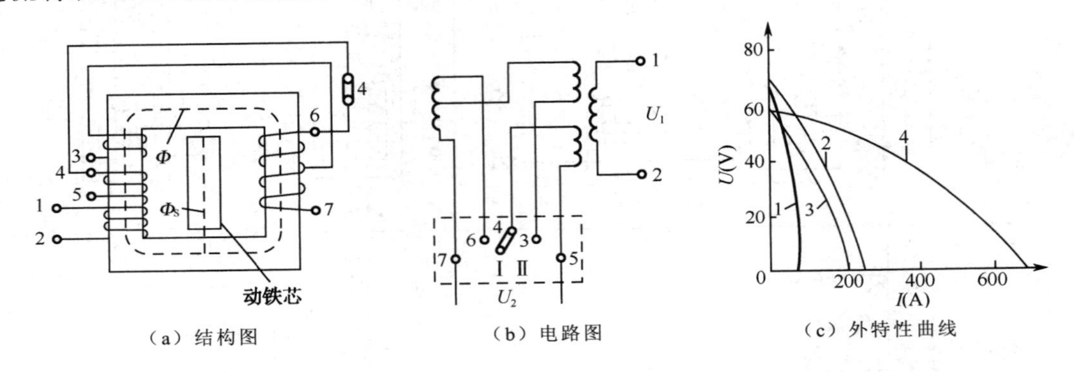

（a）结构图　（b）电路图　（c）外特性曲线

图 7.5.9　磁分路动铁式交流弧焊机

3. 动圈式电焊变压器

前面两种变压器的一次侧、二次侧绕组是固定不动的，只是改变动铁芯位置，即改变气隙大小来改变漏磁通的大小，从而改变了漏抗大小，达到改变曲线的下降陡度、调节电流的目的。动圈式电焊变压器的铁芯是壳式结构，铁芯气隙是固定不可调的，如图 7.5.10 所示，一次侧绕组固定在铁芯下部，二次侧绕组置于它的上面，并且可借助手轮转动螺杆，使二次侧绕组上下移动，从而改变一次侧、二次侧的距离来调节漏磁的大小以改变漏抗。显然，一次侧、二次侧绕组越近则藕合越紧，漏抗就小，输出电压也高，下降陡度也小，输出电流就大；反之则电流就小。以上介绍的是微调。另还可通过将一次侧和二次侧的部分绕组接成串联或并联（它们均由两部分线圈构成）来扩大调节范围，这是电焊变压器的粗调。

动圈式电焊变压器的优点是没有活动铁芯，从而没有因铁芯振动而造成电弧的不稳定。但是它在绕组距离较近时，调节作用会大大减弱，需要加大绕组的间距，铁芯

要做得较高，增加了硅钢的用量。

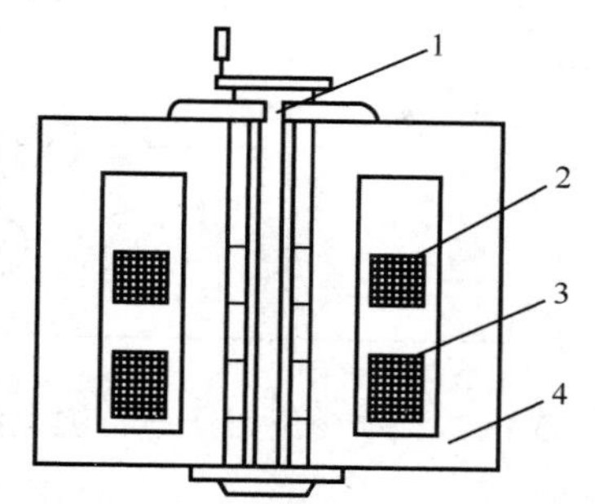

1—二次侧绕手轮转动螺杆；2—可动二次侧绕组；3—固定的一次侧绕组；4—铁芯

图 7.5.10　动圈式电焊变压器

任务实施

1. 安全准备

穿戴好防护用品，做好安全防护工作，检测仪表和设备，防止发生人身安全事故。

2. 实训设备准备

实训设备准备见表 7.5.3。

表 7.5.3　实训设备

序　号	名　称	型号与规格	数　量	备　注
1	单相自耦变压器	2kVA/0～250V	1	
2	万用表	A904207	1	
3	单臂电桥	QJ23	1	
4	兆欧表	500V	1	
5	交流电流表	0～5A	1	
6	开关	120 型	2	
7	照明灯具	（40W、36V）、（100W、220V）	各一套	
8	熔断器	16A	3	

3. 任务电路图

自耦变压器通电检测电路如图 7.5.11 所示。

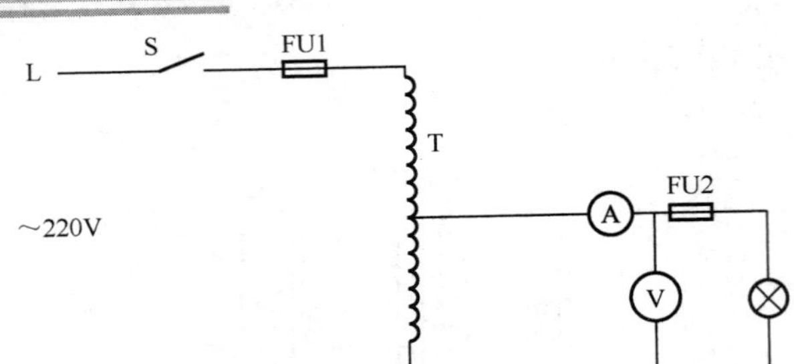

图 7.5.11　自耦变压器通电检测电路

4. 测量步骤

（1）用单臂电桥测量直流电阻

用单臂电桥检测自耦变压器一次绕组直流电阻，并检测二次绕组直流电阻范围，即将手柄置于 0V 和 250V 两个位置，测其电阻值并算出阻值变化范围。

（2）用兆欧表测量绝缘电阻

用兆欧表检测自耦变压器绕组与铁芯间的绝缘电阻。在常温下，大于 0.5MΩ为正常，将测量结果记下来。

（3）自耦变压器的空载检测

在自耦变压器直流电阻和绝缘电阻检测正常，可确定通电的情况下，将自耦变压器一次绕组接于 220V 电源，将万用表置于 250V 或 500V 交流电压后接于二次绕组输出端，将自耦变压器手柄从 0V 旋转到 250V，然后观察。

① 当自耦变压器手柄指向 0V、125V、250V 时，用万用表测出输出电压值。

② 空载输出电压是否均匀上升，有无表针停滞、抖动现象。

③ 万用表指针所示电压与自耦变压器手柄所指示的电压值是否相符，并将检测结果记下来。

（4）自耦变压器的使用

① 使用自耦变压器时，必须严格按照正确使用方法进行，每次通电时和使用完断电前，应将手柄置于“0”位上。

② 将自耦变压器的二次侧接上 220V、100W 的一盏白炽灯，如图 7.5.11 所示，电压表仍然并接在二次绕组的输出端。经老师检查合格后，方可进行下一步操作。

③ 将自耦变压器手柄置于“0”位，合上开关 S，然后慢慢旋动手柄，使二次侧的输出电压慢慢升高，分别观察不同输出电压时白炽灯的发光情况（不亮、微亮、较暗、正常、强光），记录下来。应特别注意当自耦变压器二次电压超过 220V 后，应很快将手柄旋动使电压为 240V 左右，并立即观察白炽灯发光亮度，然后将手柄迅速退回到“0”位，以免在 240V 处停留时间过长，烧毁白炽灯。

任务验收

	序号	验收项目	验收结果		不合格原因分析
			合格	不合格	
老师评价	1	安全防护			
	2	工具准备			
	3	测量步骤			
	4	测量结果			
	5	5s 执行			
自我评价	1	完成本次任务的步骤			
	2	完成本次任务的难点			
	3	完成结果记录			

自测与思考

1．使用仪用变压器的目的？

2．简述自耦变压器的工作原理。

3．电焊变压器的使用场合有哪些？

反侵权盗版声明